AF250429

HISTOIRE

DES MÉTÉORES.

Typographie Firmin-Didot. — Mesnil (Eure).

Imp. Firmin-Didot & Cie Paris

ARC-EN-CIEL DE NUIT (p 255)

HISTOIRE
DES MÉTÉORES

ET DES

GRANDS PHÉNOMÈNES

DE LA NATURE,

PAR J. RAMBOSSON,

LAURÉAT DE L'INSTITUT DE FRANCE,
PROFESSEUR D'ASTRONOMIE ET DE MÉTÉOROLOGIE DE L'ASSOCIATION POLYTECHNIQUE,
OFFICIER DE L'INSTRUCTION PUBLIQUE, ETC.

OUVRAGE ILLUSTRÉ

DE QUATRE-VINGT-DIX GRAVURES, PAR YAN' DARGENT,
ET DE DEUX PLANCHES CHROMOLITHOGRAPHIQUES.

QUATRIÈME ÉDITION
Revue et augmentée.

PARIS,

LIBRAIRIE DE FIRMIN-DIDOT ET Cⁱᵉ,
IMPRIMEURS DE L'INSTITUT, RUE JACOB, 56.

1883.

Reproduction et traduction réservées.

LETTRE

DE

M. BABINET A L'AUTEUR.

Mon cher Rambosson,

J'ai parcouru avec le plus grand intérêt les épreuves de votre ouvrage sur les *Météores*, et je vous en fais mes sincères félicitations.

Cette science, comme vous le dites très bien, n'est encore qu'à l'état d'ébauche, mais votre méthode, votre travail consciencieux, contribueront certainement à ses progrès.

Vos observations personnelles en éclairent plusieurs parties, entre autres celle des ouragans. Vous avez été à même, pendant vos nombreux et lointains voyages, de constater à diverses reprises leurs lois si bien formulées maintenant, et que vous avez grandement contribué à faire connaître par vos communications à l'Institut.

Vous avez fait un beau et bon livre, qui sera utile non seulement aux gens du monde, mais même aux savants.

Personne plus que moi, qui suis vos efforts incessants depuis près de vingt ans, n'est heureux de voir la place honorable que vous avez su vous créer dans la science en dehors de toute coterie. . . . .
. . . .

Votre ami,

Babinet, *de l'Institut.*

Ce 24 août 1868.

Cette lettre du savant éminent, du vulgarisateur incomparable qui avait bien voulu parcourir les épreuves de notre ouvrage, est maintenant pour nous, non seulement un encouragement, mais aussi un touchant et précieux souvenir d'un maître illustre et regretté.

UN MOT AU LECTEUR.

Les météores et les grands phénomènes de la nature sont la source des connaissances les plus variées, les plus curieuses et les plus généralement utiles, aussi bien pour l'âge mûr que pour l'adolescence.

Ceci est facile à comprendre : les lois qui président aux grandes manifestations de l'univers sont les mêmes que celles qui régissent les faits simples et insignifiants, en apparence, mais d'une haute importance en réalité, parce qu'ils ont lieu autour de nous, nous pressent en quelque sorte, nous touchent sans cesse, qu'ils nous intéressent dans nos demeures, notre alimentation, nos vêtements; en un mot, parce qu'ils influent sur la vie tout entière de l'homme.

La science des météores est la plus vaste de toutes les sciences, car elle emprunte à toutes les autres ce qu'elles ont de plus important : les mathématiques lui fournissent les statistiques, si fécondes dans leur résultat général; la physique lui donne les grandes lois des agents de la nature, lois qui doivent être le fondement de la météorologie; l'astronomie est consultée par elle à chaque instant, et plusieurs de ses phénomènes resteraient incompréhensibles sans l'intervention de la chimie; il n'y a pas jusqu'à l'histoire naturelle qui ne fournisse des données qui rentrent nécessairement dans le domaine des météores.

Les progrès de la météorologie sont donc intimement liés aux progrès de toutes les autres sciences, c'est pour ainsi dire une science d'application universelle, la science par excellence des gens du monde.

En effet, il n'est plus permis à personne d'ignorer ce que c'est que l'atmosphère, le vent, les nuages, la pluie, la neige, la grêle, la foudre, l'arc-en-ciel, etc. Et d'ailleurs, quelle science, par son importance et ses généralités, peut contribuer plus que la météorologie au développement des facultés de l'intelligence et satisfaire à un plus haut degré les aspirations de l'âme, pour ceux qui aiment à chercher Dieu dans ses œuvres?

Nous nous occupons spécialement depuis près de trente ans, soit comme professeur, soit comme vulgarisateur, du sujet que nous traitons dans ce volume. Par notre position, nous avons été obligé de nous tenir au courant de toutes les conquêtes de la science; de nombreux et lointains voyages nous ont également mis à même de faire des observations personnelles, et de recueillir des faits précieux qui éclairent une partie de notre travail. Nous avions ainsi été conduit à terminer à peu près un volume de haute science météorologique; eh bien, malgré cela, nous le disons sans peine, nous avons hésité à entreprendre l'ouvrage que nous publions aujourd'hui.

Ceux qui savent combien il est difficile de vulgariser

la science nous comprendront; ils connaissent les obstacles sans nombre que l'on y rencontre.

On ne peut ici, comme dans un travail purement abstrait, citer sur la foi des maîtres les mots techniques, les formules, les locutions, les classifications, les démonstrations admises, et se contenter d'une intelligente compilation.

Il faut connaître son sujet bien plus profondément, s'en rendre maître d'une manière bien plus complète, afin de pouvoir traduire dans un langage qui soit compris de tous, et sans les faire dévier de leur sens, ces mots techniques, ces formules, ces locutions, ces démonstrations, etc., et discerner ce qui peut être retranché de ce qui doit être conservé.

Quelques mots maintenant sur le plan que nous avons suivi :

« L'ensemble complexe des connaissances physiques appelé la météorologie n'est pas encore constitué à l'état de science », disait M. Biot, en décembre 1855, dans une discussion à l'Académie des sciences.

Et M. Regnault ajoutait : « Les premiers principes à suivre dans les observations ne sont pas même posés et formulés ; on ne sait pas encore ce qu'il faut observer, comment il faut l'observer, ni où on doit l'observer. »

Après la lecture de ces passages, on ne sera pas étonné d'apprendre que la méthode ordinaire dans l'exposition des météores ne repose sur aucun fondement logique.

Jusqu'à ce jour on a divisé les météores en météores aériens, aqueux, calorifiques, lumineux, électriques et magnétiques.

Cette classification est tout à fait artificielle et ne repose pas sur la constitution intime des phénomènes; car l'électricité, par exemple, joue un rôle aussi principal dans certains phénomènes aériens ou aqueux, tels que la formation des ouragans, des trombes, de la grèle, etc., que dans les phénomènes regardés comme spécialement électriques; de même, l'air et l'eau ont une grande influence dans la plupart des phénomènes qu'on rassemble dans une autre classification.

Mais une chose certaine, c'est que la chaleur, la lumière, l'électricité et le magnétisme sont la cause principale de tous les météores : leur formation est impossible sans l'intervention de ces agents.

Il est donc bien évident que la base naturelle, logique, d'un traité de météorologie doit être l'étude de ces agents. C'est par là que nous commencerons après un aperçu de l'influence des voyages dans la science, puis nous passerons successivement en revue les grands phénomènes de la nature dans l'ordre qui nous a paru le plus naturel.

Comme nous changeons ainsi la méthode, l'ordre habituel admis dans les ouvrages de météorologie, quelque logique que notre plan nous ait d'abord paru, nous n'aurions pas osé en faire l'application, si les maîtres illustres qui font autorité dans l'étude de cette science ne nous y avaient fortement engagé.

Pour atteindre le but que nous nous sommes proposé, c'est-à-dire celui d'intéresser à la science, de lui enlever ce qu'elle a de trop rebutant, de trop aride, de la faire aimer tout en répandant des connaissances utiles, nous avons été obligé de supprimer bien des choses que nous aurions conservées dans un traité plus abstrait. Cependant cela ne nous a pas empêché d'indiquer les découvertes les plus récentes et de les faire servir à notre travail. En faisant un livre pour tous, nous sommes obligé d'être simple et clair, mais cela ne nous défend nullement d'être savant.

Le témoignage de M. Babinet, que nous reproduisons en tête de cet ouvrage, est bien propre à dissiper les inquiétudes que nous aurions pu conserver sur les difficultés que nous avons essayé de vaincre. D'ailleurs, en nous présentant sous le patronage d'un de nos grands maîtres, nous suivons en cela l'exemple des anciens, et nous reconnaissons avec l'un d'eux* qu' « il est doux d'être loué par un homme qui mérite lui-même de grandes louanges ».

Nous devons ici rendre hommage au beau talent de M. Yan' Dargent, dont le crayon si connu et si estimé a su répandre un puissant intérêt dans l'illustration de cet ouvrage, et même une gracieuse poésie sur des sujets qui souvent ne le comportent guère.

* Pacuvius, un des plus anciens auteurs latins (*fragments*).

La première édition de ce livre, qui a été un des premiers traités méthodiques de météorologie, a grandement contribué à fonder cette science telle qu'elle est aujourd'hui.

Grâce à la latitude que nous a laissée l'illustre maison qui a bien voulu éditer cet ouvrage, et à laquelle nous nous empressons de témoigner toute notre gratitude, il nous a été facile de mettre cette *quatrième édition* au niveau de tout ce que la science a de plus récent; nous avons pu intercaler dans les épreuves les nouvelles météorologiques, même de 1882, jusqu'au moment du tirage.

HISTOIRE
DES MÉTÉORES.

CHAPITRE PREMIER.

LA SCIENCE ET LES VOYAGES.

Influence des voyages. — **Divers aspects que présentent les grands phénomènes
de la nature suivant les lieux d'où on les observe. — Les ouragans sur terre
et sur mer. — Trésor de souvenirs que laissent les voyages.**

I.

Il est utile, croyons-nous, de commencer cet ouvrage
par faire ressortir l'importance des voyages pour l'étude
des météores et des grands phénomènes de la nature.
Cela nous sera facile, en rappelant rapidement quelques-
unes des impressions, quelques-uns des souvenirs de nos
lointaines excursions.

Maintenant que les wagons traversent l'espace comme
la flèche rapide, que les navires sillonnent les mers
comme de puissants météores, un jeune homme devrait,

à la fin de ses études, dans le but de compléter son éducation, faire le tour du monde comme il eût fait jadis le tour de l'Europe. Rien ne serait plus propre à développer l'intelligence, à agrandir les sentiments, en un mot, à compléter l'homme.

Il se produit naturellement, dans l'esprit du voyageur, un travail de généralisation qui fait naître des lumières inattendues dans ses connaissances acquises, et lui permet d'envisager la réalité sous son vrai jour.

« Un voyageur dont la vie est consacrée aux sciences, s'il est né sensible aux grandes scènes de la nature, rapporte d'une course lointaine et aventureuse, non seulement un trésor de souvenirs, mais un bien plus précieux encore, une disposition de l'âme à élargir l'horizon, à contempler dans leurs liaisons mutuelles un grand nombre d'objets à la fois[1] ».

Que ne donnerait pas un curieux de la nature, pour faire impunément et facilement un voyage dans la lune, ou dans l'un de ces astres qui étincellent sur nos têtes? Eh bien! que de régions de la terre sont aussi inconnues à la plupart des hommes que ces mondes inaccessibles!

Aussi, que de ravissantes surprises, que de suaves émotions, que de sensations puissantes et élevées, ne sont-elles pas réservées à celui qui peut voyager avec intelligence! Et dire qu'il y a des personnes favorisées de la fortune, en proie au spleen, qui s'ennuient à mourir, et qui ne songent pas aux enchantements d'un voyage lointain qui leur rendrait la joie et la santé!

Il nous faudrait des volumes si nous voulions parler

[1] De Humboldt.

avec développement des avantages que présentent les voyages ; contentons-nous d'indiquer les rapports qu'ils ont avec le sujet qui nous occupe, c'est-à-dire avec les météores, avec les grands phénomènes de la nature.

II.

Pour bien apprécier l'atmosphère dans laquelle se passent ces phénomènes, il faut aller respirer l'air à quelques milliers de lieues de son pays ; c'est alors que l'on y découvre des trésors de poésie qui, sans cela, passeraient inaperçus pour nous.

Il semble que cet air nous apporte des nouvelles de la patrie éloignée, qu'il a été respiré par ceux qui nous sont chers, qu'il nous transmet leurs touchants souvenirs, leurs tendres embrassements. Ah ! comme le cœur déborde à ces pensées, lorsque le soir, quand tout repose, assis au bord de la mer, on rêve à la terre chérie qui a bercé notre enfance, et qu'on sent le souffle de la brise qui nous unit à travers les océans !

Que de considérations attendrissantes ne font pas naître les flots de mélancolie qui nous oppressent alors ! Et si les illusions même nous soulagent, à plus forte raison les plus faibles réalités. Il y a en effet quelque chose d'admirable et de symbolique dans l'atmosphère : l'air est constamment présent à toutes les poitrines humaines, comme Dieu à l'intelligence ; il les échauffe, les anime, les fait palpiter. Vaste mamelle, à laquelle tous les hommes, et au même instant, puisent un aliment commun, une vie commune; lien universel et intime, qui fait qu'aucun homme n'est complètement séparé d'un autre. Nous sommes tous égaux devant ce banquet de la nature que nous trouvons à notre entrée dans la vie, et que nous ne quittons que devant la mort, deux choses communes et extrêmes qui obligent à se souvenir que tous les hommes sont frères.

III.

Quel admirable spectacle ne nous présentent pas les nuages, suivant les régions d'où on les contemple! Nous n'oublierons jamais la magnificence que nous ont offerte les cieux des contrées voisines du pôle où se déroulent en nappes immenses l'opale, le saphir, l'émeraude et le rubis, et où l'astre du jour, après avoir disparu sous l'horizon, semble, réduit en poussière, faire éclater partout sa splendeur sans se montrer nulle part.

On comprend alors que les peuples du Nord aient placé dans les nuages le sanctuaire des divinités, et les chants sublimes d'Ossian prennent pour nous une nouvelle expression.

Les Calédoniens revoyaient partout les morts qu'ils avaient aimés : ces morts habitaient les nues, ils venaient visiter en songe ceux qu'ils avaient laissés sur terre, leur révélaient l'avenir et souvent en présage frôlaient les cordes des harpes, faisaient résonner le timbre du bouclier de la guerre. Dans la patrie d'Ossian, tous étaient des héros dans les combats, car rien n'ajoute plus à la valeur

Fig. 4.

Moyens de transport en usage dans les pays du Nord où les froids sont le plus rigoureux.

naturelle que la croyance à une autre vie : « Et vous,
druides, dit Lucain, la mort, à vous en croire, n'est
que le milieu d'une longue vie. Cette opinion fût-elle
un mensonge, heureux les peuples qu'elle console, ils
ne sont point tourmentés par la crainte du trépas; de là
cette ardeur qui brave le fer, ce courage qui embrasse la
mort, cette honte attachée aux soins d'une vie qui doit
renaître[1]... ».

IV.

Il en est de même de tous les grands phénomènes de la
nature : chacun d'eux présente des beautés particulières
suivant le point de vue d'observation.

Qu'il est radieux l'arc-en-ciel qui couronne nos verts
coteaux! Mais qu'il resplendit aussi d'un nouvel éclat,
lorsqu'il mesure l'étendue de l'Océan en illuminant les
cieux! Ce gage d'alliance, donné aux hommes par le
maître suprême, est surtout doux et consolant pour
le marin ballotté au sein de l'immensité.

Quel prestige les roulements du tonnerre, les sillons
enflammés de la foudre, n'empruntent-ils pas également
de la majesté de l'Océan! « Te dirai-je les redoutables
phénomènes dont la mer est le théâtre, les bourrasques
subites, les noirs ouragans, les nuits ténébreuses, les
longs éclairs qui sillonnent le ciel, les éclats de la foudre
qui ébranlent le monde? Immense ét vaine entreprise
qui tromperait les efforts d'une voix de fer!

[1] *La Pharsale*, liv. Ier.

« Si les anciens philosophes, que l'amour de la science entraîna loin de leur patrie, eussent, comme moi, confié leurs voiles à tant de souffles divers, quel vaste champ d'observations se fût ouvert pour eux! Que de précieuses découvertes enrichiraient leurs écrits! Que de vérités utiles tiendraient aujourd'hui la place de leurs vains systèmes[1]! »

Fig. 2. — Femme du Nord [2].

[1] Camoëns, *Lusiades*, chant V.

[2] Cette gravure représente le costume des femmes des régions du Nord, où les nuits durent deux et trois mois. Leur long vêtement est serré par les liens du tablier, d'où pend une bourse qui contient des aiguilles. Sur la tête elles arrangent le lin qu'elles filent dans les rues, et tiennent à la bouche, pour faire de la lumière, une baguette de bois qui brûle à la manière d'une bougie.

V.

Mais ce sont surtout les ouragans nommés *cyclones*, qu'il faut observer dans ce que l'on peut appeler leur vraie patrie, c'est-à-dire dans la mer des Indes, si l'on veut s'en former une juste idée.

Rien de plus grandiose et de plus effrayant à la fois que ces ouragans.

Lorsque l'hivernage est arrivé, c'est-à-dire la saison la plus brûlante de ces climats, et qu'un calme sinistre et inaccoutumé se répand sur la nature, chacun consulte le ciel, cherche à lire dans la direction des nuages, observe le vol des oiseaux de mer et interroge le baromètre.

On n'est nullement étonné alors de voir bientôt le ciel se couvrir de nuages fauves qui portent avec eux la terreur, présage éloquent d'un bouleversement prochain. La voix du canon ne tarde pas à donner aux navires le signal d'appareiller, et de s'éloigner des côtes hospitalières qui deviendraient bientôt pour eux le récif de leur naufrage.

Chacun est dans une attente pleine d'inquiétude; tous s'interrogent d'un triste regard et se communiquent leurs funèbres pressentiments.

Dans toutes les habitations, des ordres sont donnés, les précautions les plus minutieuses sont prises, les troupeaux sont ramenés des champs, les fruits sont abrités, les portes et les fenêtres sont doublées de larges planches et consolidées par de fortes barres pour résister aux fureurs de l'ouragan qui, sans cette précaution, les ferait voler en éclats. En plein jour, il fait donc nuit dans les maisons, et l'on travaille à la lumière, en attendant le dénoûment prochain des convulsions de la nature.

VI.

Je ne me rappelle qu'avec effroi ces moments de deuil anticipé qui précèdent des scènes terribles.

Enfin, un point s'éclaircit dans le sombre horizon : c'est le cratère qui indique la venue et la direction du sinistre. Le signal est donné : en un clin d'œil la nature est bouleversée.

Un souffle violent bat la mer, et l'eau est balayée en poussière; les arbres craquent et se brisent; les champs de cannes sont renversés, emportés; les constructions s'écroulent; au bout de quelques instants succède, à la végétation la plus luxuriante, la plus vaste désolation.

Dans ces affreux moments, nous avons vu de fiers créoles verser des larmes, non pour la perte qu'ils venaient de subir, mais sous l'émotion inexprimable que leur faisait éprouver le changement qui s'était opéré à vue d'œil, et qui avait imprimé aux campagnes les plus fortunées le plus lugubre aspect.

Ce n'est que quelques jours après le sinistre que l'horizon revêt tous ses crêpes de deuil. Les branches et les feuillages qui adhèrent encore aux troncs solides, mais qui ont été froissés par l'ouragan, jaunissent, et donnent aux sites enchanteurs qui rappelaient les jardins d'Armide un aspect d'automne et de mort auquel le regard du créole n'est pas accoutumé.

Pendant ces crises effroyables, la mer est tellement brassée que son écume est transportée à plus de trois quarts de lieue dans les terres. On ne voit plus l'Océan ; ses eaux sont réduites en poussière que le tourbillon emporte avec lui ; mais on entend sa voix terrible comme son immensité, la vague qui déferle, les cailloux et les rocs qui se heurtent, un bruit semblable à celui des flammes qui sortiraient pressées de la gueule d'un four vaste comme les flancs de l'abîme. Il semble que l'on se trouve au sein du chaos que féconda l'esprit de Dieu au commencement des jours.

VII.

C'est principalement au sein des mers qu'il faut assister aux incomparables assauts livrés par l'ouragan : immenses et terribles rafales qui ont inspiré à Camoëns ses plus belles pages, sa magnifique allégorie d'Adamastor que je lisais et relisais en doublant le cap de Bonne-Espérance, comme une évocation au Génie des tempêtes. On aurait dit qu'Adamastor apparaissait de nouveau à nos regards étonnés, que son spectre gigantesque, épouvantable, s'élevait devant nous, que sa voix formidable, sortant des gouffres de la mer ténébreuse, nous accablait d'horribles imprécations.

Quelle puissante impression ne doit pas éprouver le jeune soldat intelligent et sensible, lorsque pour ses

débuts le champ de bataille se prépare, que les armées
s'ébranlent et que le signal retentissant du combat se fait
entendre!

Il semble que rien ne soit au-dessus de ce moment so-
lennel; cependant il y a quelque chose de plus grandiose, de plus émouvant : c'est un navire aux prises
avec un cyclone au sein de l'Océan.

Là, aucune ivresse : on ne voit pas au vent flotter les
couleurs de la patrie, l'audace et la valeur ne sont pas
inspirées par les airs nationaux et la perspective éblouissante de la gloire. Mais devant soi se présentent les abîmes
solitaires, les entrailles des monstres marins qui apparaissent dans toute leur horreur.

J'ai été quelquefois acteur dans ces combats des mers,
et je vais tâcher d'en donner une idée.

VIII.

Nous étions une quinzaine de passagers aux environs
du cap de Bonne-Espérance, sur un magnifique trois-mâts
de quinze à dix-huit cents tonneaux, servi par une tren-
taine de matelots.

Pleins des souvenirs des êtres chers que nous quittions
et des êtres non moins chers que nous allions revoir,
nous nous efforcions de tromper le temps, qui est si long
dans ces circonstances, en nous occupant soit à lire, soit
à pêcher, et, suivant les parages, à contempler les habitants de la mer qui s'offrent au regard : baleines, souffleurs,
requins, dorades aux mille nuances, poissons volants au

Fig. 3. — Ouragan sur terre et sur mer.

gris bleu de ciel, damiers aux ailes tachetées, malamocs aux pieds d'azur semé de vermillon; albatros au duvet blanc de neige, au vol doux et harmonieux; tous, oiseaux de mers, compagnons de notre solitude.

Nous admirions surtout les teintes ravissantes et les formes fantastiques des nuages, les levers et les couchers de soleil, tableaux pleins de splendeur et les plus majestueux de la nature.

La nuit, souvent privés de sommeil, nous écoutions la cadence des flots et le vaste silence des espaces sans fin; nous contemplions le scintillement des constellations nouvelles pour nous, et l'onde étincelante, flots d'azur ruisselants d'or et de pierreries, semblables à des vêtements de reine épars, à des débris de cieux étoilés. Nous interrogions les brises légères : peut-être avaient-elles passé sur des terres chéries, peut-être nous apportaient-elles des accents connus, des révélations désirées. Il faut être bien loin de tout ce qui nous est cher pour connaître la puissance des douces et mystérieuses illusions.

Cependant, depuis plusieurs jours, notre horizon s'était bordé de nuages presque immobiles; un calme sinistre nous accablait; le baromètre baissait continuellement; le capitaine était inquiet et passait la nuit sur le pont.

Les voyageurs ne se doutaient guère de ce qui les menaçait; cependant, comme j'avais subi déjà un grand nombre de cyclones, que j'avais étudié leurs lois et leurs signes précurseurs, je comprenais les inquiétudes que le capitaine me confiait. Tous les navires du nord que nous rencontrions avaient rentré leurs voiles, ils appréhendaient ce qui devait arriver.

Mais nous, qui étions impatients de faire du chemin,
nous avions laissé quelques voiles sur nos mâts, afin de
profiter des petites brises qui de temps à autre venaient
errer auprès de notre navire ; voiles neuves et fortes que
l'on met exprès pour résister aux tourmentes du Cap.

IX.

Enfin, dans une après-midi, tout à coup, et au moment où on y pensait le moins, la voix du capitaine se
fait entendre : un commandement pressé et sinistre est
répété par les matelots, qui volent aux haubans, grimpent
sur les mâts et les huniers ; l'ouragan a été aperçu de
loin, il accourt, il nous atteint, il nous secoue comme
l'auraient fait des décharges d'artillerie.

Notre navire est ébranlé jusque dans ses fondements ;
l'eau de la mer réduite en pluie fine et pressée nous enveloppe comme d'un manteau ; bientôt elle nous aveugle
et nous ensevelit sous d'immenses torrents diluviens.

Les voyageurs surpris et éperdus se réfugient à l'entrée
du salon sous une espèce d'auvent, pour être un peu à
l'abri et en même temps pour mesurer l'étendue du
danger.

Nous ne voyons plus ni ciel ni mer ; des bruits for-
midables nous assourdissent ; les vagues monstrueuses
qui grondent, les craquements du navire, les sifflements
des rafales dans les cordages et les haubans, les rugisse-
ments de la mer au large, les balancements effrayants du
navire à droite, à gauche, en avant, en arrière ; les tor-

rents d'eau qui nous inondent, font que nous ne savons plus si nous sommes sur ou sous les flots.

Tous les animaux, singes et éperviers que nous avions en liberté, chiens, porcs, poules, oies, etc., viennent épouvantés se réfugier auprès de nous, et cherchent à se cacher dans nos vêtements. — Les cris, les pleurs, les

Fig. 4. — Les naufragés.

prières des passagers, surtout des femmes et des enfants, se mêlent aux voix des matelots qui répètent les commandements du capitaine; tout cela, dans ce moment suprême, emprunte à la tempête, à l'isolement au milieu des rafales, un accent particulier, sauvage, effrayant.

Enfin, nos matelots, avec l'intrépidité que donne la présence du danger imminent, luttent contre l'ouragan

pour atteindre les voiles qui sont encore sur les mâts :
ils grimpent et se coulent comme des panthères sur les
vergues. Avec quelle anxiété on les suit du regard! A
chaque instant il semble que la rafale va les précipiter à
la mer, ce qui n'arrive, hélas! que trop souvent.

Incessamment, le cyclone agit avec de nouvelles forces,
et s'engouffrant dans les voiles fait prendre à notre navire
une position presque perpendiculaire, la puissance du
vent dans les voiles faisant équilibre au chargement.

Cependant cette situation ne saurait se prolonger longtemps : l'angoisse augmente, elle est presque à son comble, lorsque tout à coup un bruit inouï, plus terrible et
plus sinistre que celui de la tempête elle-même, retentit
comme un fracas de tonnerre : ce sont les voiles qui
éclatent, qui sont réduites en charpie et clapotent ensuite sur les mâts et les vergues, qui se brisent et se
dispersent en mille fragments.

X.

Le navire, qui plonge dans l'eau presque perpendiculairement, se redresse avec toute la puissance que peuvent lui donner les marchandises lourdes dont il re-
gorge : il semble éclater de toutes parts; un frémissement,
une trépidation stridente se communique à toutes ses
paties, à tous les objets qu'il porte et fait éprouver à
tous les passagers un déchirement, une angoisse infinie,
jointe à une terreur suprême.

Tout cela se passe en un instant, et dans cet instant

mille éclairs de pensée et de sentiment remuent l'âme
tout entière, le frisson de la mort glace nos veines;
un cri unique, et presque identique de timbre et d'expression, s'échappe de toutes les poitrines, cri d'épouvante et de suprême détresse, en face d'une mort soudaine
et implacable : expression naturelle qui fait tressaillir
jusqu'aux dernières fibres de l'existence. On vivrait des
siècles que ce cri retentirait encore aux oreilles, en évo-
quant tout le sinistre prélude d'un naufrage au sein des
mers en courroux.

On reste ainsi pendant quelques secondes, offrant ses
dernières pensées à Dieu, car l'on ne doute pas que l'on
ne descende au fond des abîmes; les terribles balancements que conserve le navire, par suite du déchirement des voiles, les tourbillons d'eau qui empêchent
de rien voir, complètent l'illusion, qui est bien près d'être
la réalité.

Cependant j'étais dans de telles dispositions, que, sans
les scènes déchirantes qui m'environnaient, je crois que
rien n'aurait valu pour moi les âpres jouissances que
m'aurait procurées cet effrayant spectacle.

Avant d'entreprendre ces lointains voyages, j'avais
éprouvé une longue agonie, une de ces agonies qui doublent
les facultés au lieu de les éteindre, et qui m'avait fami-
liarisé avec la mort et forcé de vivre face à face avec elle
pendant de longs mois. Je m'étais habitué à elle, je la
voyais sans trouble et sans inquiétude; ce calme m'était
devenu si naturel, qu'au sein des tourmentes, lorsque nous
touchions au naufrage, que nous sentions passer sur nos
têtes le souffle de la mort, un léger sourire venait de lui-

même éclairer mon visage, s'il m'arrivait d'oublier de le composer par respect pour les douleurs qui m'entouraient.

Lamartine a dit avec raison, en parlant de l'heureuse et puissante influence des voyages : « Le grand air évapore seul les grandes douleurs, le changement perpétuel de lieu guérit les fièvres du cœur comme il coupe les fièvres du corps [1]. »

A quelque chose malheur est bon, nous dit la sagesse des nations ; cela a été vrai pour moi, car non seulement ces voyages ont refait ma santé fatiguée, mais j'ai conservé de toutes ces épreuves une expérience difficile à acquérir ailleurs, et un état moral qui convient, il me semble, à l'homme passager sur la terre.

Lorsque je jette un regard sur le passé, j'éprouve, à ma manière, mais sans y mêler de l'égoïsme, une certaine volupté exprimée dans ce passage de Lucrèce : « Il est doux de contempler du rivage les flots soulevés par la tempête, et le péril d'un malheureux qui lutte contre la mort : non pas que l'on prenne plaisir à l'infortune d'autrui, mais parce que la vue est consolante des maux que l'on n'éprouve point. Il est doux encore, à l'abri du danger, de promener ses regards sur deux grandes armées rangées dans la plaine [2]. »

Homère avait déjà dit : «... Hélas ! l'homme trouve des charmes même dans ses maux lorsqu'il a beaucoup souffert et beaucoup erré [3]. »

[1] *Nouvelles Confidences,* t. I, page 410.
[2] Lucrèce, liv. II.
[3] *Odyssée,* ch. XV.

XI.

Outre ces dispositions particulières, j'avais d'autres raisons encore, qui me faisaient prendre un plaisir extrême à l'examen de ces grands météores, surtout dans mon voyage de retour.

Par sa disposition et la hauteur de ses montagnes, l'île de la Réunion présente des facilités exceptionnelles pour l'étude des ouragans. Leurs lois étaient connues là mieux peut-être que partout ailleurs ; aussi ai-je pu les étudier dans leurs détails les plus minutieux, et j'étais heureux toutes les fois que l'occasion se présentait de faire des observations nouvelles à leur sujet et de contrôler les connaissances acquises.

Ces lois si claires et si bien formulées n'étaient pas très connues en Europe, et peu après mon retour à Paris, M. Le Verrier, qui, par sa haute position, par sa vaste science, par sa vigoureuse initiative, s'était placé à la tête des études météorologiques, donnait la plus large publicité à la note suivante : « Les lois des tempêtes ne pourront être connues qu'à la condition de rassembler un nombre immense de documents de tous les points du globe et de les soumettre à une discussion approfondie. C'est assez dire que ce doit être l'œuvre de tous. »

Cette note, qui confesse que les lois des ouragans restaient à découvrir, n'ayant été relevée par personne, nous nous sommes déterminé alors à faire quelques communications à l'Institut sur les lois et les manifestations de ces grands phénomènes, qui, à plusieurs reprises avaient toutes été contrôlées par nous. Nous avons lu à l'Académie des sciences, dans la séance du 2 mai 1864, un résumé de ces lois, qui a été inséré dans les *Comptes rendus;* une autre note se trouve également dans les *Comptes rendus* du 12 novembre 1866.

La lenteur avec laquelle se répandent les lumières intellectuelles est vraiment affligeante : ainsi, même aujourd'hui, un bon nombre de capitaines au long cours ignorent ces lois, et rendent la société victime de leur ignorance. La chose en est encore à ce point, que l'on cite comme merveilleux un navire qui échappe, quoique plus ou moins maltraité, de sa lutte avec un cyclone; tandis que l'on pourrait faire servir ce météore redoutable à atteindre le but où l'on tend et préserver le navire de toute avarie.

Les études sur ce sujet sont assez avancées pour que tout capitaine puisse être rendu responsable des dommages arrivés au navire dont il a le commandement, par suite des prises avec un cyclone, car ces dommages pourraient le plus souvent être évités avec la plus grande facilité.

Nous consacrons dans cet ouvrage un chapitr etrès succinct à ces grands phénomènes, mais suffisant pour faire comprendre qu'il y en a peu de mieux connus et de mieux étudiés.

XII.

Outre cette lumière que les voyages font rejaillir sur les sciences, combien d'heureux souvenirs ne laissent-ils pas!

Il me semble en écrivant ces pages que je visite de nouveau la patrie d'Ossian, que les échos des anciens bardes viennent frapper mon oreille à travers les siècles; que je parcours encore ces régions où l'astre du jour se fait pressentir à minuit; que je contemple le météore radieux qui embrase les pôles de lueurs resplendissantes; que je me promène en rêveur au milieu de ces villes gracieuses de la Finlande, aux rues larges, aux maisons propres que l'on dirait habitées par des femmes à la fois vertueuses et coquettes. Puis, je remonte la Newa, et bientôt j'aperçois la capitale aux dômes d'or et d'azur où respire encore le génie de Pierre le Grand; je descends ces régions où les glaces du pôle et les chaleurs torrides semblent se confondre; et puis, hélas! sur mon passage un vaste cimetière, cimetière d'une nation martyre. Pauvre Pologne! comme on frissonne en foulant ton sol! on pleure et on prie avec tes veuves et tes orphelins! on est oppressé, on passe, on passe vite, mais ton souvenir demeure comme un deuil et comme une espérance!

Je gravis par la pensée les pentes rapides du cône du Vésuve; j'entends les effroyables détonations des laves embrasées, je respire les vapeurs âcres et brûlantes qui s'élèvent dans l'atmosphère radieuse, je me baigne dans la lumière éblouissante de ces contrées enchanteresses, je tressaille sous la libre voûte des cieux profonds! La fournaise mugissante à mes pieds et qui dévore les entrailles du globe prépare ma nourriture, et le lacryma-Christi, né sur les flancs du cratère, s'épanchant en flots de rubis dans ma coupe agreste, complète en moi l'illusion inspirée par la fable antique, et me fait croire pour

Tombeau de Napoléon

quelques instants que je participe à la table des dieux.

Je me retrouve à sillonner les vastes mers ; je contemple de nouveau la cime fumante de Ténériffe, qui s'élève au-dessus des sombres flots avec la majesté d'une reine en deuil. Que de souvenirs se pressent en ma mémoire !... Je m'arrête quelques instants à Sainte-Hélène ; assis auprès d'un marbre tumulaire, j'étanche la sueur qui baigne mon visage fatigué, mon front se penche naturellement sur ma main, et je m'abîme dans la contemplation du passé, du présent et de l'avenir, à l'ombre des saules funèbres où est venu s'éteindre le plus terrible des météores humains qui ait paru sur la terre.

Mais déjà nous doublons le cap des Tempêtes, nous sommes enfermés dans le navire en détresse comme dans un tombeau abandonné au sein de l'immensité ; le cyclone rugissant fait éclater nos voiles, les mâts et les huniers volent au loin comme des jouets d'enfant, les vagues s'élèvent comme des collines et bondissent comme des béliers. Enfin nous arrivons près de l'Ile-de-France ; la mer s'apaise, nous revoyons le ciel bleu, et nous saluons avec enthousiasme les arbres qui ont ombragé Paul et Virginie ; bientôt nous apercevons un phare immense qui se perd dans les astres : c'est le volcan de l'île de la Réunion qui nous donne rendez-vous (fig. 5). Salut, île fortunée ! salut à tant d'êtres chers qui respirent sur ton sol embaumé, avec lesquels j'ai partagé le pain de l'étranger et participé à la coupe de l'amitié !

Comment ne parlerais-je pas avec quelque enthousiasme des voyages lointains ! On conserve toujours pour eux une espèce de nostalgie dès qu'on en a goûté ; d'ailleurs, c'est à eux que je me plais à rapporter la plus grande partie des succès de mes travaux, entre autres des *Colonies françaises*, ouvrage auquel l'Académie des sciences a décerné une de ses hautes récompenses; je leur dois également une foule d'études et de souvenirs répandus dans une vingtaine de volumes que j'ai publiés depuis l'époque où j'ai commencé mes lointaines pérégrinations sur le globe. Je me fais également un plaisir de me rappeler que c'est par l'entremise de M. le baron de Watteville, père, que j'ai dû, dès mes premiers débuts, une mission scientifique, et je me fais un devoir de consacrer mes sentiments de profonde reconnaissance à cet homme éminent, regardé avec justice par les nations européennes, qui lui ont emprunté ses vues ingénieuses, comme le législateur des établissements de bienfaisance.

Les avantages que procurent les voyages scientifiques sont si considérables à nos yeux, que nous avons cru devoir consacrer à les faire ressortir, le début de notre *Histoire des Météores*. Nous croirions avoir fait une chose utile, si nous avions contribué ainsi, pour notre part, à l'élan qui se manifeste partout maintenant pour ce complément des grandes éducations.

CHAPITRE II.

LES AGENTS DE LA NATURE

EN GÉNÉRAL.

De la chaleur. — De la lumière. — De l'électricité. — Du magnétisme.

I.

Les météores, les grands phénomènes de la nature sont principalement produits par la chaleur, la lumière, l'électricité, le magnétisme, forces auxquelles on a donné, à cause de leur importance, le nom générique d'*agents de la nature*.

Nous ne pouvons donc nous dispenser de parler de ces forces, et malgré les notions élevées et abstraites que leur étude présente, nous tâcherons de la mettre à la portée de tous.

Ces forces sont immenses : elles sont partout, elles agissent partout, et leur nature est restée si mystérieuse jusqu'à ce jour, que les physiciens, aussi bien que les philosophes et les théologiens, ne savaient s'il fallait les regarder comme spirituelles ou matérielles.

Dans cette incertitude, et pour plus de facilité dans les explications des phénomènes auxquels elles donnent naissance, on les a considérées comme des fluides, fluides *impondérables* ou *impondérés* et *fluides incoercibles*. On a abandonné ces dénominations, maintenant qu'elles sont mieux étudiées.

On les définit ainsi :

Le *calorique* est l'agent qui produit en nous la sensation de la chaleur;

La *lumière* est l'agent qui produit en nous la sensation de la vision;

L'*électricité* est l'agent qui donne à certains corps frottés la propriété d'attirer les petits corps environnants;

Le *magnétisme* (magnétisme minéral), est l'agent qui donne à certains corps, naturellement et sans l'auxiliaire du frottement, la propriété d'attirer d'autres corps.

On appelle *électro-magnétisme* l'action réciproque de l'électricité et du magnétisme.

Aujourd'hui, la science est parvenue à démontrer que les différences admises jusqu'à ce jour comme essentielles entre les diverses forces de la nature n'existent pas; que ces forces ont, au contraire, des liens étroits de parenté et de filiation; qu'elles peuvent s'engendrer l'une l'autre, chacune d'elles pouvant se transformer dans toutes les autres.

Peu de questions sont susceptibles de jeter autant d'étonnement dans l'esprit humain que les métamorphoses de ces diverses forces : elles conduisent aux conséquences les plus surprenantes et les plus grandioses.

Il suffit de citer comme exemple une des transforma-
tions les plus simples, pour en faire comprendre toute
l'importance et toute la fécondité.

II.

La chaleur produit de la force mécanique, et la force
mécanique produit de la chaleur.

Là où la chaleur disparaît le mouvement se produit,
et, réciproquement, lorsque le mouvement s'arrête il y a
développement de chaleur. Cette transformation se manifeste avec une exactitude mathématique.

La chaleur engendrée par un corps qui tombe croît
proportionnellement à la simple hauteur. — Dès que l'on
connaît la vitesse et le poids d'un projectile, on peut donc
calculer sans peine la quantité de chaleur développée
par l'extinction de son mouvement.

Connaissant le poids de la Terre, par exemple, et la
vitesse avec laquelle elle se meut dans l'espace, un simple
calcul doit nous donner la quantité exacte de chaleur qui
se développerait si la Terre était arrêtée brusquement
dans son orbite.

Mayer et Helmholtz ont fait ce calcul, et ils ont trouvé
que la quantité de chaleur engendrée par ce fait suffirait non seulement pour fondre la Terre entière, mais
pour la réduire en grande partie en vapeur.

Ainsi, le seul arrêt brusque de la Terre dans son orbite
amènerait les éléments à l'état de fusion; après extinction
de son mouvement, la Terre irait nécessairement tomber

sur le Soleil ; alors, la chaleur engendrée par cette rencontre serait égale à la chaleur développée par la combustion de 5,600 globes de charbon solide égaux en volume à la Terre. On peut voir sur ce sujet l'excellent ouvrage de M. Tyndall : *la Chaleur*, traduit de l'anglais par M. l'abbé Moigno, sentinelle avancée des découvertes

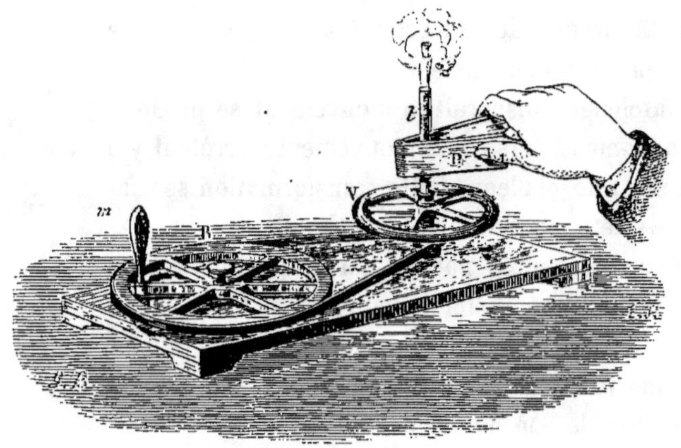

Fig. 7. — Appareil de M. Tyndall pour montrer la chaleur créée
par le travail détruit 1.

scientifiques. Ces calculs peuvent nous donner une idée des flots de lumière imprévue que peut jeter l'étude de la transformation des forces sur des questions jusqu'à

---

[1] EXPLICATION : *t* est un tube de cuivre, fermé à sa partie inférieure, auquel on peut communiquer un mouvement très rapide de rotation à l'aide d'une roue à manivelle *R* et d'une courroie. Si, pendant qu'on fait tourner le cylindre *t* avec une grande vitesse, on le serre au moyen d'une pince en bois *P*, de manière à déterminer un frottement un peu énergique, ce cylindre s'échauffe d'une manière très sensible. Pour rendre l'expérience plus frappante, on le remplit à peu près avec de l'eau, et au bout de quelques instants la vapeur produite projette le bouchon qui le ferme.

ce jour restées enveloppées de ténèbres, et dont l'étude
directe serait impossible.

III.

Il n'y a que peu d'années on était loin de soupçonner
que toutes les forces de la nature pouvaient se réduire à
la modification d'une seule et même puissance, et qu'en
dernière analyse les phénomènes auxquels elles donnent
naissance ne sont que des formes diverses du mouvement
imprimé à la matière, à ses particules, à ses molécules, à
ses atomes ou derniers éléments.

On regardait comme bonne, tout au plus, à amuser les
cerveaux malades cette hypothèse qui aujourd'hui devient la réalité.

De même que l'on est arrivé à l'unité pour les forces,
on y arrive également pour les divers éléments. Il est vrai
que la chimie compte un assez grand nombre de corps
simples; mais parce qu'on n'a pas encore pu les décomposer et les réduire à un seul, cela ne veut pas dire qu'ils
soient indécomposables.

De grands penseurs et les savants les plus distingués,
croient en effet non seulement à la possibilité, mais à
la très grande probabilité de l'unité de substance pour
tous les corps, c'est-à-dire que tous les corps pourraient être formés d'une seule et même substance : il
suffirait qu'ils différassent entre eux par le groupement
des atomes, par la disposition des molécules, d'une manière analogue à ce que nous offre, par exemple, le

charbon ordinaire et le diamant, pour présenter les phénomènes les plus divers.

Des faits nombreux viennent à l'appui de cette théorie,
entre autres la doctrine des équivalents et les expériences
les plus récentes sur les atomes et les molécules. Toutes
les recherches de la science tendent maintenant à la démontrer[1].

IV.

Ainsi, d'après la science actuelle, une seule substance
matérielle simple universellement répandue, l'éther, par
sa condensation, par le groupement varié de ses atomes, produit tous les corps divers que nous connaissons.

Une seule force qui pénètre, sature l'éther, produit
tous les phénomènes qui frappent nos sens, les divers
phénomènes n'étant que des mouvements produits par
cette force, soumise à des lois rigoureuses et mathématiques.

Pas un atome ne s'anéantit, pas un mouvement ne se
perd : il y a sans cesse transformation.

Voilà la sublime simplicité où la science arrive!

La science a pour objet la vérité, c'est-à-dire Dieu
même et ses œuvres; il n'est pas étonnant que plus elle
approche de son objet, plus elle découvre de simplicité
et de grandeur. Il est digne de la toute-puissance d'arriver

[1] Voir *les Lois de la vie et l'art de prolonger ses jours*, ouvrage couronné
par l'Académie française, dans lequel nous traitons cette question, 1er partie;
libr. Firmin-Didot et Cie.

à ses fins les plus diverses et les plus élevées par les moyens les plus simples.

Lucrèce était frappé déjà de la diversité des effets que l'on peut obtenir par un petit nombre de causes, il l'aurait été bien davantage s'il avait connu ce que la science nous révèle aujourd'hui : « Car, dit-il, les principes à l'aide desquels ont été construits le ciel, la mer, la terre, les fleuves et le soleil, sont les mêmes qui, mêlés avec d'autres et diversement arrangés, ont formé les grains, les arbres et les animaux. Ne remarques-tu pas, dans ces vers que tu lis, les mêmes lettres communes à plusieurs mots? Cependant, les vers et les mots diffèrent beaucoup, soit par les idées qu'ils présentent, soit par le son qu'ils font entendre : telle est la différence que met entre les corps l'arrangement seul des éléments. » Lucrèce affectionnait cette comparaison, il l'a répétée aux livres I et II.

Aristote, rendant compte des doctrines de Leucippe et de Démocrite, rapporte également cette comparaison : « Les atomes, dit-il, sont comparés par Leucippe et ses disciples aux lettres de l'alphabet : avec les mêmes lettres on peut composer une tragédie ou une comédie : tout dépend de l'ordre suivant lequel on les arrange[1]. »

Hâtons-nous de laisser cette partie transcendante de la science, trop abstraite peut-être pour l'ouvrage qui nous occupe, et venons à l'étude plus pratique de chacun des agents de la nature en particulier.

[1] *De Generatione et Corruptione.*

CHAPITRE III.

LA CHALEUR.

I.

La chaleur est seule capable de développer les premiers germes de la vie.

Quand l'hiver a plongé la nature entière dans un état qui ressemble à la mort, il suffit de la douce température que la saison ramène pour la réveiller et ranimer toutes les forces engourdies.

Chaque printemps vient, comme le souffle inépuisable de la divinité, répandre la vie sur notre globe; sous son influence, tout s'émeut : nos champs dénudés se couvrent de verdure et de fleurs, les hôtes sémillants de nos bois font retentir leurs bruyants concerts, la brise embaumée nous apporte ses aromes bienfaisants; tout frémit, tout bourdonne, tout chante.

Plus on s'approche des pôles et plus on semble s'avancer dans l'empire de la mort; on finit même par rencontrer des régions où il n'existe aucune espèce de plantes ni d'insectes, et qui ne peuvent être habitées que par des baleines, des ours ou autres créatures capables d'engendrer de la chaleur, et de la conserver assez puissamment pour lutter contre les glaces et les frimas de ces contrées.

La chaleur donne la vie, et la vie développe la chaleur; il serait assez difficile de déterminer laquelle est la cause et laquelle est l'effet; car partout où il y a vie, il y a plus ou moins de chaleur, et un lien indestructible unit ensemble ces deux phénomènes.

II.

Deux théories rivales ont partagé les opinions sur la nature de la chaleur : la *théorie matérielle* et la *théorie mécanique* ou *dynamique*.

Tout récemment encore, la théorie matérielle ne rencontrait que des partisans; elle n'avait pour adversaires qu'un petit nombre d'hommes éminents.

Elle regarde la chaleur comme étant une sorte de matière, un fluide subtil, pénétrant intimement les corps, et qu'elle désigne sous le nom de *calorique*, pour distinguer la cause de l'effet, que l'on nomme *chaleur*. Elle en donne cette définition : une *substance dont l'entrée dans nos corps cause la sensation du chaud, et sa sortie la sensation du froid.*

La théorie mécanique de la chaleur, universellement admise aujourd'hui, écarte l'idée de matérialité : la chaleur n'est pas de la matière; *c'est un mouvement des dernières particules, des molécules, des atomes des corps.*

Ce *mouvement* ou la *chaleur*, se communique sans cesse d'un corps à un autre et à l'éther, qui le propage à travers l'espace, en sorte que tous les corps émettent continuellement de la chaleur en même temps qu'ils en reçoivent du milieu qui les environne.

Si, par cet échange continuel, ils gagnent plus de chaleur qu'ils n'en perdent, leur température s'élève; s'ils en perdent autant qu'ils en gagnent, leur température reste stationnaire; et s'ils en perdent plus qu'ils n'en gagnent, leur température baisse.

Cet agent tend donc sans cesse à se mettre en équilibre; c'est pour cela que la chaleur des corps renfermés dans une même enceinte varie, jusqu'à ce que cet équilibre se soit établi entre eux et entre les parois de l'enceinte. C'est cet état d'équilibre qu'on désigne sous le nom de *température*.

Il n'y a pas de corps absolument privés de chaleur; il n'y a par conséquent pas de corps absolument froids. Les corps que nous appelons *froids,* peuvent produire sur des corps plus froids encore, des phénomènes tout à fait semblables à ceux que les corps chauds produisent sur des corps moins chauds.

Le même objet ne variant pas de température peut donc nous paraître froid dans un moment et chaud dans un autre, suivant la température extérieure de notre corps. Nous éprouvons une sensation de chaleur quand, l'hiver, nous pénétrons dans une cave, tandis que c'est de la fraîcheur ou du froid que nous sentons quand nous y pénétrons pendant l'été. Cependant, la température de ces lieux est à peu près constante ; mais, en hiver, notre corps extérieurement plus froid reçoit de l'enceinte où il pénètre plus de chaleur qu'il n'en donne, et, dans l'été, au contraire, il en perd plus qu'il n'en gagne.

Si l'on prend un verre d'eau chaude et un verre d'eau froide, et que l'on mêle une partie de chacun dans un troisième verre, et qu'ensuite on mette un doigt dans l'eau froide et un doigt dans l'eau chaude, puis successivement ces deux doigts dans l'eau mélangée, le doigt qui a été dans l'eau chaude éprouvera une sensation de froid, et celui qui a été dans l'eau froide, une sensation de chaleur. Ceci suffit pour nous expliquer tous les phénomènes de température.

III.

Il y a donc un rayonnement calorifique comme il y a un rayonnement lumineux, et ces rayonnements obéissent à une même loi.

Les intensités de la chaleur sont en raison inverse des carrés des distances.

Par exemple, si les distances sont 1, 2, 3, 4, etc., les quantités de chaleur reçues aux distances 2, 3, 4, etc., seront 4 fois, 9 fois, 16 fois, etc., moindres qu'à la distance 1.

Ce sont les académiciens de Florence qui trouvèrent, il y a près de deux siècles, que le calorique se réfléchit

comme la lumière, et qu'un miroir concave le concentre
à son foyer. En substituant des boules de neige à des corps

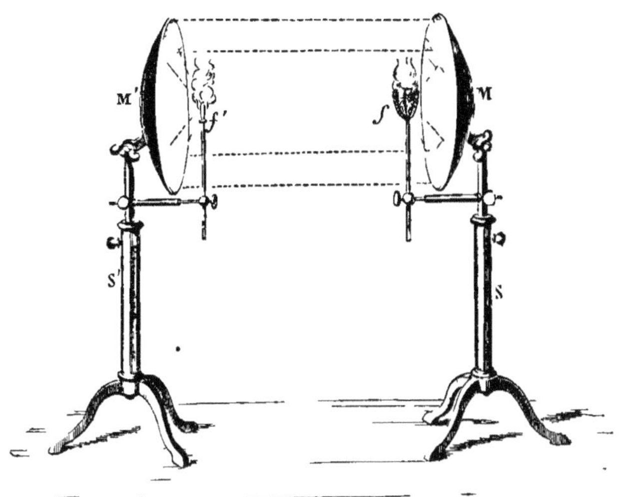

Fig. 8. — Miroirs démontrant les lois de la réflexion des rayons calorifiques[1].

échauffés, ils allèrent même jusqu'à prouver qu'on peut
former des foyers frigorifiques par voie de réflexion.

Mariotte a découvert qu'il existe différentes espèces de
calorique rayonnant; que celui dont les rayons solaires
sont accompagnés traverse tous les milieux diaphanes aussi
facilement que le fait la lumière; tandis que la chaleur qui

[1] Si l'on place au foyer *f* d'un de ces miroirs **M**, une source de chaleur
telle, par exemple, qu'un panier en treillis de fer, rempli de charbons ardents,
les rayons de chaleur émanés de cette source seront réfléchis parallèlement,
mais lorsqu'ils rencontrent l'autre miroir **M'** placé en face du premier, ils
viennent converger au foyer *f'* de ce second miroir, et y déterminent une
élévation de température suffisante pour qu'une substance combustible s'y
enflamme promptement.

émane d'une matière fortement échauffée, mais encore obscure, ainsi que celle qui se trouve mêlée aux rayons lumineux d'un corps médiocrement incandescent, sont arrêtées presque en totalité dans leur trajet au travers de la lame de verre la plus transparente.

Les ouvriers fondeurs qui ne regardaient la matière incandescente de leurs fourneaux qu'à travers un verre de vitre ordinaire, pensant, à l'aide de cet artifice, arrêter seulement la chaleur qui eût brûlé leurs yeux, avaient donc raison contre les railleries des prétendus savants.

Plus tard, on découvrit dans la lumière solaire des rayons calorifiques obscurs dont l'existence ne saurait être constatée qu'avec le thermomètre, et qui peuvent être complètement séparés des rayons lumineux à l'aide du prisme.

Il y a donc des corps *diaphanes*, c'est-à-dire qui sont traversés par les rayons lumineux, et il y en a qui sont *diathermanes*, c'est-à-dire traversés par les rayons calorifiques.

Les mêmes corps n'ont pas toujours ces deux propriétés au même degré : l'eau, par exemple, laisse passer moins de chaleur que l'huile ; un morceau de cristal d'un décimètre d'épaisseur transmet plus de la moitié de la chaleur ; une lame d'alun très transparente, d'un millimètre, n'en laisse passer qu'un sixième.

IV.

Il est à remarquer que la chaleur est promptement, facilement reçue et transmise par certains corps, tandis qu'elle ne l'est presque pas par d'autres. Ainsi elle n'échauffe que très peu les surfaces bien polies, elle est réfléchie par elles presque en totalité ; mais lorsque ces rayons tombent sur des surfaces ternes ou dépolies, ils sont la plupart absorbés et échauffent le corps qui les reçoit.

Un miroir métallique, par exemple, renvoie la chaleur presque entièrement, tandis que si l'on couvre sa surface d'une légère couche de noir de fumée il l'absorbe promptement.

Une bouilloire d'argent bruni, remplie d'eau et mise au milieu de charbons ardents, s'échauffe très lentement ; mais si l'on expose préalablement sa surface extérieure au-dessus de la fumée, de manière à la noircir, l'échauffement est ensuite très rapide.

Si l'on soumet deux thermomètres, dont les boules soient revêtues, l'une d'un morceau d'étoffe noire et l'autre d'un morceau d'étoffe blanche, aux rayons de la même source de chaleur, le mercure, qui par sa dilatation marque l'augmentation de calorique, augmentera plus rapidement de volume dans le thermomètre dont la boule est revêtue de l'étoffe noire que dans l'autre.

Si l'on étend sur une surface glacée, sur de la neige par exemple, exposée aux rayons du soleil, deux couvertures, l'une noire et l'autre blanche, la neige diminuera sensiblement sous la couverture noire, tandis qu'elle ne diminuera presque pas sous la blanche.

On voit donc que non seulement la chaleur se répand à la surface des corps, mais qu'elle pénètre dans leur intérieur, et cela en plus ou moins grande quantité et plus ou moins promptement selon leur nature.

Tous les corps dans lesquels la chaleur se propage facilement sont appelés *bons conducteurs de la chaleur;* ceux dans lesquels elle se propage difficilement sont appelés *mauvais conducteurs.*

Les métaux sont de bons conducteurs de la chaleur; mais les gaz, les liquides, la porcelaine, la terre à poterie la conduisent moins bien. Le charbon et les diverses espèces de bois lorsqu'ils sont secs, le verre, les résines, etc., la conduisent moins encore. Mais rien ne la transmet moins que les substances formées de filaments très fins, de petites écailles ou parcelles qui se touchent par très peu de points, comme le cuir, la laine en flocons, la soie en brins, le duvet, etc.

Tout le monde sait qu'on peut faire rougir un morceau de charbon, même fort court, par une de ses extrémités, et le tenir à la main par l'autre, sans se brûler, tandis que l'on ne pourrait faire la même chose avec une tige de fer de même longueur.

Il est un moyen facile et à la portée de tout le monde d'apprécier la conductibilité de différents corps : en prenant, par exemple, des tiges métalliques parfaitement égales, en les enduisant de cire à l'une de leurs extrémités et les plongeant ensuite dans un bain chaud par l'extrémité opposée, on voit facilement quelle est la tige qui fait le plus vite fondre la cire, et par conséquent le métal qui est le meilleur conducteur du calorique.

Un autre moyen, aussi à la portée de tout le monde, consiste à chauffer une plaque métallique et à la mettre

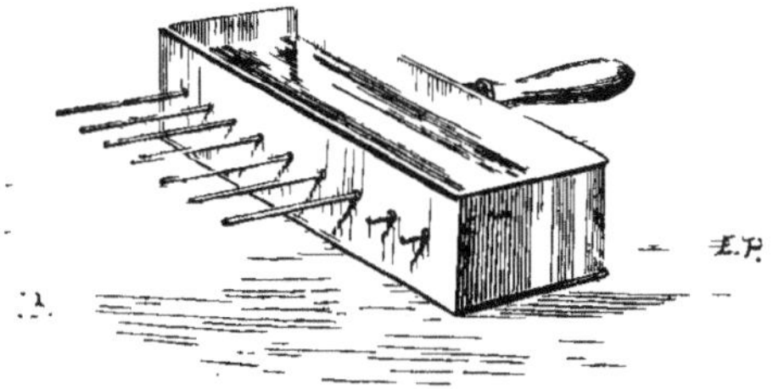

Fig. 9. — Appareil d'Ingenhousz pour comparer la conductibilité des différents métaux[1].

¹ Cet appareil consiste dans une cuve rectangulaire en laiton munie d'un manche en bois, et portant, soudées dans une de ses parois, des tiges métalliques de même grosseur et de même longueur. On trempe toutes ces tiges dans de la cire fondue, et on la laisse se figer sur leur surface. On remplit ensuite la cuve d'eau chaude, et l'on voit la cire fondre, mais sa fusion s'étend à une distance plus ou moins grande suivant que le corps est plus ou moins bon conducteur.

² La cuve est montée sur quatre pieds, et on la chauffe avec une lampe à alcool pendant toute la durée de l'expérience. Les tiges sont plus

Fig. 10. — Appareil d'Ingenhousz modifié par M. Jamin[2].

longues que dans l'appareil précédent, et afin de pouvoir les espacer assez pour rendre insensibles les effets du rayonnement, on les a distribuées sur les deux grandes faces de la cuve, dont le manche est supprimé. L'expérience se fait ainsi dans de meilleures conditions, et l'on saisit mieux les différences de conductibilité des métaux et des autres substances avec lesquelles les tiges peuvent être faites.

au-dessous du corps à examiner, puis à poser au-dessus de ce corps le thermomètre. Plus la chaleur met de temps à traverser le corps essayé, plus celui-ci la conduit mal. On peut ainsi s'assurer du peu de conductibilité des étoffes de soie, de laine, etc.

L'expérience constate pareillement que les corps qui se distinguent par un plus grand pouvoir absorbant, possèdent aussi un pouvoir rayonnant plus considérable; par conséquent les corps qui s'échauffent le plus vite sont aussi ceux qui se refroidissent de même.

V.

De ces propriétés résultent une foule d'applications utiles et intéressantes.

Lors donc qu'un corps est destiné à dépenser de la chaleur ou à en recevoir, il faut que sa surface soit noircie, dépolie ou recouverte d'un corps qui remplisse ces conditions; une feuille de papier gris, une toile fine, etc., suffisent. S'il est au contraire destiné à recevoir le moins possible de chaleur et à en perdre le moins possible, il faut que sa surface ait le plus beau poli ou qu'elle soit recouverte d'un corps ayant cette propriété.

Il est dangereux de poser les pieds nus sur le carreau, tandis que le parquet n'offre pas le même inconvénient; et cela parce que les carreaux possèdent une conductibilité capable de produire subitement dans cette partie du corps un abaissement considérable de température; cette propriété n'existe pas au même degré dans le parquet.

Les poêles qui doivent conserver longtemps la chaleur sont faits en briques; ceux en tôle s'échauffent vite, mais se refroidissent de même.

C'est parce que la laine est mauvais conducteur, que pendant l'été on enveloppe de couvertures de laine fort épaisses la glace qu'on veut transporter; ces couvertures empêchent la chaleur extérieure de parvenir jusqu'à la glace.

Sous le rapport du calorique, les habits blancs sont préférables, en toutes saisons, aux habits noirs. En été, ils absorbent moins la chaleur du soleil, en hiver, ils rayonnent moins la chaleur du corps.

En multipliant autour d'un corps chaud les enveloppes métalliques polies, on retarde considérablement son refroidissement; en plaçant un corps froid dans les mêmes conditions, il ne reçoit que fort lentement le calorique de l'extérieur. On a appliqué ces principes à la construction de vases en fer-blanc, formés de plusieurs enveloppes concentriques, propres à conserver la température de diverses substances, et à transporter de la glace durant l'été sans en fondre beaucoup.

Pour faire chauffer promptement un liquide on prendra un vase noirci extérieurement et dépoli; mais, pour le conserver longtemps chaud, on prendra un vase à surface polie.

Les vases métalliques destinés à être exposés au feu, sont munis ordinairement de manches de bois ou de corne, qui ne propagent point la chaleur.

Quoique mauvais conducteurs, les liquides s'échauffent promptement lorsque leur partie inférieure est en contact avec une surface chaude, car à mesure que la couche liquide appliquée immédiatement sur cette surface s'échauffe, son volume augmente et ses parties deviennent plus légères que les parties supérieures ; alors elles s'élèvent et sont remplacées par d'autres, qui ne tardent pas à éprouver le même effet ; il s'établit ainsi des courants ascendants et d'autres descendants qu'il est facile de constater, en introduisant quelques corps légers dans le liquide, par exemple de la sciure de bois ; dans ces mouvements, toutes les molécules reçoivent la chaleur du fond du vase et la répartissent entre elles.

Si, au contraire, la chaleur est communiquée par la partie supérieure, les couches chaudes dont le poids spécifique est moindre, ne peuvent être déplacées, et la partie inférieure du vase ne s'échauffe pas. La vaporisation de l'eau a lieu alors sans être précédée du phénomène de l'ébullition.

Pour la même raison, l'eau des lacs et celle de la mer offrent souvent une température plus élevée à leur surface qu'à une certaine profondeur.

Plus mauvais conducteurs que les liquides, les gaz s'échauffent très promptement, en raison aussi de l'extrême mobilité de leurs molécules, qui fait que chacune vient successivement se mettre en communication avec la source de chaleur.

Pour rendre l'air plus mauvais conducteur, il suffit d'entraver le mouvement de ses molécules au moyen de corps légers, tels que des plumes, du coton, etc.

Les fourrures, les édredons, les habits ouatés, etc.,
forment des vêtements très chauds quoique légers, parce
que l'air qu'ils emprisonnent, ne pouvant circuler facilement, reste mauvais conducteur de la chaleur.

Voici un tableau présentant la conductibilité et le pouvoir rayonnant de quelques corps :

Conductibilité.		*Pouvoir rayonnant.*	
Or.	1000	Noir de fumée.	100
Platine.	981	Carbonate de plomb.	100
Argent.	973	Papier.	98
Cuivre.	898	Colle de poisson.	91
Fer.	374	Verre.	85
Zinc.	363	Encre de Chine.	85
Etain.	304	Gomme laque.	72
Plomb.	180	Surface métallique polie.	12
Marbre.	24		
Porcelaine.	12		
Terre des fourneaux.	11		
(Viennent ensuite le bois et le charbon.)			

VI.

En pénétrant les corps, la chaleur augmente leur volume en tous sens : c'est ce que l'on appelle *dilatation ;* et
lorsqu'elle s'en va, ce volume diminue : c'est ce qu'on
appelle *contraction.*

Les solides se dilatent moins que les liquides, et les
liquides moins que les vapeurs et les gaz.

La dilatation des gaz est uniforme de 0 à 100 degrés
à peu près. Cette régularité de dilatation n'a pas lieu pour
les solides ni pour les liquides, surtout dans les degrés
voisins de leur changement d'état.

Cependant on remarque la même proportion pour la dilatation entre le mercure et les gaz secs dans les limites de 0 à 100 degrés, et dans ces mêmes limites la dilatation des métaux solides est proportionnelle à celle du mercure.

Les dilatations des autres solides sont généralement inégales; moindres pour les mêmes différences de température que celles des liquides, et à plus forte raison que celle des gaz.

Il est facile de démontrer que la chaleur dilate les corps en tous sens.

Je prends, par exemple, un anneau de fer et une petite balle de même métal, d'une grosseur telle qu'à la température ordinaire, elle puisse librement passer dans cet anneau.

Si je chauffe cette balle, elle ne passera plus dans l'anneau, quelques soins que l'on prenne de la retourner en tous sens; elle a donc augmenté de volume. Mais si je la laisse refroidir, ou que je chauffe aussi l'anneau, elle pourra de nouveau y passer.

La connaissance de la *dilatation* et de la *contraction* des corps par la chaleur peut être utile dans beaucoup de circonstances. En voici quelques applications :

VII.

M. Molard a tiré parti de la puissance de contraction du fer pour rapprocher les murs d'une galerie du Conservatoire, qui menaçaient ruine par leur écartement.

Il fit traverser ces deux murs parallèles par de forts boulons dont les têtes et les écrous s'appuyaient sur de larges rondelles; il fit chauffer tous ces boulons à la fois, et pendant qu'ils étaient chauds on serra les écrous. Cette manœuvre fut répétée plusieurs fois, et la contraction des boulons, en se refroidissant, eut assez de force pour redresser les murailles, malgré la charge des étages supérieurs.

On sait que la marche d'une horloge dépend de la durée des oscillations du pendule, et celles-ci de la longueur *virtuelle* de ce pendule, c'est-à-dire de la distance de son axe de suspension à son axe d'oscillation. Or, cette distance se modifie avec la température, qui fait varier la longueur de la tige. Si l'on veut que le pendule donne la mesure exacte du temps, il faudra donc chercher à compenser cette dilatation.

On y parvient en composant un pendule de substances qui se dilatent inégalement pour un même changement de température, et combinées de manière que les effets de la dilatation des unes soient corrigés par les effets de la dilatation des autres, s'effectuant en sens contraire.

Cette compensation est obtenue en multipliant les châssis et en les combinant pour que leurs effets s'ajoutent les uns aux autres. Un assemblage de quatre châssis donne une compensation assez rigoureuse. Les pendules ainsi construits se nomment des *pendules compensateurs.*

On voit quelquefois des barres de fer, scellées par les deux bouts pendant les grands froids, se courber pendant les grandes chaleurs, par suite de la dilatation. Le zinc est le plus dilatable de tous les métaux; aussi ne le fixe-t-on pas par tous les points lorsqu'on l'emploie comme couverture de maison; on accroche l'une dans l'autre, au moyen d'un bourrelet fait exprès, les plaques de zinc; autrement, les changements de température feraient céder les clous ou ployer le métal.

On doit prendre des précautions pour permettre au métal de se dilater et de se contracter librement, dans l'assemblage des cylindres creux en fonte destinés à la conduite de l'eau, ainsi que dans la construction des rails pour les chemins de fer.

Les ustensiles de verre, les poteries, etc., éclatent lorsqu'on les fait passer brusquement d'une température à une autre très différente. Un pot de terre chauffé brusquement et inégalement est bientôt fêlé; un ballon en verre doit être chauffé par degrés et bien également partout, pour rester intact; s'il est trop épais, la chaleur se communique lentement et inégalement, et il se casse; s'il n'est pas d'égale épaisseur, il y a aussi répartition inégale de chaleur, et par conséquent de dilatation, il se casse de même. Les vases donc, dans lesquels la chaleur se propage avec le plus de facilité, sont les plus résistants; tels sont parmi les vaisseaux de verre ceux qui sont les plus minces et qui ont partout à peu près la même épaisseur, et parmi les poteries celles dont la matière est plus poreuse. Le charbon que l'on allume éclate et se fendille jusqu'à ce qu'il soit échauffé tout à fait ; il suffit de tenir à la main un bâton de soufre pour produire le même effet. Cela vient de ce que ces matières étant mauvais conducteurs de la chaleur, quelques-unes de leurs parties sont beaucoup plus tôt contractées ou dilatées que les parties voisines, ce qui détermine une dislocation violente entre les molécules et un déchirement entre les différentes parties.

VIII.

Les lois générales de la dilatation et de la contraction présentent des exceptions remarquables.

L'eau, par exemple, a moins de volume à 4 degrés qu'à 3, et moins à 2 qu'à 1, et à 0 liquide beaucoup moins qu'à 0 solide ; en sorte que son maximum de densité se trouve à 4 degrés au-dessus de 0. Ce *maximum* de densité de l'eau a une grande importance ; car il a été adopté pour définir l'unité de poids dans le système métrique. Cette unité, que l'on appelle *gramme*, a le même poids qu'un centimètre cube d'eau pure prise à son maximum de densité.

Cette particularité de dilatation à un degré inférieur n'appartient pas exclusivement à l'eau, car le fer fondu le bismuth, le soufre se dilatent aussi au moment de leur congélation.

On explique ces phénomènes par l'arrangement particulier que prennent les molécules pour former la cristallisation.

L'augmentation du volume de l'eau au moment où
elle gèle est une des plus remarquables, et demande
de grandes précautions pour éviter les nombreux accidents qu'elle peut occasionner.

Il est nécessaire, par exemple, à l'approche des gelées, de vider les fontaines, les conduits et les autres
vases exposés à la température de l'air extérieur; sans
cette précaution, ils peuvent être brisés, quelque solides qu'ils soient; un effet analogue pourrait être produit par les autres substances dont le volume augmente
au moment de leur solidification.

La force de dilatation de l'eau qui passe à l'état de
glace est énorme. Hales remplit de ce liquide une bombe
qui avait environ un centimètre d'épaisseur. Il ferma
l'ouverture avec un bouchon retenu par une forte presse,
et fit geler le liquide en l'exposant à un froid artificiel
considérable; la glace n'avait que deux centimètres d'é-
paisseur lorsque la bombe se fendit en trois morceaux.

Les terribles effets de la poudre à canon ne sont dus
qu'à l'expansion subite des gaz à laquelle son inflammation donne lieu, la vapeur chauffée en vase clos est capable de produire des effets plus étonnants encore.

Vauban, en comparant la force de la vapeur à celle
de la poudre, a trouvé que 70 kilogrammes d'eau réduite en vapeur pouvaient soulever un poids de 38 milliers; et il faut, ajoute-t-il, près de 130 kilogrammes
de poudre pour produire le même effet.

Les canons, les fusils, les mortiers, etc., sont donc de véritables machines à vapeur; toute la différence consiste en ce que le choix des matières à convertir en vapeur n'exige pas une chaudière, puisque l'on opère, au point même où l'on a besoin de gaz, leur formation instantanée.

Le courant produit par l'air dilaté de nos foyers entraîne avec lui la fumée et tous les produits volatils de la combustion. Les cheminées à tuyau très étroit sont moin ssujettes à fumer que les autres, parce que le courant d'air ascendant s'y trouve plus rapide.

Le courant d'air froid qui se manifeste près des foyers et qui se précipite avec tant de violence dans la bouche des poêles est dû à la même cause.

Les bouches de chaleur que l'on adapte aux poêles et aux cheminées ne sont encore que des courants d'air chaud produit par la dilatation.

Les vasistas placés dans les salles où se tiennent les réunions nombreuses sont destinés à renouveler l'air de ces salles. L'air intérieur, échauffé, et par conséquent dilaté, s'élève vers la partie supérieure de la salle, se déverse et sort par le vasistas, tandis qu'il se trouve remplacé par l'air frais et pur qui arrive du dehors.

C'est aussi sur les propriétés de l'air dilaté que repose ce que l'on nomme les *fourneaux d'appel*. Dans plusieurs mines, on renouvelle l'air des galeries en établissant un courant semblable à celui de nos cheminées, au moyen d'un fourneau placé à l'ouverture d'un puits. L'air extérieur pénètre dans les galeries par un autre puits, les parcourt dans toute leur longueur, et vient se rendre à l'ouverture du premier.

IX.

Le feu est le développement simultané de chaleur et de lumière produit par la combustion des corps dits *combustibles*. Pour le physicien ce n'est pas autre chose qu'un degré de température plus élevé que celui du calorique sans lumière.

Les anciens regardaient le feu comme un des quatre éléments. Plusieurs peuples l'adoraient comme une divinité.

Si l'on en croit d'anciennes traditions, il y a eu un temps où une grande partie du genre humain ne savait ce que c'était que le feu. Les Égyptiens, les Phéniciens, les Perses, les Grecs et plusieurs autres nations avouaient qu'originairement leurs ancêtres n'en connaissaient pas l'usage.

Les habitants des îles Mariannes, découvertes en 1521, n'avaient aucune idée du feu, dit-on; ils furent étrangement surpris quand ils en virent, lors de la descente que Magellan fit parmi eux.

Ils le regardèrent d'abord comme une espèce d'animal qui s'attachait au bois dont il se nourrissait. Les premiers qui s'en approchèrent de trop près s'étant brûlés en donnèrent de la crainte aux autres, et n'osèrent plus le regarder que de loin, de peur, disaient-ils, d'en être mordus et que ce terrible animal ne les brûlât par sa violente respiration; car c'est l'idée qu'ils se formaient de la flamme et de la chaleur.

La nature offrait cependant aux premiers hommes

Fig. 11. — l'orêt embrasée.

plusieurs indications sur le feu et plusieurs moyens d'en assurer la découverte.

Sans parler des volcans, on trouve des feux naturels allumés dans presque tous les pays. Le feu est souvent occasionné par la fermentation de certaines matières réunies dans un même lieu, par le choc des cailloux et par le frottement des bois.

Le vent a plus d'une fois embrasé des roseaux et des forêts : c'est à cette cause que les Phéniciens rapportaient la découverte du feu.

On cultive souvent le bambou en haies immenses, au pourtour des grandes habitations. Ces haies sont appelées *balisages;* elles produisent un effet des plus grandioses. Le frottement des grands chaumes qui se heurtent dans leur épaisseur divergente, et qui, tout considérables qu'ils sont, n'en demeurent pas moins flexibles, produit quand la tempête agite les balisages un bruit violent, singulier et même effrayant lorsqu'on l'entend pour la première fois. Des incendies considérables, au dire des colons, ont plus d'une fois été produits par le frottement de ces surfaces sèches et polies (fig. 11 et 12).

« Après avoir vainement cherché pendant plusieurs mois, et en diverses saisons, des fleurs de bambou pour enrichir notre herbier, dit Bory de Saint-Vincent, nous en trouvâmes tout à coup en grande quantité, sur les pousses d'un balisage, qui avait été l'année précédente, la proie d'un embrasement attribué au frottement des bambous. »

Les Chinois disent que Sui-Gin-Schi, un de leurs souverains, enseigna la manière d'allumer du feu en frottant fortement deux morceaux de bois et en les faisant tourner l'un sur l'autre. Les Grecs avaient à peu près la même tradition. C'est encore aujourd'hui la méthode la plus usitée chez les sauvages.

La foudre ne porte que trop souvent la flamme sur la terre. Les Égyptiens disaient être redevables de la connaissance du feu à un accident de cette sorte.

X.

Si donc, il a été un temps où presque tous les hommes étaient privés de l'usage du feu, ce n'est pas que cet élément ne se manifestât en bien des manières; mais c'est qu'on ignorait l'art de s'en servir, d'en avoir à volonté, de le transporter et de le reproduire après qu'il était éteint. Aussi tous les peuples ont-ils regardé ceux à qui ils ont cru être redevables de cette découverte comme les inventeurs des arts, parce qu'en effet il n'y a presque aucun art qui puisse se passer du feu :

> Le feu dilate l'air ; des lacs, des mers profondes
> En globules roulants il divise les ondes.
> Des êtres qu'il dissout, les uns sont transformés
> En légères vapeurs, en globes enflammés ;
> D'autres réduits en chaux, d'autres réduits en cendre.
> Ici, libre en tous sens, il aime à se répandre ;
> Là, fixé dans les corps en un profond sommeil,
> D'une cause imprévue il attend son réveil.
>
> (DELILLE, *les Trois règnes.*)

Une des choses les plus étonnantes, serait de voir le corps humain rendu incombustible; on doit à la science des expériences très curieuses à ce sujet. En se mouillant préalablement le doigt avec de l'éther, on éprouvera une sensation de froid si on le plonge ensuite dans du plomb fondu. En se mouillant le doigt avec de l'eau, on

Fig. 12. — Incendie dans les campos.

le plonge impunément dans du suif à plus de 300 degrés. On le trempera de même sans danger dans de l'eau bouillante, après l'avoir humecté d'éther. On peut également plonger la main dans la fonte incandescente, pourvu qu'on l'ait d'abord mouillée avec une solution d'acide sulfureux contenant un peu de sel ammoniac.

M. Boutigny, d'Évreux, rapporte à ce sujet des faits

extraordinaires, dans son important et remarquable travail sur l'état sphéroïdal de la matière.

M. Côme, professeur de physique à Laval, et M. Covlet, ont ainsi coupé des jets de fonte avec les doigts; ils ont plongé les mains dans des moules et dans des creusets remplis de la fonte qui venait de couler d'un *wilkinson*, et dont le rayonnement était insupportable, même à une assez grande distance. Mme Covlet, qui assistait à ces expériences, permit à sa fille, enfant de huit à dix ans, de mettre la main dans un creuset plein de fonte incandescente. Cet essai fut fait impunément.

« Un Espagnol, Lionetto, dit Julia Fontenelle, se montra à Paris en 1819, et étonna tout le monde par son insensibilité au contact du feu; il maniait impunément une barre de fer rouge, du plomb fondu; il buvait de l'huile bouillante, etc. »

Pendant que Lionetto était à Naples, le professeur Sementini remarqua qu'il plaçait sur ses cheveux une plaque de fer rouge, et qu'on en voyait s'élever aussitôt une vapeur épaisse; que le même effet était produit lorsqu'il passait un fer rouge sur la plante du pied, sur la langue; qu'il buvait environ le tiers d'une cuillerée d'huile bouillante; qu'il tenait entre ses dents un fer presque rouge.

Sementini, jaloux de découvrir les procédés de Lionetto, fit quelques expériences sur lui-même, et trouva :

1° Qu'au moyen de frictions avec des acides, particulièrement avec l'acide sulfurique étendu d'eau, la peau devenait insensible à l'action de la chaleur du fer rouge;

2° Qu'une solution d'alun, évaporée jusqu'à ce qu'elle

devînt spongieuse, était encore plus propre à cet effet, en l'employant en friction ;

3° Que les parties du corps rendues insensibles, et frottées avec du savon dur, puis lavées, étaient plus insensibles encore ; on parvenait, par ce moyen, à se frotter avec un fer rouge sans qu'un poil de la peau fût brûlé.

Les mêmes préparations faites sur la langue et sur la bouche produisaient les mêmes résultats.

La cause de cette insensibilité se trouve probablement dans le peu de conductibilité qu'ont les substances intermédiaires pour la chaleur, ou dans l'évaporation de ces substances que déterminent le fer chaud ou l'huile bouillante ; car tout solide qui passe à l'état liquide, ou tout liquide qui passe à l'état de vapeur, absorbe une quantité étonnante de chaleur.

Ces expériences, du reste, ne sont pas nouvelles ; car, Ambroise Paré, chirurgien de Charles IX, dit avoir rendu quelques parties de son corps incombustibles par l'emploi de l'esprit de soufre (acide sulfureux).

XI.

Si ces faits sont intéressants, ceux que nous présente l'étude du froid ne le sont pas moins, nous le verrons plus loin en parlant de la congélation ; cependant disons un mot ici du froid obtenu artificiellement.

Dans une communication à l'Académie des sciences, M. Berthelot a fait remarquer que la production artificielle du froid repose en général sur l'un des trois artifices suivants, isolés ou réunis dans une même action : 1° transformation d'un solide ou d'un liquide en gaz ; par exemple, la vaporisation de l'éther, de l'acide sulfureux, du bicarbonate traité par un acide ; 2° liquéfaction d'un solide au contact d'un liquide ; par exemple solution des sels ou d'un autre solide, acide sulfurique cristallisé et glacé, etc. ; 3° réaction chimique opérée au sein d'un liquide avec formation de substance dont la dissolution absorberait plus de chaleur que celle des composés primitifs ; par exemple, acétates alcalins dissous et acide tartrique dissous, ou bien formation de corps qui se décomposent à mesure au sein de l'eau, tels que les sels des acides faibles, les sels acides, etc.

M. Berthelot fait observer qu'aucun système n'est susceptible de produire un refroidissement comparable à celui d'une masse liquide qui se transforme intégralement en gaz, comme il est facile de le reconnaître par le calcul. Par exemple l'éther, en se vaporisant, produirait un abaissement théorique de 192 degrés au-dessous de la glace fondante, le sulfure de carbone de 530 degrés, l'ammoniaque liquéfié de 460 degrés, le protoxyde d'azote de 440 degrés. Mais le refroidissement s'arrête bien au-dessous de ces termes purement virtuels, et cela dès que la tension de vapeur du liquide devient si faible, que le froid produit dans un temps donné est compensé par le rayonnement ambiant qui réchauffe le système.

En effet, ajoute M. Berthelot, le froid produit par la vaporisation d'un liquide, même dans le vide, ne permet guère d'abaisser la température de plus de 60 à 80 degrés au-dessous du point d'ébullition de ce liquide sous la pression atmosphérique; on n'est parvenu à 100 degrés que dans un seul cas jusqu'ici, celui de la congélation de l'eau dans le vide. Quoi qu'il en soit, ces chiffres, soit théoriques, soit pratiques, établissent qu'aucun procédé de refroidissement n'est comparable à la vaporisation; l'industrie est arrivée pratiquement au même résultat. Les sources de froid dont nous disposons dans les gaz liquéfiés, continue M. Berthelot, n'ont pas dit leur dernier mot; par un emploi mieux dirigé des ressources que la théorie indique, on doit aller beaucoup plus bas qu'on ne l'a fait jusqu'à présent, et approcher davantage de ce zéro absolu, que les doctrines actuelles semblent fixer vers 273 degrés au-dessous de la glace fondante[1].

En effet les prévisions de M. Berthelot n'ont pas tardé à se vérifier. MM. Cailletet et Raoul Pictet dans leurs expériences sur la liquéfaction des gaz, ont obtenu un froid qui dépase 140 degrés au-dessous de zéro[2].

Avant de faire connaître ces résultats étonnants à l'Académie, M. Dumas, l'éminent secrétaire perpétuel, a donné lecture du passage suivant, extrait des œuvres de Lavoisier, et qui montre comment l'immortel créateur de la chimie moderne avait pressenti les faits qui devaient être réalisés plus tard par Faraday et par ses successeurs :

« ... Considérons un moment ce qui arriverait aux différentes substances qui composent le globe si la température en était brusquement changée. Supposons, par exemple, que la Terre se trouvât transportée tout à coup dans une région beaucoup plus chaude du système solaire,

---

[1] *Comptes rendus de l'Académie des sciences*, 1874.
[2] *Comptes rendus de l'Académie des sciences*, 1878, 1ᵉʳ semestre.

dans une région, par exemple, où la chaleur habituelle serait fort supérieure à celle de l'eau bouillante : bientôt l'eau, tous les liquides susceptibles de se vaporiser à des degrés voisins de l'eau bouillante, et plusieurs substances métalliques même, entreraient en expansion et se transformeraient en fluides aériformes, qui deviendraient partie de l'atmosphère.

« Par un effet contraire, si la terre se trouvait tout à coup placée dans des régions très froides, par exemple de Jupiter et de Saturne, l'eau qui forme aujourd'hui nos fleuves et nos mers, et probablement le grand nombre des liquides que nous connaissons, se transformeraient en montagnes solides.... L'air, dans cette supposition, ou du moins une partie des substances aériformes qui le composent, cesserait sans doute d'exister dans l'état de fluide invisible, faute d'un degré de chaleur suffisant : il reviendrait donc à l'état de liquidité, et ce changement produirait de nouveaux liquides dont nous n'avons aucune idée [1]. »

Dans un remarquable éloge historique de Faraday, M. Dumas rappelle que l'acide carbonique neigeux, mouillé d'éther, forme un bain à 88 degrés au-dessous de zéro; que le protoxyde d'azote liquide se maintient à une température constante de 90 degrés au-dessous de zéro. Lorsque l'on active l'évaporation de ces substances en les plaçant dans le vide, on obtient même un abaissement de température qui peut atteindre 100 ou 110 degrés au-dessous de la glace fondante.

[1] *Recueil des Mémoires,* t. II, p. 804 et suivantes.

Ces liquides ou ces solides, ainsi refroidis, cautérisent la peau comme un fer brûlant. Un métal froid que l'on y plonge produit le bruissement du fer rouge que l'on trempe dans l'eau. Une affusion d'eau froide les transforme tout à coup en gaz, tandis que l'eau se gèle elle-même avec une vive explosion.

Vraiment, on croirait lire quelque passage des *Mille et une Nuits*. M. Dumas ajoute avec raison et avec esprit : « L'imagination du Dante ne s'est pas élevée au-dessus de la réalité, et le grand poète de l'Italie aurait trouvé, comme on voit, près de nos laboratoires plus d'un trait digne de prendre place dans la description du neuvième cercle de l'enfer, à côté de l'épisode d'Ugolin, et d'ajouter à son horreur. Il est vrai que pour un Florentin, accoutumé au plus doux climat, le séjour éternel dans un bain de glace ordinaire a pu paraître suffisant pour caractériser la plus dure des peines infligées aux réprouvés. »

CHAPITRE IV.

LA LUMIÈRE.

Influence de la lumière sur la vie en général. — Théorie de la lumière. — Ses
lois. — Spectre solaire. — Analyse spectrale. — Curieux phénomènes des
interférences.

I.

La lumière présente une affinité bien remarquable
pour la vie. En général, on peut dire que chaque créa-
ture a une vie d'autant plus parfaite qu'elle jouit davantage de la lumière, et il paraît même que la vie n'est
possible que sous son influence, car dans les entrailles
de la terre, dans les cavernes les plus profondes, où règne
une nuit éternelle, on ne rencontre que des corps inor-
ganiques.

Là, rien ne respire, rien ne jouit du sentiment ; on
n'y trouve tout au plus que quelques espèces de moisis-
sures ou de lichens qui sont le premier degré de la végétation et le plus imparfait. On s'aperçoit même, en y
regardant de près, que la plupart de ces plantes équivo-

ques ne croissent que sur le bois pourri ou dans son voisinage.

Et même, à la surface de la terre, que l'on prive un végétal ou un animal de la clarté du jour, quelque nourriture qu'on lui donne, quelques soins qu'on lui prodigue, on le verra successivement perdre sa couleur et toute sa vigueur, cesser de croître et se rabougrir. L'homme lui-même, lorsqu'il est privé de la lumière, devient pâle, mou, débile, et finit par perdre toute son énergie, comme l'attestent les exemples, malheureusement trop nombreux, des personnes qui ont été renfermées pendant longtemps dans un cachot, les maladies qui atteignent les mineurs, les marins de la cale des navires, et même les ouvriers des manufactures mal éclairées, les habitants des caves, des rez-de-chaussée ou des rues étroites.

II.

Peu d'études donnent lieu à plus de surprises que celle de la lumière.

De même que pour la chaleur, deux hypothèses ont été émises à son sujet :

Celle de *l'émission*, à laquelle le nom de Newton a donné pendant longtemps une grande autorité, et celle des *ondulations*, dont Descartes est l'auteur, et qui est généralement adoptée aujourd'hui.

L'*hypothèse de l'émission* suppose qu'un corps lumineux lance dans toutes les directions une substance matérielle extrêmement ténue, et tellement subtile qu'on n'en peut constater ni le poids ni l'impénétrabilité; elle traverse certains corps sans perdre sa vitesse, mais elle peut être arrêtée par d'autres.

Des molécules de cette substance venant à rencontrer l'organe de la vue, une partie pénètre dans l'intérieur, atteint le fond de l'œil et produit la sensation de la vision.

Dans l'*hypothèse des ondulations*, on ne suppose pas qu'il y ait transport d'un agent matériel à de grandes distances, mais on admet que les vibrations atomiques mêmes des corps lumineux sont communiquées aux atomes d'un *fluide éthéré* répandu partout.

Ces vibrations se propagent à travers le fluide, arrivent à l'organe de la vue, qui les transmet au nerf optique. Dans cette hypothèse, la nature et la transmission de la lumière seraient analogues à la nature et à la transmission de la chaleur.

Les dernières expériences des savants, les études sur les *interférences* entre autres, ont rallié tous les esprits à cette dernière hypothèse.

III.

On sait que la lumière s'affaiblit, ou diminue de force, d'intensité, à mesure qu'elle s'éloigne du point d'où elle émane. Cette diminution a lieu en raison directe du carré de la distance; par exemple, si les distances sont 1, 2, 3, 4, etc., les quantités de lumière reçue aux distances 2, 3, 4, etc., seront 4 fois, 9 fois, 16 fois, etc., moindres qu'à la distance 1. — L'intensité de la lumière varie également avec l'inclinaison de la surface qui l'émet.

La lumière se propage avec une vitesse prodigieuse ; elle parcourt près de 308,000 kilomètres ou environ 77,000 lieues par seconde.

C'est par l'observation des éclipses de Jupiter que Rœmer, astronome danois, est parvenu à déterminer la vitesse de la lumière pour la première fois. La lumière franchit en 8 minutes 13 secondes la distance du soleil à la terre. Or, on sait que les étoiles les plus rapprochées de la terre en sont au moins deux cent mille fois plus éloignées que le soleil : il faut donc plus de trois années pour que la lumière de ces étoiles arrive jusqu'à nous ; quant à celle d'un grand nombre de ces astres que nous pouvons observer, elle doit mettre plusieurs milliers d'années pour atteindre notre globe.

On n'imaginait pas qu'il fût jamais possible de mesurer la vitesse de la lumière par des observations terrestres, lorsque M. Fizeau est venu résoudre cet important problème.

Les expériences de l'habile physicien ont eu lieu entre Montmartre et Suresne, points séparés par une distance de 8 kilomètres et demi. Au moyen d'un procédé de la plus extrême simplicité, il a démontré que le mouvement lumineux parcourait le double trajet d'aller et venir, soit 17 kilomètres, en une durée de temps exprimée par un *dix-huit millième* de seconde. Ce nombre diffère peu de celui qu'ont donné les observations anciennes, mais un certain défaut de netteté dans les images obtenues laisse sur cette mesure une incertitude plus grande que celle des déterminations sur le ciel.

M. Foucault a essayé une nouvelle mesure en 1862, en employant un miroir tournant. Il a trouvé pour vitesse de la lumière 298,000 kilomètres, ou 74,500 lieues de 4,000 mètres par seconde. Suivant les données anciennes, cette vitesse serait de 308,000 kilomètres par seconde. On voit donc qu'il y aurait une assez grande différence.

Cependant on a adressé quelques objections à cette nouvelle détermination. L'ingénieux physicien n'a fait parcourir à la lumière qu'un espace de 20 mètres, et dans cette étendue il lui a fait subir cinq réflexions et traverser un objectif. On a fait remarquer que cet objectif a pu occasionner une diminution de vitesse, et que d'ailleurs personne ne peut même dire quelle est la totalité des phénomènes qui se passent dans une réflexion ; en un mot, que toutes ces conditions ne sont pas celles de la lumière dans l'espace où elle se meut librement ; d'un autre côté, on n'a pas une confiance absolue dans les divisions micrométriques si délicates qu'il a fallu employer.

IV.

Lorsqu'on regarde les objets à travers un prisme de verre, non seulement ils apparaissent considérablement déplacés par la déviation qu'éprouvent les faisceaux lumineux qui traversent le prisme, mais ornés de bandes teintes des plus vives couleurs.

Si l'on dispose un prisme de telle sorte qu'un faisceau lumineux tombe obliquement sur l'une de ses faces, et que l'on reçoive le faisceau émergent sur un écran ou tableau placé à une distance un peu grande du prisme, on verra se projeter une image oblongue peinte de mille couleurs, à laquelle on a donné le nom de *spectre solaire*.

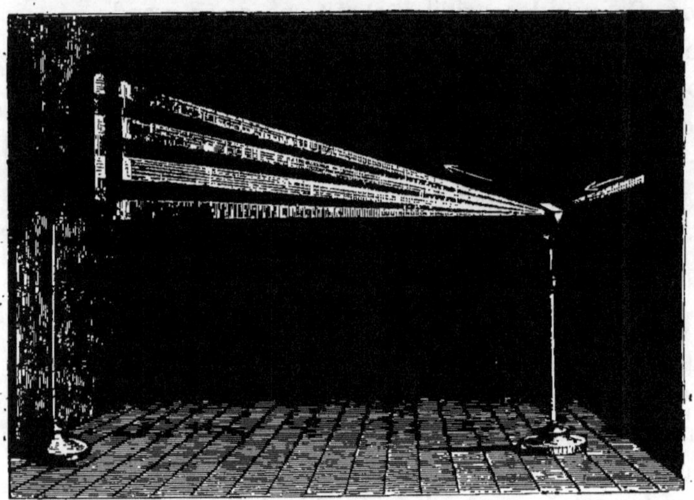

Fig. 13. — Spectre solaire.

Avant Newton on connaissait bien la loi de la réflexion et celle de la réfraction ; on savait exécuter des miroirs brûlants, rapprocher et grossir les objets par la réflexion de la lumière au travers des lentilles. Cependant la nature de la lumière était encore inconnue, l'origine des couleurs était ignorée ; on ne doutait pas qu'elles ne fussent produites par quelque jeu de cet agent ; mais personne ne soupçonnait qu'un rayon de lumière blanche fût composé

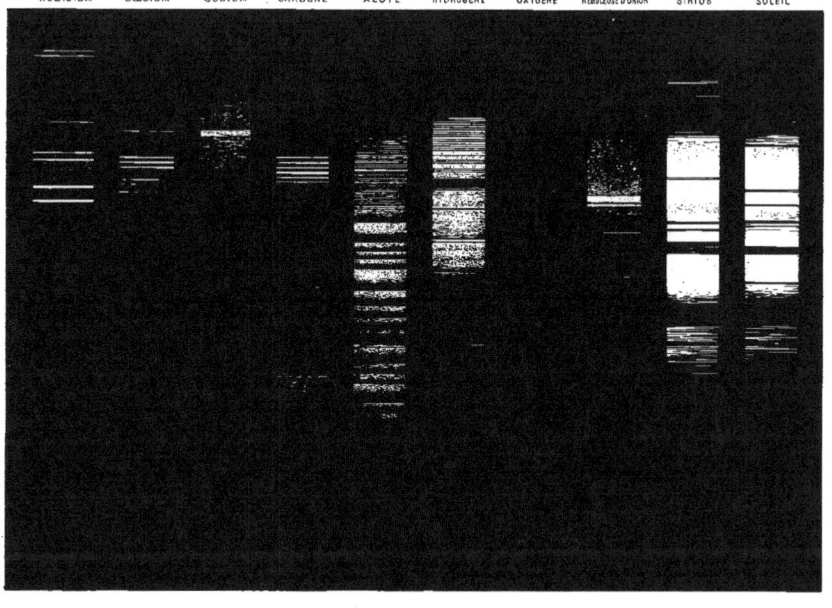

SPÉCTRES DIVERS

Imp. Firmin-Didot & C.ᵉ Paris.

d'un grand nombre de rayons simples, capables, chacun
à part, de donner une couleur qui lui fût propre :

> Avant que de Newton la science profonde
> Eût surpris ce mystère et les secrets du monde,
> La lumière en faisceaux se montrait à nos yeux ;
> Son art décomposa ce tissu radieux,
> Et, du prisme magique armant sa main savante,
> Développa d'Iris l'écharpe éblouissante.
> Dans les mains d'un enfant un globe de savon
> Dès longtemps précéda le prisme de Newton,
> Et longtemps, sans monter à sa source première,
> Un enfant dans ses yeux disséqua la lumière.
> Newton seul l'aperçut, tant le progrès de l'art
> Est le fruit de l'étude et souvent du hasard.
>
> (Delille.)

Il est sept nuances que l'on distingue parmi toutes les
autres dans la lumière solaire décomposée par le prisme,
et qui pour cette raison ont reçu le nom de couleurs
principales ; ce sont, dans leur ordre naturel : le *rouge*,
l'*orangé*, le *jaune*, le *vert*, le *bleu*, l'*indigo*, le *violet*.

Pour expliquer ces phénomènes, on regarde la lumière blanche comme composée d'une infinité de rayons
de différentes couleurs, plus ou moins réfrangibles, qui se
séparent en traversant le prisme.

L'arc-en-ciel est produit d'une manière analogue ; ce
sont des gouttelettes d'eau qui remplacent le prisme.

V.

Ce n'est pas seulement la lumière du soleil qui est
susceptible d'être décomposée et de produire un spectre,
mais une lumière quelconque ; seulement, il y a ceci de

particulier, c'est que ces lumières décomposées donnent des spectres différents.

Ainsi, chaque substance en ignition donne un spectre qui lui est propre, et sans voir, par exemple, le corps qui brûle, on peut dire, par la simple inspection du spectre qu'il produit, et sans crainte de se tromper : C'est tel corps.

L'or en ignition donne un spectre qui n'est pas celui de l'argent, et celui que donne l'argent n'est pas le même que le spectre de tout autre métal.

Il est des métaux qui se ressemblent tellement par leurs propriétés principales, qu'il serait presque impossible de ne pas les confondre, de ne pas les prendre pour un seul et même métal par les moyens d'investigations ordinaires.

Qu'ont fait les métallurgistes? — Une chose bien simple, ils ont eu recours à l'examen des spectres que donnent les métaux en brûlant; en comparant, en analysant ces spectres, ils n'ont plus eu de doute sur la nature particulière de ces corps. Par ce procédé, ils ont déjà enrichi la science et l'industrie de quatre nouveaux métaux : le *rubidium*, le *césium*, le *thallium*, et, tout récemment, le *gallium*.

L'analyse spectrale peut donner de fécondes applications en physiologie et en médecine. Une personne, par exemple, a-t-elle été empoisonnée, il suffit souvent de faire brûler une partie de ses chairs ou de ses déjections, et de décomposer par le prisme la lumière produite par la combustion, pour reconnaître l'élément toxique. C'est ainsi que M. Lamy, d'après une communication faite à l'Académie des sciences, a reconnu immédiatement le thallium dans les organes d'animaux morts empoisonnés par cette substance.

L'analyse spectrale, comme nouvelle méthode d'étude, fait son entrée triomphante dans toutes les sciences. L'astronomie entre autres l'a interrogée pour étendre ses connaissances au delà de milliards de millions de lieues, et l'analyse spectrale a répondu, dans son langage naturel, en nous faisant connaître la nature des astres innombrables qui peuplent l'espace.

Dans un remarquable discours sur l'analyse spectrale, prononcé à l'Académie des sciences, Delaunay s'exprimait ainsi : « Nous ne sommes qu'au début des recherches que cet instrument nouveau permet d'entreprendre pour l'étude de la constitution de l'univers; la riche moisson qu'il nous a déjà fournie peut nous faire pressentir l'importance des résultats que la science est appelée à en retirer. »

Depuis que ces lignes sont écrites, l'analyse spectrale n'a cessé d'ajouter révélation sur révélation, mais nous devons, afin de ne pas trop nous répéter, renvoyer ce qui regarde la lumière à la partie de notre *Histoire des Astres* qui traite de ce sujet [1].

En faisant lire dans un rayon de lumière la nature du corps qui le produit, les éléments qui constituent ce corps, les changements qui s'y opèrent, l'analyse spectrale de-

[1] *Histoire des Astres ou Astronomie pour tous*, par J. Rambosson, librairie Firmin-Didot et Cie. Cet ouvrage illustré avec le plus grand soin est adopté par la commission officielle près le ministère de l'Instruction publique, pour les bibliothèques des écoles normales et pour les bibliothèques scolaires des grandes localités.

vient ainsi le messager des astres, le confident des espaces infinis, le télégraphe des distances incalculables,
le révélateur des choses les plus cachées, et même un dé-
nonciateur implacable.

VI.

Les phénomènes que présentent les interférences lumineuses sont des plus curieux, des plus étranges, des plus
incroyables pour ceux qui ne sont pas au courant des
découvertes de l'optique.

Supposons qu'un rayon de lumière solaire vienne
rencontrer directement un écran quelconque, une feuille
de papier blanc, par exemple.

Il va sans dire que la partie du papier que le soleil
frappera sera resplendissante. Mais ce qui paraît incroyable, c'est que l'on peut rendre cette partie resplendissante complètement obscure sans toucher au papier,
et sans arrêter ni diminuer le rayon lumineux qui l'é-
claire, au contraire, en l'augmentant même.

Le procédé magique qui change ainsi la lumière en
ombre, le jour en nuit, est plus surprenant encore par sa
simplicité que par ses prodigieux effets ; ce procédé
consiste à diriger sur le papier, mais par une route légèrement différente, un second rayon lumineux qui,
pris isolément aussi, l'aurait fortement éclairé.

En se confondant les deux rayons sembleraient devoir
produire une illumination plus vive ; eh bien ! chose
étrange, cette lumière ajoutée à cette autre lumière

produit des ténèbres ! Les mouvements de ces rayons se neutralisent réciproquement, et la lumière cesse d'éclairer. Cependant, suivant leurs directions, ces rayons lumineux ne se neutralisent quelquefois qu'en partie ; alors la lumière ne fait que diminuer.

Ces phénomènes curieux, qui anéantissent ou diminuent la lumière par l'adjonction d'un rayon lumineux, ont reçu le nom d'*interférences*.

La démonstration expérimentale et complète du fait des interférences sera toujours le titre principal du docteur Thomas Young à la reconnaissance de la postérité.

Le génie de Fresnel étendit et montra toute la fécondité des principes de Young.

Parmi les mille rayons de nuances et de réfrangibilités diverses dont la lumière blanche se compose, ceux-là seulement sont susceptibles de se détruire qui possèdent des couleurs et des réfrangibilités identiques ; ainsi, de quelque manière que l'on s'y prenne, un rayon rouge n'anéantira jamais un rayon vert.

Si deux rayons blancs, par exemple, se croisent en un certain point, il sera possible que, dans la série infinie de lumières diversement colorées dont ces rayons se composent, le rouge, par exemple, disparaisse tout seul, et que le point du croisement paraisse vert ; car le vert, c'est du blanc moins le rouge.

On ne saurait se défendre de quelque étonnement quand on apprend pour la première fois que deux rayons lumineux sont susceptibles de s'entre-détruire ; que l'obscurité peut résulter de la superposition de deux lumières ; mais cette propriété des rayons une fois constatée, n'est-il pas encore plus extraordinaire qu'on puisse les en priver? que tel rayon la perde momentanément, et que tel autre, au contraire, en soit privé à tout jamais? La théorie des interférences, considérée sous ce point de vue, suivant l'expression d'Arago, semble plutôt le fruit des rêveries d'un cerveau malade que la conséquence sévère, inévitable, d'expériences nombreuses et à l'abri de toute objection.

L'*hypothèse des ondulations*, pour l'explication des phénomènes de la lumière, et qui a Descartes pour auteur, était déjà généralement admise par les savants, et les dernières expériences faites sur les interférences ne laissent plus aucun doute sur son exactitude.

Ceux qui aiment à trouver la Bible d'accord avec les sciences modernes verront donc avec satisfaction que Moïse nous avait déjà enseigné que la lumière avait été créée avant les astres qui nous éclairent, ce qui est exact, puisque la lumière n'est qu'un mode de mouvement.

Tant de merveilles nous élèvent naturellement jusqu'à l'être des êtres, qui pour éclairer l'univers n'eut besoin que de ce mot : *Que la lumière soit!* et aussitôt la lumière porta ses rayons étincelants jusqu'aux extrémités des mondes les plus reculés.

Fig. 14. — Les Saisons (tiré d'un bas-relief, à Rome).

CHAPITRE V.

L'ÉLECTRICITÉ.

I.

Bien que les grandes applications de l'électricité soient
récentes, la découverte de cet agent date de la plus
haute antiquité. Les phénomènes qu'il présente ont été
observés pour la première fois dans l'ambre jaune, que
les Grecs appelaient *électron*, d'où est venu le nom d'*électricité*. Le philosophe Thalès en était si surpris qu'il
croyait que l'ambre était animé.

Il ne faut pas confondre l'*ambre jaune* avec l'*ambre
gris* : ces deux substances sont très différentes ; elles
n'ont guère de commun que la propriété d'être toutes
deux aromatiques.

L'ambre gris est une substance grasse, qui présente

une odeur suave et pénétrante ; son parfum a quelque analogie avec celui du musc ; sa couleur grise est mêlée de noir et de jaune ; il a la consistance de la cire, et peut se ramollir comme elle. D'après les opinions les plus certaines, ce serait dans l'estomac, dans les intestins de certains cachalots malades, que se formerait cette substance.

L'ambre jaune, que l'on appelle aussi *succin* et *carabé*, substance dans laquelle on a pour la première fois découvert les phénomènes électriques, est une résine fossile, diaphane, d'une odeur agréable ; elle est susceptible de recevoir un beau poli, et sert à faire des ornements de luxe.

Les poètes anciens supposaient que les grains d'ambre provenaient des larmes des sœurs de Phaéton.

Cette substance paraît être le produit d'un espèce de conifère antédiluvienne, dont on ne rencontre plus que les graines et les cônes ; elle était primitivement fluide, comme le prouvent les insectes et les brins de plantes qu'elle contient quelquefois.

L'ambre jaune accompagne la lignite dans plusieurs localités ; il existe en assez grande quantité dans les dunes sablonneuses qui bordent les rivages de la mer Baltique ; le mouvement des eaux en dépose beaucoup sur la côte.

II.

Revenons maintenant à l'électricité.

On sait que les chevaux, les chiens, les chats, et

quelquefois même les hommes, peuvent devenir électriques au point de jeter des étincelles lorsqu'on les frotte,
et cette observation est très ancienne.

On lit dans les *Extraits de la vie du philosophe Isidore*,
écrite par Damascius, que de nombreuses et fortes étincelles s'élançaient du cheval de Sévère quand on le maniait, et qu'on remarqua la même chose dans l'âne que
montait Tibère, lorsque ce prince étudiait la rhétorique à
Rhodes; qu'il partait des étincelles du corps de Balinéris,
père de Théodoric, roi d'Italie; qu'un phénomène analogue arrivait à Damascius lui-même pendant qu'il met-
tait ou quittait ses vêtements, mais que d'autres fois les
flammes paraissaient fort sensiblement sur ses habits, sans
rien brûler. Il dit aussi avoir vu un homme qui, en se
frottant la tête avec une pièce de drap rude, en faisait
sortir des étincelles et même des flammes.

Le maréchal Vaillant, dans une communication à l'A-
cadémie des sciences, a fait également remarquer que
son corps produisait facilement des étincelles.

« Pendant longtemps, dit-il, surtout de 1818 à 1830,
lorsqu'il faisait un froid vif et sec, ce qu'on appelle un
beau froid, et que je rentrais dans ma modeste chambre,
sans feu, après avoir passé la soirée soit dans un cabinet
de lecture, soit chez des amis, dans des lieux bien
chauffés, surtout lorsque j'avais marché vite et un peu
longtemps, j'étais témoin et *sujet* d'apparitions électriques que m'ont rappelées celles de New-York.

« Au moment où j'ôtais ma chemise, elle petillait,
devenait toute lumineuse, une multitude d'étincelles s'en
échappaient de toutes parts, les deux pans se collaient

l'un à l'autre, et restaient appliqués avec une certaine adhérence. Les premières fois qu'il me fut donné de voir ce phénomène, je fus plus que surpris, presque effrayé. — A présent, ma chambre à coucher n'est pas davantage chauffée, mais je ne cours plus. L'hiver a beau être sec, l'hiver de l'âge est plus puissant encore; mes vêtements intérieurs laissent bien échapper encore quelques étincelles, mais elles sont faibles, rares, peu brillantes, et elles ne pourraient plus me causer le moindre effroi. »

Tous ces phénomènes sont dus à l'électricité.

III.

Si l'on frotte un disque de verre ou un bâton de résine, par exemple, et qu'on leur présente ensuite des corps légers, tels que de la sciure de bois, du papier, etc., ces corps sont attirés (fig. 15).

Cette puissance d'attraction qui se développe par le frottement est attribuée à un mouvement que l'on appelle l'*électricité*.

L'électricité se trouve non seulement dans le verre et la résine, mais elle est répandue dans tous les corps, de quelque nature qu'ils soient, et dans les plus petites parties de chacun.

Cependant le frottement ne met pas cet agent en évidence dans tous les corps; quelques-uns conservent la propriété attractive développée par le frottement : ils sont appelés corps *mauvais conducteurs* de l'électricité,

parce qu'ils conduisent mal ce mouvement, le gardent,
l'emprisonnent; d'autres perdent la propriété attractive à
mesure qu'elle se développe : ils sont appelés *bons con-*

Fig. 15. — Attraction électrique.

ducteurs, parce qu'ils permettent à l'électricité de circuler, d'aller dans l'air, dans les corps environnants.

Tous les corps ne sont pas également bons ou mauvais conducteurs; chacun occupe un degré intermédiaire

entre celui qui l'est le plus et celui qui l'est le moins.

Le soufre, la soie, les fourrures, le verre, le cristal de roche, le diamant et les autres pierres précieuses, les résines, telles que la gomme laque, la cire à cacheter, sont mauvais conducteurs de l'électricité.

Les métaux, les substances animales et végétales, le globe terrestre, les liquides en général et la vapeur d'eau sont de bons conducteurs de l'électricité.

Il est à remarquer que l'humidité rend bons conducteurs tous les corps; ceux que l'on veut électriser par le frottement ou de toute autre manière, doivent donc être chauffés préalablement ou séchés d'une manière quelconque, pour être privés de toute humidité; car l'électricité se conserve longtemps dans l'air, ou dans un gaz sec, mais elle se dissipe promptement dans les mêmes gaz humides.

On sait que les machines électriques sont des instruments destinés à développer de grandes quantités de fluide électrique; elles se composent principalement : 1° d'un corps frotté, 2° d'un corps frottant, 3° d'un conducteur isolé.

Quand une personne monte sur un tabouret isolé, et qu'elle est mise en communication avec la machine électrique, elle s'électrise en même temps que les conducteurs de la machine; ses cheveux se hérissent, et petillent; chargés de la même électricité, ils se repoussent dans tous les sens. En approchant le doigt de la personne ainsi électrisée, on peut tirer des étincelles de toutes les parties de son corps, comme si elle était un conducteur de la machine électrique.

IV.

Lorsqu'on veut électriser un corps bon conducteur, on
l'isole, c'est-à-dire qu'on lui donne pour support un

Fig. 16. — Tabouret électrique.

corps mauvais conducteur, qui intercepte toute communication avec de bons conducteurs ; alors l'électricité,
ne trouvant aucun passage dans les corps environnants,

demeure comme emprisonnée dans le bon conducteur.

Les mauvais conducteurs que l'on emploie ordinairement comme isolants sont le verre, la résine commune, la gomme laque et les fils de soie.

Voici une expérience très remarquable :

Lorsque l'on électrise par le frottement un morceau de

Fig. 17. — Pendule électrique. — Répulsion électrique.

verre, et qu'on lui présente une balle de sureau ou tout autre corps léger bon conducteur suspendu à un fil de soie, cette balle est d'abord attirée fortement par le verre, et dès que, par le contact, il lui a communiqué son électricité, il la repousse. Si, au lieu d'un morceau de verre, on emploie de la résine, l'effet est le même.

Mais ce qui est très singulier, c'est que si une balle repoussée par le verre électrisé est soumise à l'action de la résine, elle est vivement attirée vers elle, et le verre, à son tour, attire puissamment la balle qui a été repoussée par la résine électrisée.

Fig. 18. — Pendule électrique. — Attraction électrique.

Ces phénomènes curieux ont amené les physiciens à conclure que l'électricité du verre et celle de la résine ne sont pas identiques, puisque chacune d'elles attire ce que l'autre repousse.

On appelle *électricité vitrée* celle qui se développe sur le verre ou celle qui lui est identique, et *électricité résineuse* celle qui se développe sur la résine ou celle qui lui est identique; car tous les corps électrisés présentent l'une ou l'autre de ces deux électricités.

L'électricité vitrée s'appelle aussi *électricité positive*, et l'électricité résineuse *électricité négative*. Ces dernières dénominations, plus exactes que les premières, viennent d'un système imaginé par Franklin, où l'on essayait d'expliquer tous les phénomènes par une seule électricité, que l'on supposait tantôt en *plus*, tantôt en *moins*. Quoique ce système soit généralement abandonné, on en a conservé les dénominations, qui indiquent très bien deux propriétés contraires.

V.

Cet agent n'agit pas toujours avec la même force; une observation attentive et des expériences sûres, ont fait connaître que les attractions et les répulsions électriques varient suivant les distances et les quantités d'électricité, d'après les deux lois suivantes :

1° *Les attractions et les répulsions électriques sont en raison directe des quantités d'électricité;* c'est-à-dire que s'il y a 2, 3, 4, etc., fois plus d'électricité, les corps seront 2, 3, 4 fois plus attirés ou repoussés.

2° *Les attractions et les répulsions électriques sont en raison inverse du carré des distances;* c'est-à-dire que si la distance est 2, 3 ou 4 fois plus grande, les attractions et les répulsions seront 4, 9 ou 16 fois moindres.

Tous les corps de la nature possèdent les deux électricités combinées en quantité indéfinie ; mais lorsqu'elles sont réunies en quantités égales, elles composent ce qu'on appelle l'*électricité neutre*, et les corps dans lesquels existe l'électricité neutre n'ont ni la propriété d'attirer les corps légers, ni celle de les repousser ; ils ne donnent aucun signe d'électricité. Ils sont dits à l'état *neutre* ou *naturel*.

Le frottement ne développe pas toujours la même électricité dans la même substance ; le verre, par exemple, frotté avec de la laine ou de la soie s'électrise vitreusement, mais il prend l'électricité résineuse si on le frotte avec une peau de chat. On devrait donc bannir ces dénominations d'électricité vitrée et résineuse, qui sont tout à fait impropres.

L'espèce d'électricité que l'on communique à un corps dépend non seulement d'un corps frottant, mais aussi de l'état de la surface du corps frotté. On peut, par exemple, donner à une même tige de verre les deux électricités à la fois ; il suffit pour cela qu'elle soit polie à l'une de ses extrémités et dépolie à l'autre.

Naturellement, on est porté à demander pourquoi dans tels cas c'est l'une des électricités qui se développe plutôt que l'autre ? mais la science n'est pas encore assez avancée pour résoudre cette question.

Il n'est sans doute pas nécessaire de faire remarquer que le corps frottant s'électrise aussi pendant l'opération, et qu'il contracte toujours l'électricité contraire à celle qui se manifeste à la surface du corps frotté.

VI.

On peut électriser un corps bon conducteur de deux manières : par *contact* et par *influence*.

On l'électrise par contact en le mettant, après l'avoir isolé, en communication directe avec un corps déjà électrisé. A l'instant même une partie de l'électricité de celui qui est électrisé s'écoule dans l'autre et se manifeste à sa surface.

Mais il n'est pas nécessaire de mettre en contact avec une source électrique un corps bon conducteur pour l'électriser ; il suffit de l'en approcher.

Par sa seule présence, la source électrique agit alors sur l'électricité neutre, la décompose et attire de son côté l'électricité contraire à la sienne, et repousse de l'autre côté l'électricité semblable ; le corps est alors électrisé par influence.

Dans ce cas, il n'y a simplement que séparation et déplacement des agents électriques dans le corps bon conducteur, il ne reçoit rien de la source et ne lui donne rien ; aussi, si on le soustrait à son influence, en l'éloignant ou en supprimant la source elle-même, les électricités séparées se recomposent, et le corps revient à l'état neutre.

Lorsque cette recomposition s'opère brusquement, les électricités en se rejoignant éprouvent des mouvements rapides de translation, et déterminent dans les corps où cette recomposition a lieu des secousses plus ou moins violentes, que l'on désigne sous le nom de *choc en retour*.

On évite les effets brusques et quelquefois destructeurs de ce choc en retour, en éloignant peu à peu de la source électrique le corps électrisé par influence.

Il suffit qu'un corps bon conducteur soit en communication avec une source électrique par un seul point, pour que l'électricité se répande immédiatement dans toute sa surface ; et lorsqu'il est électrisé, il importe peu qu'on le touche par un point ou par un autre : la perte qu'il éprouve se fait également sentir dans toute sa surface.

Pour lui enlever toute son électricité, il suffit donc de le mettre un instant en communication avec le sol, qui est bon conducteur. C'est pour cela que lorsque l'on parle de notre globe dans l'intervention des phénomènes électriques, on lui donne le nom de *réservoir commun*.

Il n'en est pas de même des corps mauvais conducteurs, ils ne prennent ou ne perdent de l'électricité que dans l'étendue de leur contact ; chacun de leurs points doit être considéré comme indépendant des autres, se chargeant seul d'électricité, et seul aussi la perdant. Cette cause permet de charger divers points d'un même plateau de résine d'électricités de différente nature.

La transmission de cet agent dans l'étendue d'un corps bon conducteur, d'un fil métallique, par exemple, s'opère avec une telle rapidité, qu'il a été impossible jusqu'à présent d'en calculer la vitesse ; il se transporte presque instantanément d'un bout du fil à l'autre.

Tout autour d'une source abondante d'électricité il se

répand une odeur analogue à celle de l'ail ou du phosphore ; on retrouve quelquefois cette odeur dans l'air, à
l'approche d'un violent orage.

La couleur de l'étincelle électrique est ordinairement
bleuâtre et rougeâtre ; mais un fait assez curieux, c'est
que l'électricité s'écoulant d'un corps terminé par une
pointe présente une lumière qui change dans son aspect,
suivant la nature de cette électricité ; si elle est positive,
elle s'échappe sous forme d'une belle aigrette lumineuse
dont les rayons divergents excitent dans l'air un léger
bruissement : si, au contraire, elle est négative, on n'a-
perçoit qu'un point lumineux à l'extrémité du corps aigu.

Quoique l'on ne soit pas brûlé par la lumière électrique,
il n'en résulte pas qu'elle soit sans chaleur ; dans beaucoup de cas, elle agit comme le feu ; ainsi l'étincelle
électrique peut rallumer une bougie qui vient d'être
éteinte, enflammer l'éther, l'alcool, les gaz inflammables,
tels que l'hydrogène, etc.

VII.

M. de la Rive a communiqué à l'Académie des sciences
un important Mémoire sur l'état électrique du globe. Il
fait remarquer que dans l'état normal l'atmosphère est
chargée d'électricité positive, et que cette électricité va en
croissant, à partir de la surface du sol où elle est nulle,
jusqu'aux plus grandes hauteurs qu'on ait pu atteindre.
Le globe terrestre, par contre, est chargé d'électricité négative ; c'est ce que prouvent un grand nombre d'ob-

servations, les unes directes, les autres indirectes; c'est d'ailleurs la conséquence de la présence de l'électricité positive dans l'atmosphère, l'une des électricités ne pouvant se manifester à l'état libre sans qu'une quantité équivalente de l'autre se manifeste également.

A la surface du contact de l'air atmosphérique et de la partie solide ou liquide du globe terrestre, il existe une couche d'air à l'état neutre, les deux électricités devant s'y neutraliser constamment, vu que la cause (probablement souterraine) qui les dégage, agit nécessairement sans interruption. Cette neutralisation est naturellement facilitée dans les plaines et au-dessus des mers par l'humidité, toujours plus ou moins considérable, dont y sont imprégnées les couches d'air en contact avec le sol. Mais il n'en est pas de même sur les sommets des montagnes et surtout au haut des pics élevés; la sécheresse de l'air doit y rendre la combinaison des deux électricités plus difficile et leur permettre d'acquérir, à la négative dans le sol, à la positive dans l'air, un degré de tension passablement énergique. C'est ce que démontre, d'une part, la forte électricité positive que l'air possède à ces grandes hauteurs, et d'autre part, l'attraction qu'exercent les montagnes, en vertu de leur électricité négative, sur les nuages positifs de l'atmosphère.

Maintenant, que se passera-t-il, se demande M. de la Rive, si on réunit, par un fil électrique, une plaque métallique implantée dans le terrain de la plaine avec une plaque semblable implantée dans le sol d'un lieu élevé? Comme il y a un écoulement continu de l'électricité négative du sol vers la positive de l'air, qui produit la couche neutre, il en résulte donc nécessairement un transport d'électricité négative de haut en bas, ou, ce qui revient au même, un courant d'électricité positive ascendant dans le fil conducteur qui réunit deux lieux inégalement élevés au-dessus de la mer.

On le voit, les phénomènes électriques qui se passent à la surface de notre globe et dans notre atmosphère sont passablement complexes. Il y a d'abord un fait général, savoir, l'accumulation par l'effet des vents alizés, dans l'atmosphère des régions polaires, de l'électricité positive dont l'air des régions équatoriales se trouve constamment chargé par les particules de vapeur aqueuse qui s'y élèvent des mers. L'influence de cette électricité positive accumule et condense près des pôles une grande portion de l'électricité négative que possède la partie solide du globe, en même temps qu'elle est aussi condensée par elle. Les décharges plus ou moins fréquentes qui ont lieu entre ces électricités condensées à travers l'atmosphère, donnent naissance aux aurores polaires dont l'apparition est toujours accompagnée de courants électriques circulant dans le sol; ces courants manifestent leur présence, soit par leur action sur les aiguilles de la boussole, soit par leur transmission à travers les fils télégraphiques.

Mais, outre le fait général et dominant que rappelle M. de la Rive, il existe un grand nombre de faits particuliers et locaux, provenant des inégalités de tension dans la distribution plus ou moins variable de l'électricité, soit négative, soit positive, dont sont respectivement chargés le globe terrestre et son atmosphère. Tels sont les orages ordinaires et tous les phénomènes variés qui les accompagnent. L'attraction des nuages par les montagnes, les effets de phosphorescence qu'ils présentent quelquefois, tiennent à la même cause, et il est probable que bien d'autres phénomènes naturels, comme les trombes, par exemple, ont aussi la même origine[1].

On n'est pas étonné de voir l'état atmosphérique du globe agir puissamment sur les personnes dont le système nerveux est très susceptible, lorsque l'on connaît les relations qui existent entre l'électricité et la vie, et les perturbations que les changements atmosphériques apportent dans l'état électrique du globe[2].

[1] *Comptes rendus de l'Académie des Sciences*, 1867, 1er semestre.
[2] *Nous exposons dans la* Science populaire, *2e série, t. II, des faits remarquables produits par le dégagement électrique de diverses parties du globe.*

Fig. 19. — Zeus et les Géants (tiré d'une gemme napolitaine).

CHAPITRE VI.

LE MAGNÉTISME.

Le berger du mont Ida. — La ville de Magnésie. — Pierre d'aimant. — Passage
de Lucrèce. — Anneaux de fer de Platon. — Tombeau de Mahomet. — Aimantation naturelle et artificielle. — Pôles, axe et ligne moyenne des aimants.
— Lois régissant les attractions et les répulsions magnétiques. — Influence
magnétique de la terre. — Fantôme magnétique. — Boussole. — Origine de
l'aiguille aimantée. — Esprit qui indiquait le sud aux Chinois. — Grenouille
ou calamite. — Révolution produite par la boussole dans la navigation. — Déclinaison et inclinaison de l'aiguille aimantée. — Influence des aurores polaires, des éruptions volcaniques, des tremblements de terre et de la foudre
sur les mouvements de l'aiguille aimantée. — Faits curieux.

I.

Selon Pline, c'est le hasard qui fit reconnaître dans
l'aimant la propriété d'attirer le fer. Un berger du mont
Ida, nommé Magnès, ayant enfoncé dans la terre son
bâton armé d'une pointe de fer, ne put l'en retirer.
Étonné, il creuse la terre autour du bâton et le trouve
retenu par un excellent aimant.

On croit cependant plus généralement que le nom latin
de l'aimant, *magnes*, est dérivé du nom de Magnésie,

ville de Lydie, située au pied du mont Sipyle, où l'aimant se rencontre en abondance.

« Examinons maintenant, dit Lucrèce, en vertu de quelle loi naturelle le fer peut être attiré par cette pierre que les Grecs ont nommée, dans leur langue, *magnétique*, du nom des Magnésiens, dans le pays desquels on la trouve :

« Cette pierre est une merveille pour les hommes ; elle a la propriété de former une chaîne d'anneaux sus-

Fig. 20. — Aimantation par influence.

pendus les uns aux autres sans aucun lien. On voit quelquefois jusqu'à cinq chaînons et même plus s'abaisser en ligne droite, flotter au gré de l'air, attachés l'un sous l'autre et se communiquant mutuellement la vertu attractive de la pierre, tant la sphère de son activité est étendue. » (Liv. VI.)

L'aimant a été regardé pendant longtemps comme une
pierre qui avait la propriété d'attirer le fer, et la trace
de cette opinion s'est conservée dans le langage vulgaire, qui le désigne encore par le nom de *pierre d'aimant*. On aura jugé de cette substance par les particules

Fig. 21. — Faisceau aimanté en fer à cheval.

pierreuses dont elle est souvent mélangée, et qui y sont
purement accidentelles.

On vient de le voir par le passage de Lucrèce, la vertu
attractive que l'aimant exerce sur le fer était connue des

anciens ; ils avaient même remarqué qu'il communique au fer la propriété d'attirer un autre fer. Dans l'*Ion*, Platon décrit cette fameuse chaîne d'anneaux de fer suspendus les uns aux autres, et dont le premier tient à l'aimant ; Lucrèce fait de plus mention de la propagation de la vertu magnétique au travers des corps les plus durs.

M. Jamin, de l'Institut a mis sous les yeux de l'Académie[1], deux puissants aimants : l'un, de dimension moyenne, pèse 6 kilogrammes et en porte 80 ; l'autre, qui est sans contredit le plus puissant qu'on ait jamais construit, porte environ 500 kilogrammes, avec un poids dix fois moindre. Voici comment il est construit : Deux armatures, pesant chacune 16 kilogrammes, placées vis-à-vis l'une de l'autre, sont fixées solidement par des brides de cuivre très résistantes ; leur largeur est de 11 centimètres ; leurs surfaces polaires horizontales, et dirigées vers le bas, sont à 12 centimètres de distance ; leur épaisseur transversale est de 20 millimètres ; elles sont bien dressées, et reçoivent un contact cubique de fer doux qui pèse 13 kilogrammes. A partir de ces surfaces, les armatures s'élèvent, en s'écartant l'une de l'autre et en s'amincissant, et se terminent par un bord tranchant. Elles sont réunies vers le haut par une lame d'acier de $1^m,20$, fixée par des vis sur leur surface extérieure, et qui se recourbe librement suivant la forme déterminée par son élasticité. Toutes les autres lames, préalablement aimantées, sont mises à l'intérieur de celle-ci, l'une après l'autre ; abandonnées à elles-mêmes,

---

[1] *Comptes rendus de l'Académie des sciences*, 1873, 1er semestre.

elles se collent l'une à l'autre pendant que leurs extrémités appuient sur les armatures. La force portative croît
à mesure que leur nombre augmente.

Cet aimant si extraordinaire est propre à rendre vrai-
semblables bien des fables basées sur la puissance des
substances possédant cet agent physique. D'après une
erreur populaire qui persiste encore, le tombeau de
Mahomet serait un coffre de fer suspendu à la voûte de
la grande mosquée de Médine par un puissant aimant.

On a attribué à l'aimant des propriétés médicales
merveilleuses; on a surtout signalé ses bons effets pour
les maux de dents, la goutte, les maladies convul-
sives, etc.

II.

Jusqu'à Coulomb on avait cru que le fer seul était at-
tirable à l'aimant. Ce physicien admit que tous les corps
terrestres sont doués de la même propriété, mais à des
degrés inégaux. Il perfectionna la méthode d'aimantation,
et professa que les phénomènes magnétiques sont dus à
un agent analogue à celui de l'électricité.

On appelle aimants *naturels* les aimants que l'on rencontre dans la nature, et aimants *artificiels* ceux auxquels
on communique leur propriété.

Pendant longtemps on ne connut pas d'autres substances magnétiques que le fer et le fer oxydé, dont nous
avons parlé; on sait maintenant que le nickel et le cobalt
sont dans le même cas, et que l'état de mouvement peut

développer du magnétisme dans la plupart des autres substances.

L'acier, jouissant de la propriété de recevoir facile-

Fig. 22. — Limaille de fer portée par un aimant.

ment et de bien conserver la puissance magnétique, est la substance que l'on emploie ordinairement pour se procurer des aimants artificiels.

Si l'on approche un aimant de la limaille de fer, on re-

marque certains centres d'action vers lesquels la limaille
se dirige de préférence. Ces points prennent le nom de
pôles. Chaque aimant en possède au moins deux, mais
en manifeste souvent un plus grand nombre.

La ligne droite qui passe par les deux pôles d'un aimant s'appelle son *axe;* on nomme *ligne moyenne* celle
qui est entre les deux pôles, et sur laquelle la puissance
magnétique paraît nulle. Dans un aimant régulier, la
ligne moyenne partage la longueur de cet aimant en deux
parties égales.

Il est facile de constater l'existence de cette ligne ; il
suffit pour cela de rouler un aimant dans de la limaille
de fer : on apercevra alors un espace, situé entre les
deux pôles et faisant le tour de l'aimant, sur lequel la
limaille n'a pu se fixer, tandis que de part et d'autre
de cet espace les quantités de limaille attirées vont en
augmentant jusqu'aux extrémités. On voit aussi par cette
expérience que la puissance magnétique croît de la ligne
moyenne aux extrémités de l'aimant.

III.

Lorsqu'on suspend horizontalement deux aiguilles aimantées dans un même lieu, à une distance suffisamment grande, elles prennent des directions sensiblement
parallèles.

Mais si l'on présente les extrémités de l'une d'elles
successivement aux deux extrémités de l'autre, on re-
connaîtra que les extrémités des aiguilles qui se dirigent

vers le même point de l'horizon se repoussent, et que celles qui se dirigent vers le point opposé s'attirent.

On peut donc formuler la loi suivante : *Dans les aimants, les mêmes extrémités ou les mêmes pôles se repoussent, et les extrémités ou les pôles contraires s'attirent.*

Ces attractions et ces répulsions magnétiques s'affaiblissent en raison directe du carré des distances; si les distances sont 1, 2, 3, 4, etc., les attractions et les répulsions seront 4 fois, 9 fois, 16 fois, etc. moindres.

On a donné le nom d'*agent magnétique* à la cause de ces attractions et de ces répulsions, et l'on a admis l'existence de deux agents magnétiques, de même que l'on a admis l'existence de deux agents électriques, et comme la terre se comporte dans les phénomènes magnétiques, ainsi qu'un puissant aimant ayant des centres d'action situés vers le pôle boréal et vers le pôle austral, on a appelé l'un de ces agents magnétisme *boréal* et l'autre magnétisme *austral*, et les centres d'action des mêmes agents dans un aimant ont reçu les noms de *pôle boréal* et de *pôle austral*.

Les mêmes pôles se repoussant, il s'ensuit que le pôle boréal d'un aimant est celui qui se tourne vers le sud, et le pôle austral celui qui se tourne vers le nord.

L'action que la terre exerce sur un aimant n'ajoute rien à son poids; il suffit pour s'en convaincre de peser une aiguille avant de l'aimanter et après cette opération, les deux pesées donneront le même résultat.

La terre, qui est un grand aimant, présente une ligne moyenne où l'attraction est nulle; on nomme cette ligne *équateur magnétique*, parce qu'elle partage la terre en deux hémisphères magnétiques.

Cet équateur ne se confond point avec l'équateur ter-

Fig. 23. — Fantômes magnétiques.

restre, mais le coupe en plusieurs points; d'ailleurs il n'est pas constant.

L'influence de la terre sur les faits d'aimantation peut s'exercer dans un grand nombre de circonstances. Si l'on

prend, par exemple, une aiguille aimantée, et qu'on
l'approche sur son pivot de la pelle ou de la pincette du
foyer, ou de l'espagnolette d'une croisée, on verra le
même pôle attiré par une extrémité de la barre et re-
poussé par l'autre.

Il serait même difficile de trouver un seul morceau de
fer ou d'acier qui ne donnât des signes semblables de magnétisme.

Cette aimantation par influence est plus frappante encore lorsque, après l'avoir constatée dans une barre de
fer tenue dans une position verticale, on retourne celle-ci
sens dessus dessous ; car alors ses extrémités changent de
pôle en même temps que de position.

On appelle *fantôme magnétique*, les figures que l'on
obtient en projetant sur une lame de verre, sous laquelle
on a placé un aimant, une poudre magnétique, telle que
de la limaille de fer ou la battiture de ce métal réduite
en poudre. On obtient ces figures dans toute leur beauté
en employant un verre mince, qui favorise l'action de
l'aimant, et en imprimant au verre quelques chocs légers,
qui déterminent des vibrations propres à soustraire momentanément la limaille à l'action de la pesanteur.

IV.

Une des applications les plus belles et les plus fécondes
en résultats qui aient été faites des propriétés magnétiques, c'est la boussole, guide des navigateurs à travers
les écueils et les tempêtes de l'Océan.

Cet instrument se compose de deux parties. La première
est une boîte dont le fond est occupé le plus ordinairement par une plaque de cuivre, sur laquelle sont marqués les points cardinaux et les rumbs des vents ; au centre
s'élève un pivot d'acier poli.

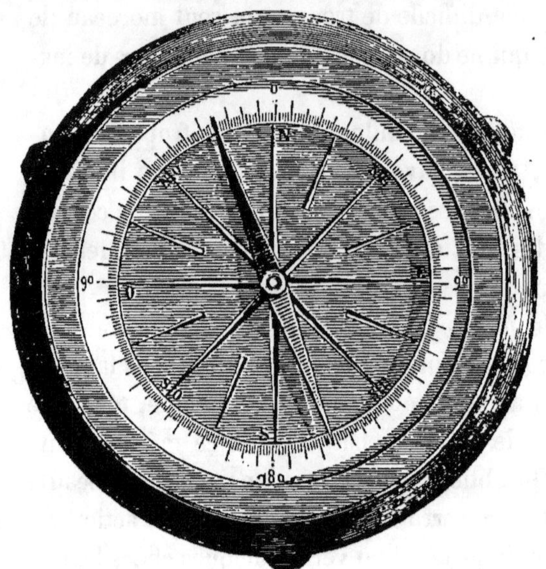

Fig. 24 — Boussole de déclinaison.

La seconde partie de la boussole, et qui en est la partie
essentielle, consiste en une aiguille fine d'acier aimanté,
munie dans son milieu d'une chape (on appelle ainsi une
petite cavité creusée ordinairement dans une pierre d'a-
gate). La chape reçoit la pointe du pivot sur lequel l'aiguille peut tourner librement dans une position horizontale.

L'aiguille aimantée fut connue en Chine bien avant

de l'être en Europe. Il résulte de documents authentiques, que plusieurs siècles avant notre ère les Chinois faisaient déjà usage de cette aiguille pour se diriger sur le continent.

On lit dans un de leurs ouvrages, qu'un souverain de ces pays conduisit son armée à travers les montagnes inexplorées, sans jamais s'écarter de la route, parce qu'il avait sur son char un esprit qui lui indiquait toujours le sud.

Le peuple chinois, d'abord confiné au nord, poussa successivement ses conquêtes dans les contrées du sud. C'est pourquoi le pôle de l'aiguille aimantée qui se dirige vers ce point cardinal dut naturellement et de préférence fixer son attention, puisqu'il indiquait la position des pays vers lesquels ce peuple cherchait à étendre sa domination.

Les premières boussoles ne consistaient qu'en une aiguille aimantée, soutenue par un corps flottant à la surface de l'eau dans un vase. Cette boussole grossière était connue des navigateurs sous le nom de *grenouille* ou *calamite*.

Flavio de Gioa eut l'idée, en 1303, de donner plus de précision aux indications de l'aiguille aimantée, en la suspendant sur la pointe d'un pivot fixe. C'est sans doute ce perfectionnement qui porta quelques-uns à regarder Gioa comme l'inventeur de la boussole.

De ce perfectionnement date la hardiesse des navigateurs dans leurs entreprises. C'est alors que Christophe Colomb fait connaître un nouveau monde ; que Vasco de Gama découvre une route nouvelle pour les Indes en doublant le cap des Tempêtes, qui a changé son nom en celui de Bonne-Espérance.

Les Français ajoutèrent plus tard à la boussole la rose des vents, ainsi que le témoigne la fleur de lis qu'on retrouve marquant le nord dans les boussoles les plus anciennes.

V.

Une aiguille aimantée, suspendue horizontalement, va à peu près du nord au sud ; nous disons à peu près, car à Paris, par exemple, la partie australe de l'aiguille décline vers l'ouest, et si l'on imagine un plan passant par les deux pôles de l'aiguille en repos et par le centre de la terre, ce plan fera avec le méridien terrestre un angle de 22 degrés, qui est ce que l'on appelle la déclinaison de l'aiguille aimantée pour Paris.

Le plan qui contient ainsi la direction de l'aiguille horizontale, abandonné librement à l'action magnétique du globe dans un lieu, se nomme le méridien magnétique de ce lieu.

Voici la déclinaison observée à Paris à diverses époques :

Années				
1580	11 degrés	30 secondes		Est.
1618	8 —	—		
1663	0 —	—		
1678	1 degrés	30 secondes		Ouest.
1700	8 —	10 —		
1785	22 —			
1821	22 —	29 —		
1835	22 —	4 —		
1864	18 —	57 —		

L'annuaire pour l'an 1868, publié par le bureau des longitudes, fait remarquer qu'au mois de juin 1865, on a posé sous le sol du jardin de la Maternité, des tuyaux de conduite pour le gaz d'éclairage ; que ces tuyaux, qui passent à trois mètres environ du pilier en pierre qui servait de support aux boussoles de déclinaison et d'inclinaison, exercent une influence très sensible sur les aiguilles, et qu'il n'est plus possible de compter désormais sur l'exactitude des résultats qui se déduiraient des observations magnétiques faites dans de telles conditions.

La déclinaison observée à Paris n'est pas la même dans tous les autres lieux de la terre ; elle n'est d'ailleurs point constante dans un même lieu ; occidentale aujourd'hui à Paris, elle y a été autrefois orientale comme on vient de le voir.

Mais ces grandes variations ne s'accomplissent que dans des temps assez longs, comme des années et même des siècles, et semblent tenir à un déplacement progressif des pôles mêmes du globe.

Ce fut Christophe Colomb qui, en 1492, observa pour la première fois la déclinaison de l'aiguille aimantée, lorsqu'il poursuivait, à travers l'Océan, la découverte du nouveau monde. Ce sont les navigateurs hollandais, en 1599, d'après les ordres du prince de Nassau, qui dressèrent les premières tables un peu précises relatives à ce phénomène important.

Un autre phénomène remarquable, c'est l'inclinaison de l'aiguille aimantée. En 1576, Robert Norman, constructeur d'instruments à Londres, avait constaté qu'il lui fallait toujours pour maintenir l'aiguille de la boussole dans une position horizontale, après qu'elle avait reçu la vertu magnétique, ajouter un petit contre-poids à la partie qui se dirigeait vers le sud, ou diminuer la masse de l'autre partie. Cette observation lui inspira l'idée de suspendre une aiguille aimantée par son centre de gravité même, sans rien ajouter et sans rien ôter à sa masse.

L'aiguille abandonnée de cette manière à l'action libre du magnétisme terrestre prit, en se plaçant dans le méridien magnétique, une position fortement inclinée à l'horizon. Cette inclinaison est à Paris de 70 degrés environ.

L'inclinaison est d'autant plus grande, que l'on s'approche davantage des pôles magnétiques du globe. A ces pôles mêmes, si l'on pouvait y parvenir, on verrait l'aiguille prendre une position verticale; vers l'équateur, l'inclinaison est nulle.

Dans l'hémisphère boréal, c'est le pôle austral de l'aiguille qui s'incline vers la terre; le contraire a lieu dans l'hémisphère austral. Ces phénomènes sont faciles à prévoir quand on sait quel genre d'action les pôles magnétiques du globe exercent sur les pôles d'une aiguille.

Outre les variations séculaires, la déclinaison et l'inclinaison de l'aiguille aimantée sont soumises, dans chaque lieu, à des variations périodiques, annuelles et diurnes, dont les causes ne sont pas mieux connues que celles des variations séculaires.

VI.

Des causes accidentelles font encore subir à l'aiguille aimantée des variations subites et irrégulières, que l'on nomme des *perturbations*.

Plusieurs navires, le vaisseau français *Henri-Quatre*, un vaisseau turc, *l'Astrologue*, le bateau à vapeur *la Tré-bisonde*, étaient venus s'échouer tour à tour dans les environs de Sinope, et chaque fois il fut constaté que l'accident était dû à des erreurs de marche causées par de fausses indications des boussoles, dont les aiguilles avaient subi une déviation anormale.

Une exploration récente et de nombreuses expériences ont prouvé que le long d'une zone d'environ 100 kilomètres, ayant pour point central le cap Indje et s'étendant presque jusqu'à Sinope, il existe une mine très riche de fer, constituée par des rognons enfermés dans une gangue calcaire, et que l'attraction exercée par cette masse ferrugineuse, fait réellement subir aux aiguilles des boussoles une déviation notable.

On appréhende assez ces phénomènes pour s'en préoccuper.

Quand l'atmosphère est claire, près du Spitzberg, les contours des montagnes sont si bien définis, les contrastes entre l'ombre et la lumière si frappants, que les navigateurs les plus habitués à juger des distances dans d'autres contrées se trompent grossièrement et croient, par exemple, être seulement à quelques encâblures de terre lors même qu'ils en sont encore éloignés de plusieurs lieues.

Scoresby explique par cette illusion ce qu'on raconte de Mogens Herson, qui avait été envoyé par Frédéric II, roi de Danemark, à la recherche du Groënland.

Ce navigateur, qui jouissait dans son temps d'une grande réputation, arriva en vue de la côte, et se croyait près de l'atteindre; mais, ayant trouvé que plusieurs heures de marche par un bon vent ne lui avaient pas fait franchir un espace qu'il supposait très petit, il crut que des *pierres d'aimant* situées au fond de la mer retenaient son navire; pour échapper à ce danger imaginaire, il vira de bord, et retourna en Danemark sans avoir débarqué.

Dans une lettre au bureau du commerce, le président de la Société royale de Londres faisait remarquer que depuis quelques années, le nombre des vaisseaux construits en fer dépassait beaucoup celui des vaisseaux en bois; l'accroissement a été surtout sensible pour les bâtiments à vapeur qui transportent les voyageurs. Dans ces vaisseaux on emploie maintenant le fer non seulement dans la construction de la coque, mais encore dans celle des ponts, des chambres, des mâts, des agrès et de beaucoup d'autres parties pour lesquelles on se servait encore de bois il n'y a que peu de temps; il en est résulté des déviations très considérables des aiguilles, qui sont probablement la cause de la perte de beaucoup de bâtiments en fer que l'on a eu également à déplorer depuis lors.

VII.

Il est donc important d'avoir recours aux indications de la science pour corriger ces erreurs.

Entre toutes les causes qui paraissent pouvoir troubler les mouvements de la boussole, l'aurore boréale est la plus puissante.

Les éruptions des volcans, les tremblements de terre et surtout la chute de la foudre dans le voisinage d'une aiguille aimantée, exercent aussi sur sa direction une influence plus ou moins sensible.

Quelquefois on a vu la foudre, tombant sur un vaisseau, détruire ou du moins altérer le magnétisme des aiguilles de la boussole, et même renverser les pôles, c'est-à-dire aimanter l'aiguille en sens contraire.

Les indications trompeuses résultant d'un pareil renversement peuvent devenir funestes aux navigateurs. Des marins ainsi trompés par les fausses indications de leurs instruments se sont précipités sur des écueils dont ils croyaient s'éloigner à toutes voiles.

Si quelquefois l'électricité atmosphérique enlève la vertu magnétique aux aiguilles qui la possèdent, elle peut aussi la développer de la manière la plus intense dans des pièces de fer ou d'acier où elle était auparavant insensible.

La foudre étant tombée dans la boutique d'un cordonnier en Souabe, y aimanta tellement tous ses outils, que ce pauvre artisan ne pouvait plus s'en servir. Il était sans cesse occupé à débarrasser son marteau, ses tenailles, ses tranchets des aiguilles, des clous et des alènes qu'ils attiraient à eux.

Lorsque le paquebot *le New-York* arriva de Liverpool, en mai 1827, après avoir été frappé deux fois de la foudre, on reconnut que les clous des cloisons et des panneaux brisés, que les ferrures des mâts tombés sur le pont, que les couteaux et les fourchettes, ainsi que les pointes d'acier des instruments de mathématiques possédaient un magnétisme très prononcé.

Fig. 25. — Construction du navire Argo, d'après un bas-relief antique.

CHAPITRE VII.

L'ATMOSPHÈRE.

I.

L'air est ce fluide gazeux qui forme autour du globe terrestre une enveloppe désignée sous 'a nom d'*atmosphère*.

Il paraît incolore quand il ne s'étend pas en couche très épaisse; mais il est d'un beau bleu vu en masse; c'est lui qui forme cette tenture azurée sur laquelle semblent étinceler les astres, et que le vulgaire regarde comme une voûte céleste.

Répandue autour du globe terrestre, cette masse gazeuse joue un rôle très important dans une foule de phénomènes naturels. C'est un immense laboratoire, où se passent sans cesse les opérations chimiques les plus variées.

Après avoir reçu, sous forme de vapeur, les eaux de la terre, ce vaste réservoir va les déposer sur le sommet des montagnes, d'où elles redescendent en ruisseaux ou en torrents. Il transporte à des distances prodigieuses le pollen et la graine des végétaux, et les œufs de beaucoup d'animaux. Enfin, il entretient la végétation dans les plantes et la respiration chez les animaux :

> C'est là, dans l'éternel et grand laboratoire,
> Que, sans cesse essayant mille combinaisons,
> Récipient commun de tant d'exhalaisons,
> La nature distille, et dissout, et mélange,
> Décompose, construit, fond, désordonne, arrange
> Ces innombrables corps l'un sur l'autre portés ;
> Quelques-uns suspendus, d'autres précipités ;
> Des soufres et des sels fait l'analyse immense ;
> Des trois règnes divers enlève la substance ;
> Les œufs de l'animal et la graine des fruits.
> Et leur premier principe et leurs derniers produits,
> Et la vie et la mort, et les feux et les ondes,
> Et dans ce grand chaos recompose les mondes.
>
> (DELILLE.)

L'air est sans odeur et sans saveur ; il est pesant ; 1 litre d'air à la température de zéro et sous la pression de $0^m,76$, c'est-à-dire pris au niveau de la mer (car à mesure que l'on s'élève l'air devient moins dense, plus léger), pèse $1^{gr},29$.

L'air a passé longtemps pour un élément impondérable, et c'est seulement depuis le commencement du dix-septième siècle qu'on a pu mesurer l'épaisseur de la couche d'air qui enveloppe le globe, et s'assurer de la pesanteur de ce fluide.

Boire au moyen du chalumeau paraît un enfantillage.

C'est néanmoins à cet enfantillage qu'on doit la découverte des pompes, dont l'usage est si commode. En principe, une pompe n'est qu'un tuyau dont une extrémité
plonge dans l'eau, et dont l'autre est munie d'un appareil
qui y fait le vide, comme on le fait en aspirant dans le
chalumeau ; on peut ainsi élever l'eau à 10 mètres, si le
vide est bien fait.

II.

La pesanteur de l'air fut découverte par Galilée, vers
l'an 1640, en cherchant la cause qui pouvait déterminer
l'ascension de l'eau dans les corps de pompe vides, et l'y
maintenir à une hauteur à peu près constante de $10^{m},50$
environ au-dessus de son niveau extérieur.

Galilée avança que ce phénomène n'était dû qu'au
poids de l'air, qui, pressant sur la surface du liquide, le
forçait de s'élever dans le corps de pompe jusqu'à ce que
le poids de l'eau fît équilibre au poids de l'air.

Torricelli, disciple de Galilée, voulut savoir quel effet
produirait la même cause sur un liquide d'une densité différente de celle de l'eau. Il prit du mercure, qui est environ
quatorze fois plus pesant que l'eau : si l'explication de Galilée sur l'ascension de l'eau dans les pompes était exacte,
le mercure ne devait s'élever dans le vide qu'à une hauteur quatorze fois moindre. L'expérience vérifia cette
prévision ; la pesanteur de l'air fut généralement reconnue.

Pascal s'assura ensuite que la pesanteur de l'atmosphère diminuait avec le nombre de ses couches. En 1646,

un baromètre transporté sur le sommet du Puy-de-Dôme subit un abaissement de 8 centimètres.

Depuis l'invention de la machine pneumatique, rien n'est plus facile à démontrer que l'air et tous les gaz sont soumis à l'action de la pesanteur, aussi bien que les solides et les liquides.

Il suffit pour cela de peser un ballon avant et après y avoir fait le vide ; on obtient ainsi une différence de poids sensible, qui est le poids de l'air.

On peut s'assurer de cette manière que l'air pèse environ 770 fois moins que l'eau, c'est-à-dire que 770 litres d'air pèsent 1 kilogramme, ou qu'ils ont le même poids que 1 litre d'eau.

III.

Si l'air avait partout la même densité qu'à la surface de la terre, il s'en faudrait bien que l'atmosphère eût la hauteur de quinze à vingt lieues, qu'on lui attribue ; c'est à peine si elle s'élèverait à deux lieues ; car à la surface de la terre l'air étant 770 fois moins dense ou moins lourd que l'eau, en prenant 10 mètres pour la hauteur de la colonne d'eau qui fait équilibre au poids de la colonne atmosphérique de la même base, celle-ci n'aurait que 770 fois 10 mètres ou 7,700 mètres de hauteur, ce qui, comme on le voit, ne ferait pas même deux lieues.

Les couches supérieures de l'air, pesant de tout leur poids sur les couches inférieures, leur donnent des densités proportionnelles aux pressions qu'elles éprouvent ;

la densité de l'air va donc en décroissant de la surface de la terre aux limites de l'atmosphère ; c'est ce que démontre l'expérience de Pascal que nous venons de citer.

Le bien-être que le voyageur éprouve au sommet des montagnes provient de la raréfaction de l'air sur ces hauteurs. La poitrine, moins comprimée, se dilate, la respiration devient plus facile ; il semble que la vie circule plus librement dans tous les membres.

Cependant, à une trop grande élévation ce bien-être fait place à des faiblesses, à des vertiges. L'élasticité des fluides intérieurs, qui n'est plus suffisamment contrebalancée par la pression extérieure, peut déterminer des hémorragies dangereuses.

IV.

D'après la pesanteur connue de l'air, si nous voulons évaluer la somme des pressions que la masse atmosphérique exerce sur la surface du globe, nous trouverons, en réduisant celle-ci en centimètres carrés, que la terre supporte une pression, un poids en kilogrammes représenté par 1 suivi de vingt zéros, c'est-à-dire 100 quintillions de kilogrammes.

La surface du corps humain, étant moyennement de 7/4 de mètre carré, supporte, en vertu des pressions que l'air exerce comme les liquides tout autour des corps qui y sont plongés, une somme de pression égale à 17,500 kilogrammes environ.

Le corps résiste à cette force par la réaction égale et opposée des fluides intérieurs qu'il contient ; il n'éprouve ainsi dans les mouvements aucune gêne sensible de la part de la pression de l'air.

Lorsque l'on plonge en nageant, il n'est pas rare que l'on ait deux ou trois mètres d'eau sur la tête ; cependant on les supporte très-bien. Les couches inférieures et latérales font équilibre aux couches supérieures et neutralisent un poids qui, de prime abord paraîtrait assez puissant pour écraser le nageur.

De même que l'eau fait surnager les corps plus légers qu'elle, l'air fait élever ceux qui sont moins pesants que lui ; c'est sur cette propriété qu'est fondée l'invention des aérostats, qui, chargés d'un gaz plus léger, montent jusqu'à ce qu'ils trouvent un air assez raréfié pour leur faire équilibre.

La légèreté de l'air chauffé produit dans le tuyau de nos cheminées ce courant ascensionnel qui nous débarrasse de la fumée incommode du foyer. La même cause produit un courant semblable dans les ventilateurs à feu et dans les fourneaux d'appel, qui nous donnent des moyens efficaces de renouveler et de purifier l'air des lieux infectés, des mines, des salles de spectacle, des fabriques insalubres, des hôpitaux, etc.

L'élasticité de l'air est utilisée dans les fusils à vent pour lancer des projectiles ; la plus fameuse machine de ce genre est le fusil à air de M. Perrot, l'ingénieux inventeur de la perrotine qui sert à colorer les indiennes.

Depuis un temps immémorial, le commerce et la navigation ont mis à contribution des courants atmosphé-

riques produits par la mobilité extrême de l'air, pour faire
mouvoir les vastes maisons flottantes qui sillonnent les
mers.

V.

Les anciens croyaient que l'air était un corps simple,
un des quatre éléments admis alors. Ce furent les expériences publiées en 1630 par Jean Rey, médecin, né à Bu-
gne en Périgord, qui mirent sur la voie de sa composition.

Brun, apothicaire à Bergerac, ayant trouvé que l'étain
augmentait de poids dans la calcination, en demanda la
cause à Jean Rey, qui répondit que ce phénomène était
dû à une absorption d'air.

Ce ne fut, cependant, qu'un siècle et demi plus tard
que Bayen tira cette découverte de l'oubli, et prépara les
travaux du célèbre Lavoisier et autres savants chimistes,
qui découvrirent que l'air est un mélange composé de
deux gaz qui paraissent simples.

Les expériences les plus exactes ont démontré que l'air,
est composé, à quelque hauteur que ce soit et sur tous les
points du globe, de vingt et une parties d'oxygène et de
soixante-dix-neuf parties d'azote ; il renferme, en outre,
quelques dix millièmes d'acide carbonique et une quantité variable de vapeur d'eau.

M. Dumas, notre éminent chimiste, s'exprimait ainsi
dans l'une des dernières séances de l'Académie des sciences : « Les expériences de M. J. Reiset, par leur nombre

leur précision, l'importance des volumes sur lesquels elles ont porté, les années mêmes qui les séparent, ont établi d'une manière définitive, deux vérités dont l'histoire du globe aura désormais à tenir compte : la première, c'est que la proportion de l'acide carbonique dans l'air varie à peine; la seconde, qu'elle s'éloigne peu de trois dix millièmes en volumes [1]. »

Il ajoute que ces résultats sont pleinement confirmés par les travaux des savants les plus spéciaux.

S'il y avait une plus grande proportion d'oxygène dans l'air, la vie serait plus active et toutes sortes de désordres s'ensuivraient dans notre organisation :

> Sur nous, comme l'esprit d'une liqueur active,
> L'un deux exercerait une action trop vive ;
> L'autre serait mortel, et de nos faibles corps
> Ses dormantes vapeurs détruiraient les ressorts.[*]
>
> (DELILLE.)

Dans les circonstances ordinaires, l'eau dissout environ la trentième partie de son volume d'air. Lorsqu'il est en dissolution, il n'offre plus la même composition; il renferme 0,32 d'oxygène à peu près pour 0,68 d'azote, tandis qu'on trouve dans l'air libre 0,21 d'oxygène et 0,79 d'azote. Cette différence tient principalement à l'inégale solubilité des deux gaz.

L'air contenu en dissolution dans l'eau reprend son état ordinaire quand l'eau se congèle ou entre en ébullition.

---

[1] *Comp'es rendus de l'Académie des sciences*, 1882, 1er semestre.

VI.

L'atmosphère est continuellement agitée; les courants excités par la chaleur, par les vents, par les phénomènes électriques, en mêlent et en confondent sans cesse les diverses couches. C'est donc la masse générale qui devrait être altérée, pour que l'analyse pût indiquer des différences d'une époque à une autre.

Mais cette masse est énorme. Si nous pouvions mettre l'atmosphère tout entière dans un ballon et suspendre celui-ci à une balance, il faudrait, pour lui faire équilibre, mettre dans le plateau opposé 581,000 cubes de cuivre de 1 kilomètre de côté.

Si l'on suppose maintenant, avec quelques savants expérimentateurs, que chaque homme consomme 1 kilogramme d'oxygène par jour, qu'il y ait un milliard d'hommes sur la terre, et que, par l'effet de la respiration des animaux ou par la putréfaction des matières organiques, cette consommation attribuée aux hommes soit quadruplée; dans cette hypothèse exagérée, au bout d'un siècle, tout le genre humain réuni et trois fois son équivalent n'auraient absorbé qu'une quantité d'oxygène égale à la pesanteur de 15 ou 16 cubes de cuivre de 1 kilomètre de côté. L'air en renferme près de 134,000.

C'est faire une supposition infiniment supérieure à la réalité, de prétendre que les animaux qui peuplent la surface de la terre puissent, en un siècle, souiller l'air au point de lui ôter la huit-millième partie de l'oxygène que la nature y a déposé.

Parmi les causes d'altération de l'air non renouvelé, la principale est la respiration de l'homme et des animaux. Suivant les expériences de quelques savants, l'homme consomme par heure 177 litres d'air, dont l'oxygène se trouve en totalité converti en acide carbonique.

En admettant que l'air soit vicié quand il a perdu le tiers de son oxygène, on voit que la consommation d'un homme serait de 537 litres d'air par heure, 13 mètres cubes par vingt-quatre heures.

Suivant M. Dumas, ces chiffres seraient exagérés, la quantité d'air vicié par homme ne s'élèverait dans les vingt-quatre heures qu'à 8 mètres cubes.

Il est d'ailleurs à remarquer que la transpiration cutanée et la transpiration pulmonaire paraissent avoir une influence prononcée sur l'altération de l'air non renouvelé, à cause des matières animales entraînées par la vapeur aqueuse exhalée. Ces matières doivent avoir une action nuisible, soit par elles-mêmes, soit par l'effet de la fermentation putride qui s'y développe en présence de l'oxygène de l'air.

VII.

Les effets de l'air raréfié des montagnes varient principalement suivant l'âge et l'état de santé des individus. Chez tous la circulation et la respiration s'accélèrent, mais dans des proportions diverses.

Au grand plateau, dans la chaîne du mont Blanc, à

3,910 mètres au-dessus du niveau de la mer, de Saussure
et ses guides souffrirent d'essoufflement, et ne purent se
livrer pendant quelques minutes au moindre exercice.

A mesure que l'on s'élève, il devient nécessaire de suspendre le mouvement à des intervalles de moins en moins
éloignés. Dans l'immobilité, on n'éprouve aucune gêne
de la respiration ; on peut causer sans plus de fatigue que
dans la plaine, bien que l'on soit naturellement entraîné

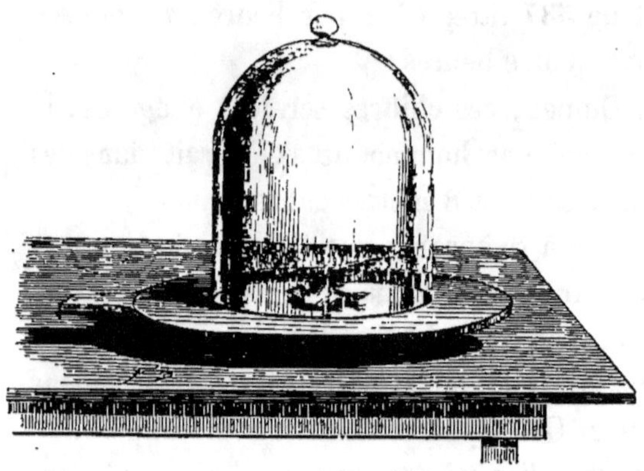

Fig. 28. — Oiseau sous la cloche de la machine pneumatique.

à parler plus haut ; on peut même fumer sans la moindre
peine ; mais on ne peut courir ou marcher, surtout en
montant, plus de quelques instants.

Souvent aussi un trouble des fonctions digestives, analogue au mal de mer, se manifeste d'une manière plus ou
moins grave, suivant les individus ; il comprend toutes
les phases, depuis la simple diminution de l'appétit jusqu'au vomissement.

On peut reproduire ces phénomènes à volonté chez

un animal placé sous la cloche de la machine pneumatique (fig. 28).

Il est cependant à remarquer que les fatigues de toutes
sortes et la privation de sommeil, conditions inséparables
de ces voyages, entrent nécessairement pour quelque chose
dans les phénomènes physiologiques qu'on y observe.
Par un séjour prolongé, on s'acclimate et l'on cesse de
souffrir de cet air rare. Il y a des villes et des villages dans
le haut Pérou, situés à 3,900 et 4,350 mètres d'altitude.

L'accélération que la respiration subit dans un air rare,
s'explique facilement par la moindre quantité d'oxygène
que chaque inspiration introduit dans les poumons; un
air encore plus rare produirait la mort par asphyxie.

Ainsi, deux choses principales sont à craindre dans les
excursions à de grandes hauteurs : l'asphyxie par le
manque d'air, et les congestions par la diminution de la
pression atmosphérique.

Il est vrai que les oiseaux s'élèvent impunément jusque
dans les régions où l'air est beaucoup plus raréfié que
sur la terre; mais ils sont organisés de manière à pouvoir
rétablir sans cesse l'équilibre entre l'air et leurs fluides
intérieurs. L'air ne pénètre pas seulement dans leurs
poumons; leur cavité abdominale, leurs os même en
sont remplis; et selon qu'ils s'élèvent ou s'abaissent
dans l'atmosphère, ils peuvent, par la fréquence et l'é-
tendue plus ou moins grande de leurs inspirations, remplir ou vider plus ou moins complètement leurs cellules
aériennes.

L'homme ne possédant pas cette faculté, ne pourra
parcourir avec sécurité les régions élevées de l'atmosphère,

qu'à l'aide d'appareils qui lui fourniront tout à la fois une
pression et une respiration artificielles; quelques inventeurs déjà sont en bonne voie pour cette ingénieuse réalisation.

VIII.

On a essayé de purifier l'air au moyen du charbon.

Une des propriétés les plus curieuses du charbon de
bois, et que tout le monde connaît, est celle d'absorber
une grande quantité de gaz; il est pour les gaz ce que l'é-
ponge est pour l'eau : il peut en absorber jusqu'à quatre-
vingt-dix fois son volume; c'est ce qui le rend propre à
désinfecter les matières en putréfaction.

Par suite d'observations qui lui sont propres, M. Stenhouse, membre de la Société royale de Londres, a construit une sorte de filtre à air, propre à désinfecter ce fluide
élastique. Ce filtre peut être employé pour l'assainis-
sement des habitations, des navires, des bouches d'é-
goût, etc. Il consiste en une couche mince de charbon
pulvérisé, enfermé entre deux toiles métalliques.

Un de ces appareils a été établi dans la salle d'audience,
à Mansion-House, où l'air, puisé dans une rue fort étroite,
était tellement vicié par des émanations provenant de plusieurs causes voisines d'infection qu'on ne cessait de
s'en plaindre. Or, depuis que l'air du ventilateur traverse le filtre, l'atmosphère de la salle est complètement
purifiée.

M. Stenhouse a de même appliqué ce principe à la

fabrication de masques munis de filtres de charbon, et destinés à purifier l'air avant son arrivée dans les poumons.

IX.

Sous l'influence d'une atmosphère très chaude toutes les fonctions perdent leur énergie, les facultés morales et intellectuelles languissent. Sous le ciel brûlant des tropiques l'esprit n'est pas moins énervé que le corps. L'homme retrouve son énergie dans les climats moins chauds, tels que les contrées méridionales de l'Europe.

Les climats très froids sont aussi défavorables à l'intelligence que les climats très chauds. Sous un ciel moins sévère, dans les contrées septentrionales de l'Europe, par exemple, les facultés intellectuelles renaissent; mais elles sont remarquables par d'autres qualités que celles qui caractérisent l'intelligence de l'habitant du Midi.

Dans les contrées chaudes et marécageuses, où la matière végétale morte est exposée à l'action de la chaleur et de l'humidité, surtout à l'embouchure des grands fleuves, sur le littoral des golfes qui reçoivent un grand nombre de torrents, en un mot dans toutes les localités où les eaux douces viennent se mélanger avec les eaux salées, on remarque de funestes influences sur la salubrité générale du pays.

Entre les tropiques, de semblables localités sont très communes, et l'on a constaté que c'est toujours après l'époque des pluies, lorsque le sol commence à se dessé-

cher, que l'insalubrité s'y manifeste. Dans les steppes de
Saint-Martin, à l'est de Santa-Fé de Bogota, les fièvres se
déclarent chaque année régulièrement après la saison
pluvieuse; il suffit alors qu'un habitant des montagnes

Fig. 29. — Paysage intertropical.

descende dans la plaine pour tomber malade presque à
l'instant même.

Sous la zone torride, un défrichement est un combat à
mort entre l'homme et la végétation; la première colonie
qui prétend conquérir la forêt vierge languit et s'éteint.

X.

M. Babinet a présenté à l'Académie une note intéressante sur la température que peut atteindre l'air confiné :

« La chaleur des rayons solaires, dit-il, passe au travers de l'air transparent ; mais la chaleur obscure des corps terrestres traverse en bien moins grande quantité l'air et les vitres.

« Saussure, pour s'assurer que les rayons du soleil sont bien plus chauds dans les régions supérieures de l'atmosphère qu'à la surface de la terre, plaçait un thermomètre dans une boîte noircie intérieurement et couverte de plusieurs glaces ou vitres. Le thermomètre, ainsi renfermé, montait plus haut au sommet des montagnes que dans la plaine. Au cap de Bonne-Espérance en 1837, sir John Herschel, en plaçant une boîte noircie recouverte d'une seule vitre sans mastic, sous un châssis vitré de jardinier, a obtenu des températures bien supérieures à celles de l'eau bouillante. En peu de temps, des œufs, des fruits et *une forte étuvée de viande et de légumes* (en français, un bœuf à la mode), furent cuits et mangés à la grande satisfaction de nombreux convives.

« Avis à ceux qui, comme dans l'Égypte, vivent sous les rayons d'un soleil ardent, que sir John Herschel appelle *clair de soleil.* »

Dans un ouvrage des plus intéressants, M. Mouchot vient d'exposer un moyen pratique de recueillir et d'utiliser directement les rayons solaires au profit de l'agriculture et de l'industrie. Déjà il a obtenu de beaux résultats qui ont eu la sanction des hommes compétents. Il s'est occupé avec le même succès de la cuisson au soleil de la viande, des légumes et du pain, etc.

Pendant le courant de l'année 1875, il a soumis à l'Académie des sciences la suite des applications industrielles que l'on peut obtenir de la chaleur solaire; les encouragements qui lui arrivent de points très éloignés, lui sont un nouveau témoignage que leur importance est vivement sentie de tous ceux qui vivent sous un climat brûlant. Dans le courant de 1876, il a présenté à la même Académie, un appareil qui permet d'utiliser la chaleur solaire pour porter des liquides à l'ébullition, et faire cuire des aliments dans l'espace d'une demi-heure[1].

Les alambics solaires ont également fourni d'excellents résultats. Munis de miroirs de moins d'un demi-mètre carré, ils portaient trois litres de vin à l'ébullition en moins d'une demi-heure, et donnaient une eau de vie fine, franche de tout mauvais goût. Le récepteur solaire du Trocadéro qui a fonctionné pour la première fois le 2 septembre 1878, a porté, en une demi-heure, 70 litres d'eau à l'ébullition[2].

[1] *Comptes rendus de l'Académie des sciences*, séance du 2 octobre 1876.
[2] *Ibid*. 1878, 2me semestre.

CHAPITRE VIII.

LES VENTS.

I.

Que de pensées, que de sentiments divers ne fait pas naître le souffle des vents! Ils passent sur les vastes champs des morts et emportent avec eux les miasmes empoisonnés; ils caressent les fleurs nouvellement écloses, et nous embaument de leurs suaves parfums. Ils éclatent pour la joie, ils gémissent sous les soupirs de la douleur; ils reçoivent indifféremment les cris de détresse ou les chants de triomphe; ils sont également les messagers du deuil et de l'allégresse. Voici quelques vers dont l'auteur nous est inconnu, mais qui expriment bien ces rôles variés :

Dieu! que le vent d'hiver est sombre !
Qu'il gémit tristement ce soir !
Est-ce le frôlement d'une ombre
Qui près de moi viendrait s'asseoir?
Seriez-vous donc, vastes rafales,
Un écho de l'âme des morts !
Vos gémissements dans les salles
Sembleraient traîner un remords.
Auriez-vous donc, dans la nuit sombre,
Soufflé sur le vaisseau qui sombre
Et dispersé sur ses débris
Son peuple de marins? Les âmes
Des corps engloutis sous les lames
Pleurent-elles sous ces lambris ?
Des mers, ô lugubre puissance,
Que tu fais gémir de sanglots !

. . . .
. . . .
. . . .

Dans un seul soupir tu rassemble
Les bruits recueillis en passant.
Je prête l'oreille : il me semble
Entendre le choc du brisant,
La voix du récif et du gouffre,
La plainte de l'âme qui souffre
Fantôme des landiers déserts,
Les cris des discordes civiles,
Dont les flots râlent dans nos villes,
Comme la vague au bord des mers.
Combien de fois, bise homicide,
Ton souffle a-t-il flétri les jours
De la vierge belle et candide,
Rose des premières amours,
Quand au sortir du bal folâtre
Tu glissas sur son front d'albâtre,

Éteignant son regard si beau ;
Ton baiser glaça son épaule,
Et tu viens balancer le saule
Qui s'effeuille sur son tombeau ?

II.

Le vent est un mouvement plus ou moins rapide d'une masse d'air qui se transporte d'un lieu dans un autre, ce qui se présente toutes les fois que l'équilibre de l'atmosphère est rompu.

Lucrèce décrit ainsi le vent :

... « Il est des corps que l'œil n'aperçoit pas et dont toutefois la raison reconnaît l'existence. Tel est le vent, dont la fureur terrible soulève les ondes, submerge les lourds vaisseaux et disperse les nuages ; souvent en tourbillons rapides, il s'élance dans les plaines qu'il jonche de la dépouille des plus grands arbres : son souffle destructeur tourmente la cime des monts, et fait bouillonner l'Océan avec un affreux murmure. Quoique invisible, le vent est donc un corps puisqu'il balaye à la fois le ciel, la terre et la mer, et parsème l'air de leurs débris. »

Les vents soufflent dans tous les sens, horizontalement, verticalement, obliquement ; ils tournent sur eux-mêmes, se croisent et s'entre-choquent ; mais leur direction la plus ordinaire est parallèle à la terre.

Les progrès de l'art nautique eurent bientôt amené la

______

[1] Lucrèce, liv. 1er.

connaissance de la théorie des vents, car ils jouent un rôle fort important dans la navigation.

Les Grecs ne distinguaient d'abord que deux vents : le *Boreas*, qui renfermait tous les vents soufflant de la bande du nord ou du demi-cercle compris entre l'occident et l'orient équinoxial, dans l'espace de 180 degrés;

Fig. 30. — Borée.
(Chapiteau antique.)

et le *Notos*, qui comprenait tous les vents qui partaient de la bande du sud, dans toute l'étendue de l'autre moitié de l'horizon.

Ils distinguèrent ensuite les vents qui soufflaient des quatre points cardinaux, et, divisant l'horizon en portions égales de 90 degrés chacune, ils nommèrent *Boreas*, les vents du nord; *Euros* ou *Apheliotes*, les vents de l'est; *Notos*, les vents du sud; *Zephiros*, les vents de l'ouest.

Fig. 31. — Notus.
(Chapiteau antique.)

Du temps d'Homère on avait déjà ajouté quatre vents secondaires qui tiraient leurs noms de ceux entre lesquels ils étaient placés; on les appelait : le *Boreas-Euros*, le *Notos-Apheliotes*, l'*Argestes-Notos* et le *Zephiros-Boreas*.

III.

Cinq à six siècles avant l'ère chrétienne, on fixa les vents secondaires aux orients et aux occidents solsticiaux;

la plupart des noms furent changés ou disposés autrement qu'ils ne l'avaient été jusqu'alors, et l'on se trouva
forcé de donner à la rose des vents des divisions égales;
de sorte qu'à mesure que l'on avançait vers le midi, l'é-
tendue des vents d'est et d'ouest se resserrait, tandis que
ceux du nord et du midi embrassaient un plus grand espace; le contraire avait lieu lorsqu'on se portait vers le
septentrion. Les vents représentés sur la célèbre tour d'Andronicus Cyrrhest, à Athènes (fig. 32), laquelle subsiste
encore et dont parle Vitruve, pa-
raissent appartenir à ce système.

Vers le temps d'Alexandre,
on ajouta quatre nouveaux vents
à la rose des vents qui fut adoptée pendant plusieurs siècles par
les navigateurs grecs et romains;
mais sous le règne d'Auguste,
les Romains ayant étendu leurs
conquêtes dans la Germanie,
jusqu'à l'Elbe, au 54° degré de
latitude, et, dans l'Égypte, jusqu'au tropique, reconnurent les

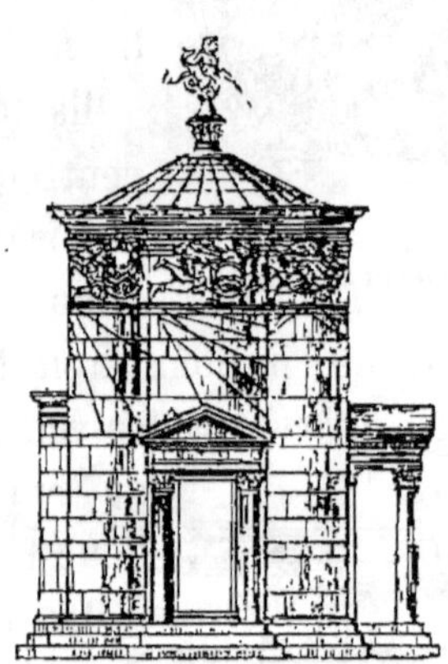

Fig. 32. — Temple des vents, ou
horloge d'Andronicus Cyrrhest,
à Athènes.

inconvénients des roses divisées d'après les levers et les
couchers solsticiaux, parce que dans l'intervalle de ces
contrées, les amplitudes variant de 40°30', les vents d'est
et d'ouest finissaient par prendre beaucoup trop d'espace
et se confondaient vers ceux du nord et du sud; ils aban-.
donnèrent cette méthode, qui n'était plus supportable,
et divisèrent la rose en vingt-quatre parties de 15 degrés
chacune.

Maintenant on partage l'horizon en trente-deux parties appelées *rhumbs* ou *aires* des vents, que l'on obtient en divisant en deux parties égales chacun des cadrans formés par les points cardinaux, et l'on désigne ces divisions intermédiaires par les réunions des points cardinaux entre lesquels elles sont comprises. On procède

Fig. 33. — Les vents personnifiés. (Bas-relief antique.)

ensuite de la même façon à l'égard de ces dernières divisions, que l'on partage en deux, adoptant le même système de nomenclature.

Ce n'est qu'en avançant vers la mer équinoxiale que l'on rencontre dans les vents une constance, une régularité qui se prête à l'observation. Dans ces contrées, ils soufflent toute l'année dans la même direction, et transportent doucement et sans violence les navires de la côte de l'ancien monde à celle du nouveau.

Ce sont ces vents qui portent les noms de *vents géné-
raux*, de *vents alizés*, et qui remplissaient d'étonnement
et d'inquiétude les compagnons de Christophe Colomb; la
direction constante de ces vents semblait leur barrer à jamais le retour.

La différence de température entre le jour et la nuit détermine les brises journalières, soit sur les côtes ou à l'intérieur des continents, et la différence de température
entre les saisons extrêmes détermine les moussons, que
l'on pourrait à juste titre appeler brises des saisons :

> Les saisons à leur tour, dans leur vicissitude,
> Nous ramènent un air ou plus doux ou plus rude,
> Et les vents inconstants, en dépit des climats,
> Redoublent les chaleurs ainsi que les frimas,
>   (DELILLE.)

Pour expliquer le phénomène des vents, il importe
avant tout de faire connaître de quelle manière se comportent deux portions contiguës de l'atmosphère, si elles
viennent à être inégalement chauffées. Nous prendrons
principalement pour guide un excellent mémoire de
Fr. Arago.

Franklin imagina de promener une chandelle à toutes
les hauteurs de la porte de communication de deux salles contiguës et inégalement chauffées.

Dans le bas, la flamme indiquait un courant dirigé de
la salle froide vers la salle chaude; dans le haut de la
porte, la flamme, s'inclinant en sens inverse, signalait
un courant dirigé de la salle chaude vers la salle froide;
et à une certaine hauteur, entre ces deux positions ex-

trêmes, l'air semblait stationnaire. On peut faire facilement cette expérience avec une feuille de papier ou un autre corps léger et flexible, et on obtiendra le même résultat.

Il se passe quelque chose d'analogue à la surface de la terre. Lorsqu'il y a une cause d'échauffement en l'un de ses points, la colonne d'air superposée s'élève, un courant inférieur se dirige vers la partie chaude, et la colonne d'air échauffée fournit un courant supérieur ayant un mouvement inverse.

On peut ainsi facilement expliquer ce que l'on appelle les *brises de mer* et les *brises de terre*.

Tous les jours, à partir de neuf ou dix heures du matin, il s'élève sur le bord de la mer un vent soufflant de la surface liquide vers la terre; ce vent, qui est la brise de mer, rafraîchit l'atmosphère pendant la plus grande partie de la journée, jusque vers les cinq ou six heures du soir.

A partir de neuf heures du matin, la température de la côte commence à dépasser la température moyenne, qui est toujours à peu près celle de la mer; l'air qui repose sur celle-ci souffle vers la terre; mais après neuf heures du soir, au contraire, la température de la côte est retombée au-dessous de la moyenne; l'air reflue de la terre vers la mer.

Ainsi, à la brise de mer du matin succède chaque jour, après quelques heures de calme, la brise du soir ou de terre. Les marins profitent de ces deux vents pour entrer dans les ports ou pour en sortir.

Ces brises ne se font sentir qu'à une petite distance des

côtes; elles sont remplacées en mer par les *moussons*, qui soufflent six mois dans un sens et six mois dans l'autre.

Dans l'hémisphère boréal, la mousson de printemps commence en avril, et la mousson d'automne en octobre; dans l'hémisphère austral, où les saisons sont contraires, la mousson d'automne commence en avril, et la mousson de printemps en octobre.

Il règne un calme plus ou moins prolongé entre les deux moussons contraires; cette période est féconde en tempêtes et dangereuse pour la navigation.

IV.

D'après l'expérience, très simple et à la portée de tout le monde, que nous avons indiquée, relativement aux phénomènes qui ont lieu lorsqu'on présente tour à tour un corps léger et flexible à différentes hauteurs de deux airs de températures dissemblables, il résulte que les vents alizés ne se manifestent que sous l'influence d'un courant supérieur. Plusieurs observations en ont, en effet, donné la preuve; c'est ce que nous allons voir.

Dans la soirée du 30 avril 1812, on entendit pendant quelques instants, à l'île de la Barbade, des explosions tellement semblables aux décharges de plusieurs pièces de gros calibre, que la garnison du château Sainte-Anne resta sous les armes toute la nuit.

Le lendemain matin, 1er mai, l'horizon de la mer à l'orient était clair et bien découpé; mais immédiatement au-dessus on apercevait un nuage noir, qui couvrait déjà le reste du ciel, et qui bientôt après se répandit dans la partie où commençait à poindre la lumière du crépuscule.

Dans les appartements, l'obscurité devint telle qu'il était impossible de distinguer la place des fenêtres; en plein air, plusieurs personnes ne purent voir ni les arbres à côté desquels elles se trouvaient, ni les contours des maisons voisines, ni même des mouchoirs blancs placés à 15 centimètres des yeux.

Ce phénomène était occasionné par la chute d'une grande quantité de poudre volcanique provenant de l'éruption d'un volcan de l'île de Saint-Vincent, et qui contenait, d'après une analyse du docteur Thomson, 91 parties de silice et d'alumine, 8 de calcaire et 1 d'oxyde de fer.

. Cette pluie d'un nouveau genre et l'obscurité qui en était la conséquence ne cessèrent qu'entre midi et une heure; mais plusieurs fois depuis le matin on avait remarqué, en s'aidant d'une lanterne, comme des espèces d'averses intermittentes pendant lesquelles la poussière tombait en plus grande abondance.

Les arbres d'un bois flexible ployaient sous le faix; le bruit que les branches des autres arbres faisaient en se cassant contrastait d'une manière frappante avec le calme parfait de l'atmosphère; les cannes à sucre furent totalement renversées, enfin toute l'île se trouva couverte d'une couche de cendre verdâtre de 3 centimètres d'épaisseur.

L'île de Saint-Vincent étant de 80 kilomètres plus occidentale que la Barbade, et les vents alizés dans ces parages, particulièrement en avril et mai, soufflant uniformément et sans interruption de l'est, avec une légère déviation vers le nord, il faut donc admettre que le volcan de Saint-Vincent avait projeté l'immense quantité de poussière qui tomba sur la Barbade et les mers voisines, jusqu'à une hauteur où les vents alizés ne se faisaient pas sentir, mais dans laquelle régnait même un courant diamétralement opposé, et que cette propagation ne put avoir lieu que par l'effet du contre-courant supérieur.

Le capitaine Basile Hall a observé que dans la région des vents alizés les nuages très élevés marchent continuellement dans une direction opposée à celle du vent inférieur; et dans le mois d'août 1820 il trouva au sommet du pic de Ténériffe un vent du sud-ouest, c'est-à-dire un vent directement opposé au vent alizé qui soufflait à la surface de la terre. M. de Humboldt fit une observation analogue sur la même montagne.

Les phénomènes des courants opposés étaient d'ailleurs bien connus des anciens : « Ne vois-tu pas, dit Lucrèce, les nuages eux-mêmes, poussés par des vents contraires, suivre, les uns en bas, les autres en haut, des directions opposées [1] ? »

V.

La direction générale des vents inférieurs nous est indiquée par les girouettes, et celle des courants supérieurs par la marche des nuages. Dans la marine, on désigne les vents par leur direction ou par la partie du vaisseau qu'ils frappent directement : Avoir *vent en poupe*, c'est

[1] LUCRÈCE, liv. V.

avoir *vent arrière;* avoir *vent debout,* c'est avoir le vent
contraire à la route que l'on veut suivre. On appelle *vent
d'amont, vent de terre,* celui qui vient de terre; *vent de
mer,* celui qui vient du large, etc. On divise aussi les
vents par leur vitesse relative; de là douze nuances ou
gradations qui ont chacune leur dénomination particulière : *calme, presque calme, brise légère, petite brise, jolie
brise, bonne brise, vent frais, grand vent, vent impétueux,
coup de vent, tempête* et *ouragan.*

Les instruments destinés à mesurer la force et la vitesse
des vents s'appellent *anémomètres.* On nomme vent à
peine sensible celui qui parcourt par seconde $0^m,5$; vent
modéré, celui qui parcourt 2 mètres; vent fort, de 10 à
20 mètres; tempête, de 22 à 27 mètres; ouragan, de 36
à 45 mètres.

L'observateur qui veut déterminer la rapidité de la
marche d'un ouragan se voit réduit à jeter dans l'air des
corps légers et à les suivre de l'œil, la montre à la main,
jusqu'au moment où ils atteignent divers objets situés à
des distances connues.

Il est plus facile de déterminer la vitesse du vent lorsque le ciel est parsemé seulement de quelques gros nuages, car alors leur ombre parcourt sur la terre en quelques
secondes, un espace à fort peu près égal à celui dont ils
se sont déplacés.

VI.

Les vents extraordinaires qui se font sentir sur les côtes
de Guinée, sur celles de Barbarie, en Égypte, dans l'A-

rabie, dans la Syrie, dans les steppes de la Russie méridionale et même jusqu'en Italie, sont dus à la température de l'intérieur de l'Afrique.

Ces vents, accompagnés de circonstances étranges,
sont connus sous les noms d'*harmattan*, de *simoun* ou
samiel, de *chamsin*, etc.

L'harmattan souffle trois ou quatre fois par saison,
de l'intérieur de l'Afrique vers l'océan Atlantique; la
durée de ce vent, qui n'a qu'une force modérée, est
ordinairement d'un ou deux jours, quelquefois de cinq ou
six. Lorsqu'il souffle, il s'élève toujours un brouillard
d'une espèce particulière, et assez épais pour ne donner
passage à midi qu'à quelques rayons du soleil.

Les particules dont ce brouillard est formé se déposent
sur le gazon, sur les feuilles des arbres et sur la peau des
nègres, de telle sorte que tout alors paraît blanc.

Le caractère le plus tranché de ce vent est son extrême
sécheresse. Lorsqu'il a quelque durée, les branches des
orangers, des citronniers, etc., se dessèchent et meurent;
les reliures des livres, même de ceux qui sont placés dans
des malles bien fermées et recouverts de linge, se courbent comme si elles avaient été exposées à un grand feu;
les panneaux des portes et des fenêtres, les meubles dans
les appartements, craquent et souvent se fendent.

Les yeux, les lèvres, le palais de ceux qui sont soumis
à son influence deviennent secs et douloureux, et s'il dure
quatre ou cinq jours, il fait peler les mains et la face.
Pour prévenir ces accidents, on se frotte tout le corps avec
de la graisse :

Il souffle : tout se fane et tout se décolore ;
La fleur craint de s'ouvrir et le bouton d'éclore ,
Le midi de ses feux enflamme le matin ,
La terre est sans rosée et le ciel est d'airain ;
Les monts sont dépouillés ; de la plaine béante ,
La soif implore en vain une eau rafraîchissante.
. . . .
A peine avec effort la nymphe du ruisseau
De ses cheveux tordus tire une goutte d'eau.
Plus d'amour, plus de chant ; le coursier, moins superbe
En vain, d'un sol brûlé, sollicite un brin d'herbe.
Le cerf au pied léger repose au fond des bois.
Partout l'air accablant pèse de tout son poids ;
L'homme même succombe, et son âme affaissée
Sent défaillir sa force et mourir sa pensée.

(DELILLE.)

Malgré ces terribles effets, il paraît que ce vent n'est pas du tout pestilentiel ; au contraire, les fièvres intermittentes, par exemple, sont radicalement guéries au premier souffle de l'harmattan ; ceux qui sont affaiblis par les saignées abondantes que l'on pratique dans ces climats recouvrent bientôt leur force ; les fièvres épidémiques disparaissent, et, chose singulière, l'infection ne peut être communiquée pendant qu'il règne, même par l'art.

Mathieu Dobson rapporte qu'en 1770 il y avait à Nhydah un bâtiment anglais chargé de plus de trois cents nègres ; la petite vérole s'étant déclarée chez quelques-uns de ses esclaves, le propriétaire se décida à l'inoculer aux autres.

Tous ceux chez lesquels on pratiqua l'opération avant le souffle de l'harmattan gagnèrent la maladie ; soixante-dix furent inoculés le deuxième jour après que l'harmattan avait commencé à se faire sentir, et aucun n'eut ni maladie

Fig. 34. — Ouragan dans le désert.

ni éruption. Quelques semaines après le souffle de l'harmattan, ces mêmes individus prirent la petite vérole, soit naturellement, soit artificiellement, et pendant cette seconde éruption, ce vent ayant recommencé, il guérit les soixante-neuf esclaves qui en étaient attaqués.

VII.

Le simoun ou samiel, vent violent et empoisonné du désert, vient du sud-est (fig. 33). Des tourbillons, des espèces de trombes, se joignent fréquemment à ce vent, et enlèvent dans les airs, jusqu'à une grande hauteur, des masses de sable qui donnent à l'atmosphère une couleur rouge, jaune orange et même bleuâtre, suivant l'espèce de teinte du terrain :

> Ainsi, de l'air troublé les tourbillons mouvants
> Livrent au loin la terre au ravage des vents.
> Et qui ne sait comment leurs fougueuses haleines
> Des déserts africains tourmentent les arènes,
> Enterrent, en grondant, les kiosques, les hameaux,
> La riche caravane et ses nombreux chameaux?...
> Que dis-je? Quelquefois, sur une armée entière
> L'affreux orage roule une mer de poussière;
> La nature se venge, et dans d'affreux déserts
> Abîme ces guerriers, l'effroi de l'univers.
>
> (DELILLE.)

« Ce vent, dit M. d'Abbadie, arrive sans signe précurseur, comme d'un four béant qui vomirait toute sa chaleur. Le patient chameau met alors sa tête contre le

sol pour chercher de la fraîcheur même sur la terre embrasée; les plus hardis parmi les indigènes s'affaissent avec
désespoir, et la prostration de toutes les forces est si subite
et si complète en rase campagne, qu'il m'a été impossible
de soulever un petit thermomètre placé à portée, pour
apprendre du moins la température de ce vent étrange,
que la science n'a pas encore expliqué. Il avait duré cinq
minutes : on assure que les hommes et même les bêtes
meurent s'il se prolonge pendant un quart d'heure [1]. »

Burckhardt trouva, en 1813, que pendant le simoun
à Esné, dans la haute Égypte, le thermomètre montait à
l'ombre jusqu'à 49° 4 centigrades. Cette chaleur excessive ne dure qu'un quart d'heure; aussitôt que la poussière s'abat, le thermomètre baisse. Une des raisons qui
font que les voyageurs appréhendent beaucoup ce vent,
c'est qu'il dessèche les outres dans lesquelles les caravanes
portent leur eau. Burckhardt, en allant de Tor à Suez, vit
une outre perdre en une matinée le tiers de son eau, par
suite de l'évaporation qu'occasionna le simoun.

Le chamsin dure cinquante jours, ainsi que l'indique
son nom dans la langue du pays; il commence environ
vingt-cinq jours avant l'équinoxe du printemps, pour
finir vingt-cinq jours après; il est très remarquable par sa
température élevée.

VIII.

Le *sirocco* d'Italie et le *solano* d'Espagne sont les prin-

[1] *Climat des rivages de la mer Rouge.*

cipaux vents qui soufflent sur l'Europe : ils jettent les habitants dans un grand état de langueur, par la chaleur énervante qu'ils apportent avec eux.

M. Fabre pense que le sirocco, ce vent si sec en Afrique, et qui rend visible la fine poussière dont il est chargé, enlève, en traversant la mer, une quantité considérable de vapeur, arrive avec cette vapeur pénétrée de la chaleur qu'il a partagée avec elle, jusqu'à nos montagnes du Centre, de l'Est et du Midi, et là donne lieu à d'immenses effluves, soit par l'eau qu'il abandonne en se refroidissant, soit par la fusion de neige qu'il provoque. Aussi ce météore lui paraît-il être surtout redoutable à l'entrée et à l'issue de l'hiver quand il rencontre sur les Alpes, les Cévennes et les Pyrénées, des neiges molles dont il entraîne de grandes quantités à la fois. Il est moins à craindre en plein été, quand la température de nos contrées du nord s'est élevée et que la saison a fait écouler les neiges qui ne sont pas éternelles.

Le *mistral* est le vent le plus redoutable de la Méditerranée ; c'est pendant l'hiver et l'automne qu'il souffle avec le plus d'impétuosité, surtout après les pluies d'orage ; il apparaît d'abord par rafales, mais bientôt il prend le dessus ; en quelques heures, il a desséché le sol et fait disparaître toutes les vapeurs de l'atmosphère. Le froid qu'entretiennent les glaces des Alpes, la condensation des volumes d'air qu'elles supportent, la dilatation de l'air qui repose sur des terrains susceptibles d'être échauffés, l'évaporation des eaux de la Méditerranée sont probablement la cause du mistral.

Dans un ouvrage qui renferme une foule d'observations justes et perspicaces, M. Ambroise Firmin-Didot, de l'Institut, s'exprime ainsi : « La violence extrême du vent, qui roulait des torrents de poussière, ne me permit pas de m'arrêter pour examiner l'arc-de-triomphe construit en pierre à Orange, et élevé, dit-on, en l'honneur de Marius. Ce vent, appelé *mistral* par les Provençaux, est le même que le *cercius* dont parlent les auteurs anciens. Auguste, lors de son séjour dans les Gaules, érigea un temple à cette étrange divinité. Les habitants de Narbonne, et ceux de plusieurs endroits de la Provence le nomment encore *cers*. Aulu-Gelle a dit que ce vent renversait et les hommes et les chars; il produit encore aujourd'hui les mêmes effets[1]. »

IV.

Puisque nous parlons de vents singuliers, nous résumerons un passage des *Mémoires pour l'histoire naturelle du Languedoc*, par M. Astruc, qui donne une idée des étranges influences que peuvent avoir sur l'atmosphère les diverses modifications du sol.

Dans un vallon assez étroit, et un peu éloigné de Mirepoix, est situé le village de Blaud. A quelques centaines de pas de ce village s'élève le Puy-du-Till, percé de plusieurs cavités très profondes que l'on appelle dans le pays des *barènes*. Ces soupiraux émettent un vent très frais qui a plusieurs particularités, et que l'on connaît à

____

[1] *Notes d'un voyage fait dans le Levant en 1816 et 1817*, p. 10.

Blaud sous le nom de *vent de Pas*. Ce vent souffle sur toute la vallée jusqu'à trois cents mètres au delà du village, d'abord dans la direction de l'ouest, ensuite dans celle du nord-ouest, à cause de la courbure du vallon. Il ne se repose jamais, mais il se ralentit souvent et passe par tous les degrés de force. On l'a vu déraciner des arbres, et d'autres fois on ne l'a senti qu'à peine, même en se plaçant devant les soupiraux. En été, et lorsque le temps est serein, il tombe sur la vallée avec la plus grande force ; mais en hiver, et dans les temps nébuleux et pluvieux, il s'adoucit et épargne les habitants du canton. Comme les oiseaux de nuit, il reste dans les sombres cavernes durant le jour, mais à peine le soleil commence-t-il à baisser qu'il se fait sentir ; il augmente avec l'obscurité, souffle toute la nuit et cède enfin à la lumière renaissante. Quand il n'est pas en fureur, c'est un hôte agréable pour les paysans de Blaud ; il rafraîchit en été leur vallon ; les soupiraux par lesquels il sort sont leurs glacières ; les bouteilles de vin y deviennent fraîches comme dans la glace ; ils attendent, le soir, l'arrivée du vent pour vanner leur blé, et en hiver ce vent écarte, par son souffle tempéré, la gelée blanche de leur territoire ; il entretient en général pendant toute l'année dans ce vallon une température à peu près égale ; bienfait précieux dans une province où un froid très vif succède tout à coup à de grandes chaleurs. Le petit vallon sur lequel le vent de Pas domine, et qu'il a pris pour ainsi dire sous sa protection, est un des plus heureux districts de la France. Le terrain y abonde en fruits ; on y connaît peu les infirmités, et l'on y vit quelquefois un siècle et même davantage.

Voici ce que l'on peut dire en peu de mots sur la cause de ce phénomène : les eaux du vallon se jettent dans un gouffre que les paysans nomment l'*Entonnadou*, et qui communique certainement avec les cavités du mont du Till, puisqu'on a vu de la paille ou des morceaux de liège, qu'on avait jetés dans ce gouffre, ressortir avec le vent des soupiraux de la montagne. Les vapeurs de ces eaux, après avoir circulé dans les cavités, produisent le vent du Pas, modifié d'après la température de l'intérieur et du dehors.

Fig. 35. — Zéphyre (tiré d'un bas-relief antique).

CHAPITRE IX

MÉTÉORES AQUEUX.

Formation des brouillards, des nuages; différentes espèces de nuages : cirrus, cumulus, stratus, etc. — Nuages au sommet des montagnes ; suspension des nuages dans l'atmosphère; formation subite de nuages dans un ciel serein. — De la pluie : pluies de sang, de soufre, de poussière, de graines et d'animaux. Du serein ; de la rosée; de la glace ; du givre ou gelée blanche; du verglas; de la neige; du grésil. — Observation relative à la température des hivers. — De la grêle. — Comment se forment les grêlons; expériences de M. l'abbé Sanna-Solaro; comment dans nos saisons et les climats chauds se produit le froid qui forme les grêlons. — Théories de la grêle les plus récentes. — Curieux transport de la chaleur.

I.

De l'humidité de l'air et de la variation de la température naissent un grand nombre de météores très curieux, qui nous frappent à peine, parce qu'ils se présentent fréquemment à nos observations, mais qui n'en sont pas moins admirables par leur production et par leurs effets. Tels sont les brouillards, les nuages, la pluie, le serein, la rosée, la glace, la neige, la grêle.

La vapeur d'eau, qui se condense en subissant un abaissement de température, forme le brouillard. Cette espèce de fumée humide qui s'élève d'un vase d'eau chaude est

un véritable brouillard, dont la nature ne diffère nullement des brouillards élevés sur les mers, les lacs, les rivières.

Au moment de la formation de la vapeur d'eau, si la

Fig. 36. — Brouillard d'horizon tranchant sur le soleil.

température de l'air est plus basse que celle de la vapeur,
celle-ci se condense par le refroidissement et apparaît
sous forme de brouillard.

Toutes les fois qu'un air chargé de vapeur rencontre un
corps dont la température est moindre que la sienne, il
en est de même.

Telle est la cause des brouillards que l'on rencontre fréquemment sur les rivières, pendant l'été, après une pluie d'orage; l'air, saturé d'humidité, est plus chaud que la surface de l'eau, et dès qu'il approche des lieux où la fraîcheur de la rivière se fait sentir, la vapeur d'eau qu'il contient se condense et devient visible.

On peut de même expliquer pourquoi l'haleine ternit une glace, pourquoi pendant l'été, une bouteille sortant de la cave se couvre de vapeur condensée.

II.

Les *nuages* sont des amas de brouillards plus ou moins épais, suspendus à diverses hauteurs dans l'atmosphère, quelquefois immobiles, souvent emportés par des courants d'air ou par des vents impétueux. Les brouillards qui se forment à la surface de la terre ou dans les airs, deviennent des nuages lorsqu'ils sont rassemblés et entraînés par les vents sans être dispersés.

La forme, l'apparence et la disposition des nuages paraissent si variées, qu'il semble difficile d'établir entre eux une classification; cependant on les a ramenés à trois types principaux : les *cirrus*, les *cumulus* et les *stratus* (fig. 36).

On donne aux différentes modifications de ces nuages les dénominations de *cirro-cumulus*, *cirro-stratus*, *cirro-cumulo-stratus* ou *nimbus*, nuages orageux et pluvieux.

Les *cirrus* se composent les filaments déliés, dont l'ensemble présente l'aspect, tantôt d'un pinceau, tantôt de cheveux crépus, tantôt d'un réseau délié; ces nuages sont appelés *queues de chat* par les marins, et sont souvent d'un mauvais présage, surtout dans la mer des Indes pendant l'hivernage; ils annoncent parfois l'apparition de ces terribles ouragans qui entraînent dans leur course la désolation et la mort.

Les *cumulus*, ou nuages d'été, se montrent ordinairement sous la forme de demi-sphères reposant sur une base horizontale. Quelquefois ces nuages s'entassent les uns sur les autres, et forment à l'horizon des groupes considérables ressemblant de loin à d'immenses montagnes couvertes de neige.

Les *stratus* se composent de bandes horizontales, qui se forment ordinairement au coucher du soleil, pour disparaître à son lever.

Dans les jours d'été, où le ciel est couvert de *cumulus*, vers le soir les nuages s'aplatissent et se transforment en *stratus* qui redeviennent *cumulus* au lever du soleil.

Les *cumulus* peuvent donc être considérés comme des nuages de jour et les *stratus* comme des nuages de nuit.

Les *nimbus* présentent des formes tellement mélangées que l'on n'en reconnaît aucune; ils sont comme des brouillards épais.

Lorsque les nuages sont bien caractérisés, il est facile de les distinguer les uns des autres; mais il arrive souvent qu'ils changent d'état : il devient alors difficile de les classer d'une manière certaine.

L'aspect des nuages dépend de certaines modifications atmosphériques et fournit des indications précieuses sur

Fig. 37. — Diverses espéces de nuages.
⌣ stratus, ⌢ cumulus, ⌢ cirrus, ⌐ nimbus.

les changements de temps à venir. Ces changements sont soumis à des lois qui ne nous sont encore que très peu connues; cependant rien ne se produit dans la nature par l'effet du hasard, et c'est en étudiant avec persévérance ces phénomènes que nous pourrons faire quelques pas dans la connaissance des lois qui les régissent.

III.

Le fait de la suspension des nuages dans l'atmosphère a, de tout temps, étonné les hommes.

Il est, en effet, difficile de comprendre comment ces masses immenses, qui se résolvent en torrents de pluie, peuvent rester suspendues au sein des airs.

On avait supposé d'abord que les vésicules qui constituent des nuages étaient remplies d'un gaz moins dense que l'air atmosphérique, et que chacun de ces petits corps se trouvait dans le cas d'un aérostat rempli d'hydrogène; mais l'analyse chimique est venue détruire cette explication, en montrant qu'il n'y avait dans les nuages aucun gaz différent de l'air ordinaire.

D'après Fresnel, l'air interposé entre les vésicules d'un nuage se trouverait réuni par une sorte d'action capillaire, de manière à former avec toute la vapeur vésiculaire comme un même ensemble flottant au milieu de l'air environnant; les rayons solaires, rencontrant un nuage, ont plus d'action pour échauffer cette masse qu'ils n'en ont pour échauffer une quantité d'air parfaitement transparent, dans lequel il ne se fait aucune ré-

flexion ; il en résulterait donc que le nuage se trouverait dans le même cas que les montgolfières, dans
lesquelles on produit une dilatation au moyen d'un foyer
de chaleur.

« Toutes ces suppositions sont inutiles, dit M. l'abbé
Raillard ; la suspension des nuages s'explique tout naturellement par l'état de division extrême dans lequel se
trouve l'eau disséminée dans l'air, sous la forme de globules liquides très petits, ou de cristaux de glace très
fins [1]. »

IV.

M. Rozet, qui a spécialement étudié la formation des
nuages, s'exprime ainsi, dans son excellent *Traité de la
pluie en Europe* :

« Le 24 mai 1830, à Orange, j'ai eu un très bel
exemple de la formation des nuages par le refroidissement de certaines régions ; il avait beaucoup plu la nuit
précédente ; au lever du soleil, les flancs du mont Ventoux,
depuis le sommet jusque vers le milieu des pentes, étaient
couverts de neige ainsi que plusieurs montagnes voisines
d'une altitude de 1,000 à 1,400 mètres. Vers huit heures
du matin, à Orange, le thermomètre marquait 17 degrés
au-dessus de zéro ; des cumulus blanchâtres, isolés, s'é-
levant du fond des vallées, disparaissaient, parvenus à
une certaine hauteur ; mais autour du Ventoux et de toutes
les montagnes couvertes de neige, les nuages blanchâ-

---

[1] *Cours de chimie générale,* par MM. Pelouze et Frémy, 3ᵉ édition, p. 241.

tres, plus nombreux, se groupaient, et vers dix heures ils formaient des masses floconneuses séparées les unes des autres, qui cachaient ces montagnes. A deux heures du soir le thermomètre marquait 21 degrés au-dessus de zéro, par un temps calme; les rayons solaires avaient entièrement dissipé ces masses de nuages, et la neige des montagnes était fondue.

« Ces faits sont une nouvelle preuve que la vapeur d'eau contenue dans l'atmosphère passe de l'état invisible ou moléculaire à l'état visible ou vésiculaire, dans une région, toutes les fois que la température de cette région vient à s'abaisser d'une certaine quantité de degrés, les nuages résultent ensuite de la vapeur vésiculaire produite.

De Saussure dit, dans son *Essai sur l'hygrométrie* :

« Arrêté par un vent pluvieux sur la cime ou le penchant de quelques montagnes, je cherchais à épier la formation des nuages que je voyais naître presque à chaque instant sur les forêts ou sur les prairies situées au-dessous de moi. Nul brouillard ne couvrait leur surface, l'air qui les environnait était parfaitement net et transparent; mais tout à coup, tantôt ici, tantôt là, il paraissait quelques-uns de ces nuages, sans que jamais je pusse saisir le commencement de la formation; dans une place que mon œil venait de quitter, où deux secondes avant il n'en existait pas, j'en voyais tout à coup un déjà grand. »

Kaemtz fait remarquer que lorsque l'on considère de loin une chaîne de montagnes on voit souvent un nuage attaché à chaque sommet, tandis que les interval-

Fig. 36. — Nuages du sommet des montagnes.

les sont parfaitement clairs. Cette apparition persiste pendant des heures et souvent pendant des jours entiers ; cependant cette immobilité n'est qu'apparente , car sur le sommet il règne souvent un vent violent, qui condense les vapeurs à mesure qu'elles s'élèvent des flancs des montagnes ; lorsqu'elles s'éloignent des sommets, elles ne tardent pas à se dissiper.

Dans un autre passage, le même auteur dit : « Lorsque le ciel est cou-

vert, on remarque souvent sur le penchant des montagnes un brouillard local n'occupant qu'un petit espace;
ce brouillard se dissipe bientôt pour reparaître. J'ai pu
analyser une fois, près de Wiesbaden, les circonstances
de ce phénomène : après une forte pluie qui avait pé-
nétré le sol, les nuages s'entr'ouvrirent, le soleil parut,
et je vis une colonne de brouillards s'élever constamment
du même point. Or, j'y courus; c'était une prairie fauchée, entourée de pâturages couverts d'une herbe haute,
qui, s'échauffant moins que la surface fauchée, donnait
lieu à une évaporation moins active. »

Les nuages nous paraissent distribués dans l'atmosphère à des hauteurs différentes, et d'après les observations de plusieurs météorologistes nous devons admettre qu'il existe des nuages à environ 12,000 mètres
au-dessus de la surface de la terre.

De la cime du mont Blanc on aperçoit des nuages qui
paraissent encore aussi élevés que ceux que l'on voit de
la plaine.

Tout le monde connaît l'ascension célèbre de Gay-
Lussac, à 7,000 mètres de hauteur; il voyait encore au-
dessus de sa tête des nuages qu'il n'évaluait pas à
moins de 5,000 mètres de distance.

Cependant la plus grande partie des nuages se trouvent à une hauteur d'à peu près 3,000 mètres.

V.

Là *pluie* est le résultat d'une condensation assez forte

de la vapeur d'eau formant les nuages, pour que les molécules de cette vapeur se réunissent en gouttes et tombent sur la terre.

La quantité d'eau qui tombe en pluie varie selon les climats. En général, elle est beaucoup moins forte à mesure que l'on s'éloigne de l'équateur et du voisinage de la mer, quoique les jours pluvieux soient en plus grand nombre à mesure que l'on s'avance vers le nord.

A Paris, année commune, la quantité d'eau de pluie est de 53 centimètres, c'est-à-dire autant qu'il en faudrait pour couvrir la terre à 53 centimètres de hauteur, si toute celle qui tombe dans l'année était réunie. A Saint-Domingue cette quantité est de 308 centimètres, ce qui fait à peu près six fois autant.

Dans les pays tempérés les jours de pluie sont très variables; entre les tropiques, au contraire, les pluies reviennent aux mêmes époques de l'année, et durent de trois à six mois. C'est à elles que l'on doit attribuer les débordements périodiques du Nil, du Gange, du fleuve des Amazones et de tous les fleuves, en général, de la zone torride.

Écoutons avec quelle richesse d'idées, de grâce d'expressions, Lucrèce nous décrit les pluies vivifiantes : « Ces pluies que l'air fécond verse à grands flots dans le sein de notre mère commune et paraissent perdues; mais par elles la terre se couvre de moissons, les arbres reverdissent, leur cime s'élève, leurs rameaux se courbent sous le poids des fruits. Les puies fournissent des aliments aux hommes et aux animaux; de là cette jeunesse florissante qui peuple nos villes; ce nouvel essaim d'oiseaux qui dans les bois chantent sous la feuillée, et ces troupeaux qui reposent dans les riants pâturages leurs membres fatigués d'embonpoint, tandis que des ruisseaux d'un lait pur s'échappent de leurs mamelles gonflées; enivrés de cette douce liqueur, les tendres agneaux s'égayent sur le gazon et essayent entre eux mille jeux folâtres. Les corps ne sont donc pas anéantis en disparaissant à nos yeux : la nature, de leurs débris, forme de nouveaux êtres, et ce n'est que par la mort des uns qu'elle accorde la vie aux autres [1]. »

On désigne sous le nom de *grains* des pluies de courte durée, accompagnées ordinairement de bourrasques d'autant plus dangereuses pour la navigation qu'elles surprennent les navires au milieu du calme ou de faibles brises (fig. 39).

VI.

Les historiens anciens rapportent que des pluies de sang sont venues quelquefois porter chez tout un peuple l'épouvante et la consternation. Ces pluies n'ont point disparu avec la superstitieuse antiquité, elles ne sont même pas très rares; mais leur couleur sanguine n'est plus qu'un phénomène dû, tout simplement, à une matière colorante que le nuage tenait en suspension. Ces pluies extraordinaires n'affectent pas toujours la couleur rouge, quelquefois même ce n'est qu'une chute de poussière sans eau. Mais quelle est la cause qui peut placer ces substances, souvent métalliques, au sein de l'atmosphère?

[1] LUCRÈCE, liv. I, v.

On a pensé que la plupart pourraient bien avoir la même
origine que les aérolithes; cependant la puissance du
vent est bien suffisante pour balayer, à la surface de la
terre, des amas de substances diverses, et pour les em-
porter à de grandes hauteurs dans les airs. A l'appui de

Fig. 39. — Grain.

cette dernière opinion, on cite un fait assez curieux, arrivé en Perse. Non loin du mont Ararat, au mois d'a-
vril 1827, il tomba une pluie de grains qui, en quelques
endroits, couvrit la terre d'une couche de 16 centimètres d'épaisseur. Les moutons en mangèrent d'abord, e

les hommes s'enhardirent ensuite à en faire un pain, qui fut trouvé très passable. Quelques échantillons de cette graine, envoyés à Paris par notre ambassadeur en Russie, furent reconnus pour appartenir à la famille des lichens, genre de plantes qui, sous forme de pellicules, s'étendent sur les arbres, sur la surface des monuments et des rochers. La couleur sombre des vieux édifices de Paris est due à un lichen microscopique.

Souvent aussi les vents transportent à plusieurs centaines de lieues des cendres volcaniques ou la poussière des déserts.

Les pluies de poudre jaunâtre ressemblant beaucoup à du soufre pulvérisé arrivent principalement au mois de mai, et dans les pays où se trouvent des forêts de pins et de sapins. Ces arbres fleurissent au mois de mai, leurs fleurs se composent de chatons très serrés; un seul chaton contient plus d'un million de grains de pollen : ce pollen, ou cette poussière de fleurs dont chaque grain mesure à peine un centième de millimètre de diamètre, a une odeur résineuse et s'enflamme facilement. Les vents la soulèvent, la chassent au loin, elle tombe ensuite sur la terre mêlée à la pluie, et produit ce que l'on prend généralement pour des pluies de soufre.

Dans les temps d'orage on a vu des phénomènes plus extraordinaires encore, comme des pluies de crapauds, de grenouilles, de poissons. Ces pluies d'un nouveau genre s'expliquent par l'action des trombes aspirant l'eau d'une mare ou d'un vivier avec ses menus habitants, qu'elle répand dans les endroits où elle vient se dissiper.

VII.

Le *serein*, du latin *serenus*, clair, est une petite pluie fine qui tombe quelquefois à la chute du jour sans être produite par des nuages.

Dans nos climats, ce phénomène se manifeste seulement pendant l'été, et presque toujours au coucher du soleil. On l'observe surtout dans les vallées et les plaines basses, à une petite distance des lacs et des rivières: il est beaucoup plus rare sur les lieux élevés.

Pendant la chaleur du jour, tous les corps humides donnent une grande quantité de vapeur d'eau, qui se répand dans l'air sans en troubler la transparence. Mais lorsque le soleil disparaît au-dessous de l'horizon, la température de l'air atmosphérique baisse de plus en plus; la vapeur alors se condense en partie, selon le degré de refroidissement, et cette condensation produit le serein.

On peut considérer le serein comme le commencement du phénomène de la rosée.

La *rosée* est produite par la vapeur d'eau contenue dans l'air et condensée par son contact avec les corps suffisamment refroidis.

La terre, échauffée pendant le jour par les feux du soleil, rayonne pendant la nuit vers les espaces célestes une partie de la chaleur qu'elle avait reçue; il en est de même des végétaux et des différents objets placés à la surface du globe. Cette déperdition de chaleur peut être telle que la température de ces corps devienne plus basse que celle de l'air environnant, la vapeur d'eau contenue dans l'air, se trouvant alors en contact avec des corps suffisamment refroidis, se condense et se dépose à leur surface.

Pour que la rosée puisse se produire, il faut que le ciel soit serein. S'il est couvert, les nuages réfléchissent vers le sol la chaleur que la terre leur envoie, et mettent ainsi obstacle à son refroidissement.

Une légère agitation dans l'air qui renouvelle les couches à mesure qu'elles passent à l'état de saturation par leur contact avec la surface de la terre, favorise encore singulièrement la formation de la rosée; un vent violent l'empêcherait de se former.

La rosée ne se répand pas également partout; il y a des corps qu'elle semble éviter, tels que les corps polis. Il en est d'autres sur lesquels elle semble se reposer de préférence : les corps ternes et dépolis, par exemple. Cela tient à ce que tous les corps ne se refroidissent pas au même degré; ceux qui se refroidissent davantage condensent plus de vapeur, et se couvrent par conséquent d'une rosée plus abondante.

La rosée se remarque principalement pendant les belles nuits d'été; elle remplit l'air d'une délicieuse fraîcheur, et se rassemble en gouttelettes sur les feuilles des plantes et dans la corolle des fleurs; aux premiers rayons du soleil levant cette rosée se transforme en vapeur, et remonte en partie dans l'atmosphère d'où elle était descendue.

VIII.

La *glace* est de l'eau à l'état solide. L'eau prend cette forme à un abaissement de température qui commence à zéro et au-dessous ; cependant lorsqu'elle est parfaitement tranquille, on peut quelquefois la faire descendre à plusieurs degrés au-dessous de zéro avant qu'elle se solidifie. Les rivières ne se gèlent que par un froid de 7 à 8 degrés au-dessous de zéro et persistant.

L'eau en se congelant augmente considérablement de volume ; c'est pour cela que la glace est plus légère que l'eau.

Par l'effet de cette augmentation de volume, on a vu des canons de fer très épais, remplis d'eau et exposés à la gelée, éclater en plusieurs endroits. Lorsque l'eau qui s'infiltre dans les fissures des rochers vient à se congeler, elle fend quelquefois des masses énormes de pierre, d'où le dicton : *Il gèle à pierre fendre*. C'est ainsi que l'on peut expliquer les dégradations qu'éprouvent les pierres de taille, les tuyaux de conduite, les corps de pompe, etc., par l'effet des fortes gelées.

M. Boussingault a exposé à l'Académie des sciences de nouvelles expériences sur la congélation de l'eau. Il rappelle que la force avec laquelle l'eau tend à se dilater pendant la congélation est considérable, puisqu'elle doit être égale à la pression qu'il faudrait exercer sur un morceau de glace pour en diminuer le volume de 0,08. Cette force d'expansion est capable de briser les enveloppes les plus résistantes. Les académiciens de Florence,

en exposant à un froid intense une sphère de cuivre remplie
d'eau, en déterminèrent la rupture, bien que l'épaisseur du
métal fût de 67 centièmes de pouce. Huyghens, en 1667,
fit éclater en deux endroits par l'effet de la congélation
de l'eau, un canon de fer ayant un doigt d'épaisseur.

M. Boussingault a voulu reproduire ces expériences
devenues classiques, en essayant de faire congeler l'eau
dans un cylindre d'un métal doué d'une ténacité bien supérieure à celle du fer; un canon d'acier, par exemple,
supportant, même sous de faibles épaisseurs de parois,
une pression de plusieurs centaines d'atmosphères, dans
les épreuves réglementaires que l'artillerie fait subir aux
canons de fusils.

Nombre d'expériences furent faites par le savant physicien, et l'acier offrit une résistance suffisante pour qu'il
pût constater, conformément à la prévision théorique, que
l'eau enfermée dans le canon conservait l'état liquide,
malgré l'abaissement de la température, et cela par suite
de l'obstacle opposé à la dilatation qui accompagne son
refroidissement à. partir de plus de 4° 1. Dans l'une de ces
expériences, le thermomètre était descendu à 24 degrés
au-dessous de 0, cependant l'eau avait échappé à la congélation, ce que l'on a reconnu à la mobilité d'une bille
d'acier enfermée dans le canon. Mais lorsque l'on pro-
céda à l'ouverture du canon, à peine eut-on commencé
à dévisser le couvercle que l'on vit surgir une légère
végétation de givre, l'eau gela instantanément, aussitôt
que la pression qu'elle supportait fut supprimée. En chauf-
fant le canon de manière à détruire l'adhérence, l'on en
retira un cylindre de glace d'une grande transparence.

Dans l'axe de ce cylindre, il y avait une rangée de très petites bulles d'air[1].

Pendant l'hiver de 1740, qui fut très long et très rigoureux, on construisit à Saint-Pétersbourg un palais de glace, de 18 mètres de longueur, sur 6 de largeur et 7 de hauteur; l'architecture en était élégante et régulière.

Pour cette construction on prit dans la Néva des blocs qui avaient près d'un mètre d'épaisseur; on les tailla et on y sculpta des ornements, et lorsqu'ils furent en place, on les arrosa, en dehors, d'eau colorée, qui se congela sur-le-champ, et forma ainsi des espèces de stalactites très variées.

On fit également six canons et deux mortiers avec leurs affûts entièrement de glace; on les chargea avec 125 grammes de poudre, un boulet d'étoupe et un de fonte par-dessus. L'épreuve s'en fit en présence de toute la cour; le boulet alla percer à 50 mètres une planche d'environ 5 centimètres d'épaisseur; le canon n'éclata point, bien qu'il n'eût pas plus de 10 centimètres d'épaisseur.

Un autre usage de la glace qui au premier coup d'œil paraît encore plus extraordinaire, c'est celui qu'imagina d'en faire un physicien anglais, en 1763. Il tailla un morceau de glace en lentille de plus de 3 mètres de diamètre et de 15 centimètres d'épaisseur. Il l'exposa aux rayons du soleil, et il enflamma, à plus de 2 mètres de distance, de la poudre, du papier et d'autres substances combustibles.

Il est curieux de voir que l'on pourrait mettre le feu à

[1] *Comptes rendus de l'Académie des sciences,* 1871.

un magasin à poudre à l'aide d'un morceau de glace.

En Sibérie, on fait des fenêtres de glace en coupant les glaçons d'une certaine grandeur et épaisseur, comme des carreaux de verre, et en les appliquant aux cadres ou aux ouvertures auxquels ils sont destinés. Ces glaçons ne se fondent pas, quoique la chambre soit fort échauffée, parce que l'air extérieur en maintient toujours la consistance.

En hiver, les vitres se couvrent de glace au dedans et non pas au dehors. Ceci s'explique facilement : l'air de l'appartement, étant plus chaud que l'air extérieur, laisse retomber les vapeurs qu'il contient; ces vapeurs s'attachent aux vitres, et, pendant la nuit, l'air se refroidissant elles se gèlent et forment ces belles ramifications que tout le monde connaît.

IX.

Le *givre* ou la *gelée blanche*, que l'on nomme aussi *frimas*, n'est que la rosée congelée sur les corps, descendus, par le refroidissement de la nuit, à la température de la glace. Le givre s'observe dans nos climats, pendant les fraîches matinées du printemps et de l'automne.

Le *verglas* est une couche de glace, unie, mince et transparente, formée par la pluie congelée sur le sol à mesure qu'elle tombe. Il se produit lorsque l'air est assez chaud pour donner naissance à la pluie, et le sol assez froid pour congeler cette pluie au moment où elle touche la terre.

Cependant, une nouvelle théorie a été émise dans le

courant de ces dernières années. M. E. Nouel en a réclamé
la priorité dans une lettre adressée à l'Académie des
sciences et présentée par M. de Saint-Venant, de l'Institut :

« Dans une Note sur la théorie du givre et du verglas,
imprimée au tome XI (1863), de l'*Annuaire de la Société
météorologique de France*, page 26, dit-il, j'ai fait voir
que les grands verglas ne sont pas dus, comme on le
croyait, à une pluie *au-dessus de zéro*, se gelant en partie
par son contact avec des objets dont la température est
inférieure à zéro, mais qu'ils prennent naissance par suite
d'une pluie à plusieurs degrés *au-dessous de zéro*, en surfu-
sion, tombant à travers une atmosphère *au-dessous de
zéro* et se congelant à la surface des objets, d'une manière
continue, par l'effet de la température ambiante.

« Cette théorie a reçu une confirmation éclatante cet
hiver, et cela à deux reprises différentes, à Vendôme [1] ».

La *neige* est de la vapeur d'eau congelée qui tombe sur
la terre des régions élevées de l'atmosphère, sous forme
de flocons légers de différentes grosseurs et présentant
des figures variées et symétriques.

Le *grésil* présente de petites aiguilles de glace pressées
et entrelacées, formant des espèces de pelotes assez dures
et quelquefois enveloppées d'une couche de glace transparente. Il est très commun dans nos climats pendant les
giboulées de mars et d'avril.

M. Marta-Beker a présenté à l'Académie des sciences,
à l'occasion des gelées printanières, une note intéressante au point de vue agricole et météorologique. Il y

---

[1] *Comptes rendus de l'Académie des sciences*, Ier semestre 1879.

a deux causes de gelées printanières, dit-il, l'une la plus ordinaire, appelée *gelée blanche*, est due au rayonnement vers les espaces célestes; l'autre, plus rare, est amenée par des courants polaires. La gelée blanche provient de la congélation de la rosée. On sait que la rosée n'est autre chose que l'humidité atmosphérique condensée. Elle se forme sur les végétaux, par les nuits fraîches et sereines, aux dépens du calorique des plantes, qui se refroidissent par l'effet du rayonnement vers un ciel pur et froid. Si le thermomètre continue à descendre de zéro à deux degrés plus bas, la rosée se congèle, et les bourgeons rudimentaires, encore si tendres aux premiers jours du printemps, sont plus ou moins altérés. Un nuage de fumée, le moindre abri suffisent pour empêcher ou diminuer le rayonnement. Les chaleurs précoces font alors redouter la gelée, en activant trop la végétation et en amenant des orages qui peuvent refroidir assez l'atmosphère pour attirer un désastre sur les récoltes.

Les gelées blanches sévissent spécialement sur les plaines horizontales et basses, parce qu'elles offrent directement toute leur surface au ciel, tandis que les coteaux ne présentent que la projection de cette surface, projection réduite en raison de la pente; de plus, les plaines basses étant en général plus humides que les coteaux, il s'y joint un effet plus grand de vaporisation qui augmente l'intensité du refroidissement. Il n'en est pas de même de la seconde espèce de gelées; elles frappent les hauteurs comme les plaines et même davantage. Ces gelées sont provoquées par des courants atmosphériques qui font naître un froid pénétrant de 3 à 4 degrés au-dessous de zéro; il atteint vignes, noyers, arbres fruitiers, légumes, seigles, en un mot toutes les plantes précoces. Comme ce courant polaire et glacial court à travers notre atmosphère de même qu'un fleuve démesurément grossi, il saisit les flancs des coteaux plus rudement encore que les sols bas, par-dessus lesquels ils passe parfois sans laisser de traces fâcheuses.

M. Marta-Beker ajoute une observation relative à la température des hivers, dont la rigueur ou la douceur lui paraissent dépendre uniquement d'une question de sécheresse ou d'humidité de l'air, lequel peut être très sec, même à l'état brumeux. D'une part, il y a un fait de rayonnement d'autant plus prononcé que le ciel est plus pur, plus dégagé et qui peut être atténué par l'interposition de nuages; ce qui explique pourquoi, le même jour, à des distances peu considérables, le thermomètre accuse souvent des différences de froid de plus de dix degrés. D'autre part, l'atmosphère absorbant d'autant plus de chaleur solaire qu'elle est plus humide, il est naturel que des hivers très froids coïncident avec une extrême sécheresse de l'air, comme on l'a vu en 1870 et 1871. Ainsi, plus l'air est sec et pur, moins il absorbe de chaleur solaire, et plus il se refroidit par rayonnement. Dans ces circonstances, l'hiver est nécessairement rigoureux, et les dernières vapeurs d'eau en suspension se précipitent en flocons de neige, au début de chaque recrudescence de froid. C'est le manteau protecteur que la Providence a étendu au moment opportun sur la Terre[1].

[1] *Comptes rendus de l'Académie des sciences*, 1873.

X.

Les savants sont parvenus à produire dans leur cabinet, et à volonté, un grand nombre des phénomènes que nous présente l'univers. Avantage immense, qui permet de les étudier, de les observer à loisir et de se rendre compte de la marche mystérieuse qui produit leur développement. M. l'abbé Sanna-Solaro a ainsi forcé la nature à faire de la grêle quand bon nous semble.

La formation de ce météore était à l'état de problème; aucune solution satisfaisante n'en avait été donnée; on l'expliquait par des hypothèses qui s'évanouissent devant les expériences de la science. Le savant physicien dont nous parlons a produit ce météore sous nos yeux; on a surpris la nature sur le fait, en sorte que l'on peut maintenant donner de ce phénomène, qui était très obscur, une théorie parfaitement exacte, fondée sur l'observation.

Jusqu'à présent on croyait que la grêle commençait par un petit point, par un petit noyau, et que des couches successives finissaient par produire des grêlons plus ou moins gros.

Cette hypothèse laisse sans explication les différents phénomènes qui accompagnent ce météore.

Les grêlons se produisent presque instantanément, à peu près tels qu'ils sont au moment de leur chute; la congélation commence par l'extérieur du grêlon, et va ainsi de la circonférence au centre.

L'enveloppe extérieure s'étant formée, la partie du liquide qui lui fait contact se refroidit, des bulles d'air se dégagent et convergent vers le centre. Il en résulte une pression à laquelle la croûte finit par céder. La secousse détermine la congélation d'une couche nouvelle formée de deux parties distinctes : l'une privée de bulles d'air, et pour cela transparente; l'autre opaque, par cela même que les bulles d'air s'y trouvent réunies. Ce phénomène se reproduit à chaque congélation successive (fig. 40).

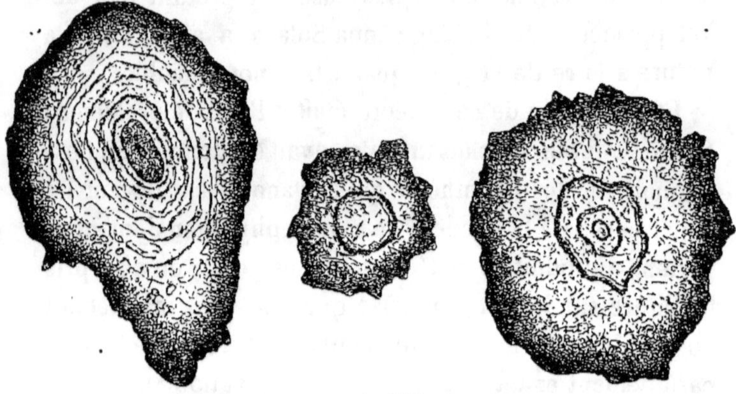

Fig. 40. — Coupe de différents grêlons.

Si les grêlons atteignent le sol avant leur complète congélation, leur centre pourra être liquide ou contenir à la fois des bulles d'air, de l'eau et des filets de glace. Ce dernier cas aura lieu lorsque le liquide intérieur se refroidira très lentement, car les filets de glace ne se montrent dans l'eau qu'en pareilles circonstances.

Si la congélation s'achève brusquement, le noyau sera de la blancheur de la neige. Si le froid qui saisit les masses d'eau est intense, la croûte sera plus épaisse et plus solide; la pression intérieure causée par la dilatation du liquide pourra augmenter de telle sorte qu'elle fasse voler les grêlons en éclat, surtout au moment où la congélation s'achève. Ceci peut expliquer pourquoi des grêlons tombent en forme de pyramide, et en même temps ces bruits particuliers que l'on entend quelquefois, comme précurseurs d'une chute de grêle.

XI.

M. l'abbé Sanna-Solaro a fait de la grêle en présence des membres de l'Académie des sciences, avec un appareil très simple que, grâce à son obligeance, nous avons pu faire fonctionner nous-même, et que chacun

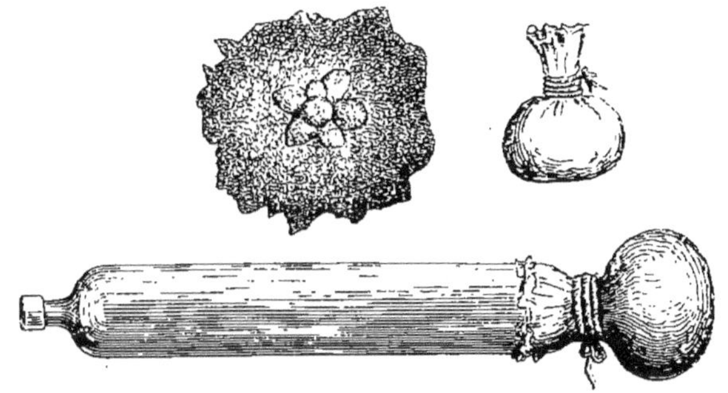

Fig. 41. — Formation des grêlons; appareil de M. Sanna-Solaro.

peut facilement se procurer. Il consiste dans un vase contenant un mélange réfrigérant de 17 degrés au-dessous de zéro; on suspend dans ce mélange un petit ballon en caoutchouc à peu près de la grandeur des grêlons que l'on veut produire, contenant plus ou moins d'eau. Après quelques instants, on obtient un grêlon artificiel tout formé, parfaitement semblable aux grêlons naturels, mais présentant un nombre de couches plus grand, ce qui prouve que le froid qui produit les grêlons naturels est bien plus intense que celui de 17 degrés au-dessous de zéro.

Deux choses restent à expliquer : la première comment se forment dans l'atmosphère les masses liquides qui doivent se changer en grêlons; la seconde, comment dans les saisons et les pays chauds se produit le froid qui saisit les masses et en congèle plus ou moins brusquement toute la surface jusqu'à une certaine profondeur.

L'ingénieux auteur explique la première par la réaction de l'électricité sur un nuage à l'instant où elle s'en échappe, et la deuxième par l'extension subite qui suit la réaction.

Voici à peu près comment il s'exprime : Soit un nuage orageux chargé d'électricité; cet agent, au moment où il atteint son maximum de tension, doit s'échapper. En s'échappant il exerce sur le nuage une réaction violente qui produit la contraction; mais ce mouvement est nécessairement suivi d'une réaction contraire, qui produit la dilatation du nuage, de la vapeur, de l'air, et qui doit donner naissance à une évaporation rapide, et par là même à une perte de calorique plus ou moins considérable, d'où la congélation de toute la surface à une plus ou moins grande profondeur.

Lorsque le froid n'est pas assez intense pour congeler les masses d'eau, elles tombent à l'état liquide; ce qui nous explique pourquoi les premières gouttes de pluie des orages sont ordinairement les plus grosses, et pourquoi de prodigieuses quantités d'eau tombent immédiatement après un coup de tonnerre.

Les faits viennent à l'appui de cette théorie.

M. Beudant dit d'une grêle observée par lui en 1848 :

« Un coup de tonnerre éclata, et presque aussitôt le nombre des grêlons devint beaucoup plus considérable. »

M. Élie de Beaumont, parlant de la grêle qu'il observa en 1837 : « Trois coups de tonnerre d'une force moyenne sont survenus pendant l'averse ; chacun d'eux a donné lieu à un redoublement assez marqué dans la chute des grêlons. »

M. Tessier, en parlant de l'endroit où il observa la grêle qui ravagea la France en 1788 : « La grêle suivit de près l'éclair et le coup de tonnerre. »

M. l'abbé Sanna-Solaro ne serait sans doute pas embarrassé pour citer un grand nombre de faits que tout le monde a pu observer.

Dans cette théorie, il n'est pas nécessaire de supposer la présence de deux nuages, qui souvent n'existent pas, ou de deux vents contraires, etc., et on comprend pourquoi la grêle tombe dans nos climats pendant l'été et aux heures les plus chaudes du jour, puisque alors l'air est plus sec et la tension électrique plus considérable.

XII.

Pendant l'année 1875, un grand nombre de communications sur la grêle ont été faites à l'Académie des sciences, principalement par M. Faye, l'éminent astronome, et dans lesquelles la théorie de M. Sanna-Solaro a été indirectement plus ou moins combattue. M. Faye

croit que la formation des grêlons est successive et non
pas instantanée ; il attribue la cause générale des orages à
grêle à l'abaissement brusque d'un courant froid supérieur dans les couches inférieures, chaudes et humides.
MM. Renou, Planté, Solvay et plusieurs autres savants
ont pris part à la discussion de la théorie de ce météore[1]
et M. l'abbé Raillard vient de publier une savante étude
sur ce sujet[2] ; mais nous devons attendre que l'accord des savants se soit un peu mieux dessiné avant de
développer ici avec quelque étendue les théories nouvelles
qui se font jour.

Terminons cette revue des météores aqueux par un
passage d'un remarquable article publié par le R. P.
Secchi dans les *Études religieuses, historiques et litté-
raires.*

Il fait d'abord remarquer que la circulation de l'atmosphère, déjà si puissante et si merveilleuse en elle-même,
le devient davantage quand on la considère dans ses rapports avec la vie animale sur les continents. Sans le voile
de nuages et sans les pluies bienfaisantes qui règnent
dans les contrées tropicales, toute la zone torride serait
embrasée et les régions polaires éternellement glacées ;
la vie serait confinée dans les espaces insignifiants des
zones tempérées. Mais, par une admirable propriété physique de la vapeur d'eau, une immense quantité de chaleur est transportée des tropiques aux régions polaires,
de telle sorte que, restant insensible dans les lieux où
elle passe, elle ne fait sentir son effet utile qu'au point

[1] *Comptes rendus de l'Académie des sciences*, 1875.
[2] *Les Mondes scientifiques*, 1875, 14 octobre.

de départ et au point d'arrivée. Là, l'eau enlève en se
vaporisant la chaleur qui serait en excès ; ici, en se condensant, elle restitue ce qu'elle a pris à d'autres régions
et empêche un abaissement excessif de température.

« Pour bien comprendre ce jeu merveilleux de l'atmosphère et ce voyage que fait la chaleur, dit l'illustre
savant, il faut se rappeler quelques notions de physique.

« Tout le monde sait que l'eau en s'évaporant absorbe de la chaleur ; c'est pour cela qu'on arrose les rues,
afin de les rafraîchir. Le calorique absorbé par l'eau,
dans cette évaporation, est si considérable, qu'il pourrait élever à l'ébullition une quantité d'eau cinq fois plus
grande que la quantité évaporée. Ce calorique n'est pas
perdu : il se conserve tout entier dans la vapeur, à l'état
que les physiciens appellent latent, et en effet il reparaît toutes les fois que la vapeur se condense. On sait
les avantages que l'industrie tire de ces alternatives pour
le chauffage dans les usines.

« Or il est facile, d'après ce principe, de calculer la
quantité de calorique échangé annuellement entre les régions équatoriales, polaires et tempérées. Il résulte des
observations atmosphériques que dans la zone torride
l'évaporation peut s'estimer égale à une couche d'eau
d'au moins 5 mètres de hauteur. Admettons que 2 de
ces mètres retombent sur place à l'état de pluie, de
sorte qu'il en reste 3 pour les autres parties du globe. La
surface sur laquelle s'opère cette évaporation est évaluée
à 70 millions de milles géographiques carrés : de sorte
que la masse d'eau évaporée s'élève à 721 trillions de
mètres cubes (721,000,000,000,000). On peut démon-

trer que la quantité énorme de chaleur qui produit cet effet pourrait fondre six millions de milles géographiques cubes de fer, c'est-à-dire une masse dont le volume égalerait plusieurs fois celui du massif des Alpes.

. « Telle est l'immense quantité de chaleur qui, chaque année, se transporte de l'équateur aux pôles en passant dans les régions intermédiaires, sans être aperçue même des savants, et dans un véritable *incognito*. Ce n'est pas tout. L'eau en se congelant émet une dernière quantité de chaleur qui contribue à mitiger les climats polaires. Ainsi les pluies et les neiges n'ont pas seulement pour but d'arroser la terre, mais aussi de distribuer la chaleur et de tempérer la rigueur du froid dans les saisons hivernales. C'est un fait bien connu que les hivers pluvieux ne sont jamais les plus froids.

« Sans cette précieuse propriété que possède la vapeur d'eau de voyager à l'état latent, notre atmosphère acquerrait une température de fournaise, et la vie serait impossible. Quoique les physiciens ne soient pas disposés à étudier les causes finales, ils ne sauraient cependant méconnaître, dans l'énorme capacité de l'eau pour la chaleur latente que contient sa vapeur, une de ces dispositions bienfaisantes de la création par lesquelles son auteur, à l'aide d'une loi très simple, a pourvu à la production d'une infinité d'effets, que seule une sagesse infinie pouvait prévoir. »

CHAPITRE X.

LA MER ET LES MARÉES.

Poésie de la mer. — Salure de ses eaux. — Leurs couleurs. — Cuivre, argent et or qu'elles contiennent. — Leur phosphorescence. — Les marées. — Le premier des Grecs qui fit attention à la cause de ce phénomène. — Passage de Lucain et d'un hymne à Silvio Pellico. — Influence de la lune et du soleil sur les eaux. — Théorie des marées. — Marées solaires et marées lunaires. — Hauteur que les marées pourraient atteindre dans la lune. — Barre de flot. — Utilité des marées.

I.

Quelle magnifique poésie dans les phénomènes que nous présente la mer!

> La mer! partout la mer! Des flots, des flots encor!
> L'oiseau fatigue en vain son inégal essor ;
> Ici des flots, là-bas des ondes;
> Toujours des flots sans fin par des flots repoussés;
> L'œil ne voit que des flots dans l'abime entassés
> Rouler sous les vagues profondes.
>
> Parfois de grands poissons à fleur d'eau voyageant
> Font reluire au soleil leurs nageoires d'argent
> Ou l'azur de leurs larges queues.
> La mer semble un troupeau secouant sa toison :
> Mais un cercle d'airain ferme au loin l'horizon;
> Le ciel bleu se mêle aux eaux bleues.
>
> (Victor Hugo.)

Les eaux des mystérieux abîmes qui couvrent la plus

grande partie de notre globe sont fortement salées, amères
et nauséabondes. Pour expliquer leur salure, on a supposé qu'à l'époque où les eaux couvraient toute la terre,
elles ont dissous des masses de sel situées à la surface du

Fig. 42. — Phare à l'entrée d'une baie.

globe; on l'attribue également à des bancs inépuisables
de sel que renfermait l'Océan.

II.

L'eau de la mer, transparente et incolore lorsqu'on
l'observe en petite quantité, présente, vue dans ses pro-

fondeurs, des couleurs variées. Ce n'était pas une de nos moindres distractions, lorsque nous parcourions l'Océan, d'étudier la diversité de ces teintes. Tantôt elles sont d'un bleu d'azur qui défie les plus beaux saphirs; d'autres fois, d'un vert qui ressemble à de l'émeraude liquide, l'œil ne se lasse pas de regarder le sillon éblouissant que trace alors le navire. Puis elles passent par toutes les nuances que l'on peut imaginer entre ces deux teintes principales : bleu sombre, bleu gris, vert bleu, vert jaunâtre, vert sombre, vert gris, etc.; cette dernière couleur est surtout remarquable dans toute la largeur du banc des Aiguilles.

Jusqu'ici l'explication que l'on donnait de la cause de ces teintes diverses laissait beaucoup à désirer, mais on s'est assuré qu'elles sont produites par les matières que les eaux de l'Océan tiennent en suspension, suivant les parages.

On a mis en évidence la présence dans l'eau de l'Océan d'une assez grande quantité de cuivre, pour que l'on puisse affirmer que la couleur bleue intense que présente la mer dans certains parages est due à un composé ammoniacal de cuivre, et la couleur verte à du chlorure de cuivre.

M. Septimus Piesse a suspendu aux flancs d'un bateau à vapeur qui fait le trajet de Marseille en Corse et en Sardaigne, un sac rempli de clous et de tournure de fer, et après quelques voyages, lorsque le sac fut rapporté au laboratoire, on constata qu'une notable quantité de cuivre s'était précipitée à la surface du métal.

Par un moyen analogue, par la suspension dans de l'eau

de mer de cuivre en grain, MM. Durocher et Malaguti y ont constaté la présence d'une quantité appréciable d'argent. M. Tuli, en Amérique, a répété l'expérience des savants français, et il est arrivé, de son côté, à cette conclusion, que l'Océan contient au moins deux millions de tonnes ou deux billions de kilogrammes d'argent : partagés entre tous les hommes, cela ferait 400 francs par tête.

L'or se trouve également dans les mers. Il est démontré que tous les fleuves, et le Rhin en particulier, charrient ce précieux métal. Notre Seine elle-même est aurifère; M. de Sussex faisait remarquer que lorsque l'on fait fondre dans des creusets, pour la préparation du verre, du sable de Seine, pris au Bas-Meudon, et qu'après la fusion on polit la surface intérieure du fond des creusets brisés, on y aperçoit non seulement des parcelles, mais de petites pépites d'or.

III.

Le phénomène de la phosphorescence de la mer est un des plus beaux que l'on puisse contempler. Lorsqu'il se manifeste dans toute sa splendeur, la surface de l'abîme rivalise de magnificence avec les cieux étoilés. Cette phosphorescence des flots est produite soit par des débris d'animaux marins, soit par des animalcules, de petits mollusques qui fourmillent à la surface des eaux, principalement par la *noctiluca miliaris*. M. Phipson a fait observer qu'un certain nombre de ces animalcules se trouvent emprisonnés dans les vêtements de laine après les bains de mer, et y rencontrent assez d'humidité pour y vivre un

jour ou deux. Il est bien connu qu'ils ne donnent de la
lumière que lorsqu'ils se contractent; or, c'est ce qu'ils
font quand on remue les vêtements, ou quand on passe
le doigt dessus, même plusieurs heures après qu'ils ont
été suspendus pour sécher. Mais on ne se baigne pas tou-

Fig. 43. — Mer calme.

jours dans une eau chargée de ces animalcules, et alors
les vêtements ne deviennent pas lumineux le soir.

IV.

Un des phénomènes les plus grandioses que nous présente la mer, ce sont les *marées*. On appelle ainsi le
mouvement alternatif et journalier de l'Océan couvrant et
abandonnant successivement le rivage. Dans l'espace de
24 heures 49 minutes, ses eaux se portent et se reportent

deux fois de l'équateur vers les pôles et des pôles vers l'équateur.

Les eaux montent d'abord pendant environ six heures; elles inondent alors les rivages et se précipitent dans l'intérieur des fleuves, jusqu'à de grandes distances de leur embouchure.

Après être parvenues à leur plus grande hauteur, elles restent quelques instants en repos, un quart d'heure environ; peu à peu elles descendent et se retirent des terres qu'elles avaient envahies; ce second mouvement dure aussi à peu près six heures; lorsqu'elles sont arrivées à leur plus basse dépression, elles restent quelques instants en repos, puis recommencent leur mouvement alternatif.

Le *flux*, que l'on appelle aussi *marée montante*, est le mouvement des eaux vers les pôles; le *reflux*, que l'on appelle aussi *marée descendante*, est le retour des eaux vers l'équateur.

V.

Le premier des Grecs qui fit attention à la cause des marées fut Pythéas de Marseille, qui vivait environ trois cent vingt ans avant notre ère. Il disait que la pleine lune produit le flux et son décours le reflux. Il ne se trompait pas en les attribuant à la lune, mais il était loin d'en connaître la véritable cause.

Newton, le premier, démontra les relations des marées avec les autres phénomènes de la gravitation universelle.

Lucain, dans sa *Pharsale*, en parlant des côtes maritimes de la France, s'exprime ainsi sur le phénomène des marées : « La même joie se répandit sur ce rivage que la terre et la mer semblent se disputer quand le vaste Océan l'inonde et l'abandonne tour à tour. Est-ce l'Océan lui-même qui de l'extrémité de l'axe roule ses vagues et les ramène ? est-ce le retour périodique de l'astre de la nuit qui les foule sur son passage ? est-ce le soleil qui les attire pour alimenter ses flammes ? est-ce lui qui pompe la mer et qui l'élève jusqu'aux cieux ? Sondez ce mystère, vous qu'agite le soin d'observer le travail du monde. Pour moi à qui les Dieux t'ont cachée, cause puissante de ce grand mouvement, je veux t'ignorer toujours. » (Liv. II.)

Newton et Laplace ont *cherché*, fait remarquer M. Babinet, et, au grand honneur de l'esprit humain, *ils ont trouvé*.

La lune passant successivement au-dessus de chaque point de l'Océan, en vertu des lois de l'attraction, en attire les eaux qui sont d'une mobilité extrême. On ne peut plus méconnaître maintenant l'action que cet astre exerce en vertu des lois de l'attraction sur ce grand et majestueux phénomène de la nature.

Un poète inconnu a délicieusement exprimé cette influence dans un hymne à Silvio Pellico :

« Astre solitaire, aérien, paisible astre d'argent, ô Lune ! comme une blanche voile, tu navigues à travers le firmament, et, comme une douce amie, dans ta course antique, tu suis au ciel la marche de la Terre.

« La Terre, si ton disque limpide se rapproche d'elle, la Terre te sent venir, palpite et gonfle ses mers ; peut-être est-ce une noble émotion, telle que l'aspect d'un ami en éveille dans un cœur mortel ! »

VI.

On a reconnu :

1° Que les eaux de l'Océan s'élèvent successivement dans chaque endroit où la lune passe ;

2° Que la Méditerranée n'a point d'autre marée que celle qui lui est communiquée par l'Océan au détroit de Gibraltar, parce que la lune ne passe jamais perpendiculairement sur elle ;

3° Que le flux et le reflux retardent, comme la lune, de trois quarts d'heure chaque jour ;

4° Que les marées ne reviennent à la même heure qu'au bout d'environ trente jours, ce qui est précisément le temps qui s'écoule d'une nouvelle lune à l'autre ;

5° Que les marées sont toujours plus hautes lorsque la lune est à sa moindre distance de la terre ;

6° Qu'aux pleines et aux nouvelles lunes, les marées sont plus grandes, parce qu'alors, le soleil joignant son attraction à celle de la lune, les eaux de la mer se trouvent plus fortement attirées ; tandis qu'à l'époque des quadratures ou quartiers, les marées sont plus faibles, le soleil détruisant environ un tiers de l'effet de l'attraction de la lune.

VII.

Lorsque la lune passe d'aplomb sur une partie de l'Océan, les eaux de cette partie, attirées par l'attraction de cet astre, s'élèvent, et comme cette attraction agit en sens contraire de celle de la terre les eaux situées de chaque côté du globe, éprouvant une action oblique de la part de la lune, augmentent de pesanteur et tendent plus fortement vers le centre de la terre. En même temps, les parties de la mer diamétralement opposées au point attiré par la lune, étant moins attirées par cet astre que le centre de la terre, parce qu'elles en sont plus éloignées, se portent moins vers cet astre que le centre de la terre, ce qui permet à la mer de s'élever aussi du côté opposé à la lune, et à l'Océan de présenter le phénomène des marées dans deux hémisphères opposés (fig. 44).

La force attractive que le soleil exerce sur la terre, quoique trois fois moindre que celle de la lune, suffit cependant pour produire un flux et un reflux.

On peut donc distinguer deux sortes de marées : les marées solaires et les marées lunaires.

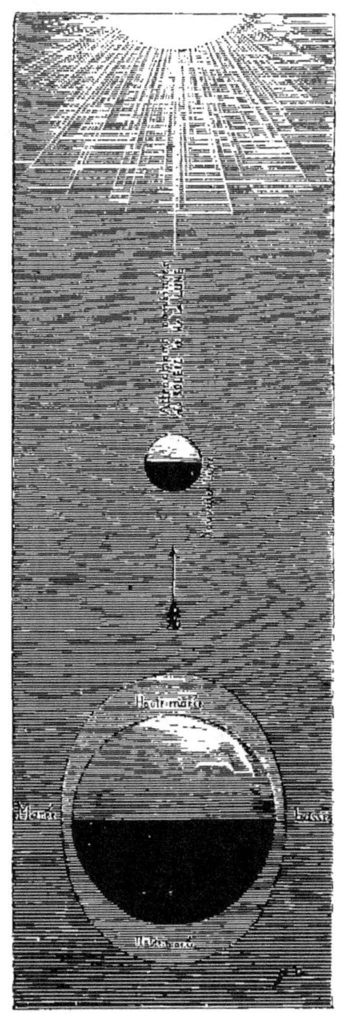

Fig. 44. — Phénomène des marées.

L'astre du jour élève les mers à midi et à minuit, heures de son passage au méridien, et les laisse, au contraire, s'abaisser à dix heures du matin et à dix heures du soir.

Deux fois le mois, aux syzygies, ces deux sortes de marées s'accordent dans leurs directions et se réduisent à une seule, parce qu'alors le soleil attire les eaux du même côté, dans le même sens que la lune, et produit un effet commun avec elle; tandis qu'aux quadratures, comme nous l'avons fait remarquer, le soleil, par sa position perpendiculaire à celle de la lune, contrarie l'action de cet astre; en sorte que les marées sont plus petites aux premiers et aux derniers quartiers, et plus grandes aux pleines et aux nouvelles lunes.

VIII.

Le point le plus élevé de la marée ne se trouve pas précisément au-dessous de la lune, mais toujours à quelque distance vers l'orient, et cette distance n'excède jamais 15 degrés.

Les eaux de l'Océan n'obéissent pas tout à coup à l'attraction qui les soulève; leur état d'inertie s'y oppose et les empêche de suivre subitement la marche de l'astre qui agit sur elles.

C'est pour cette raison qu'elles n'atteignent pas leur plus haut point d'élévation au moment même où l'attraction lunaire est parvenue à sa plus grande force, mais seulement quelque temps après.

Non seulement l'attraction solaire contrarie celle de la lune, mais la résistance et le balancement des eaux, le frottement des côtes et les anfractuosités du rivage, sont autant d'obstacles qui retardent la haute marée.

Au cap de Bonne-Espérance, par exemple, ce retard est de deux heures et demie; mais à Dunkerque et à Douvres il est de douze heures, parce qu'il faut tout ce temps à l'Océan pour traverser la Manche et le Pas-de-Calais, et se répandre sur les côtes. Le flux et le reflux n'en sont cependant pas moins réguliers.

IX.

L'élévation plus ou moins grande des eaux dépend non seulement de l'attraction, mais encore de la nature du fond et du bord de la mer.

La marée sera sans doute plus grande dans un canal où les eaux resserrées trouveront pour s'élever une facilité qu'elles n'ont pas sur un rivage plus vaste et plus découvert.

A Saint-Malo, sur la Manche, les marées sont quelquefois de 15 à 18 mètres; au nord du golfe de Gascogne et à Brest, sur les côtes, elles ne vont guère qu'à 7 ou 8 mètres; à l'île Sainte-Hélène leur plus grande hauteur n'est que de 1 mètre. A l'île de la Réunion et dans les autres îles de la grande mer du Sud, à peine ont-elles 35 centimètres.

A l'entrée de la Garonne, on remarque que le flux dure sept heures, et le reflux seulement cinq; cette différence est attribuée au cours du fleuve dont le courant descend contre la direction du flux et favorise, au contraire, le reflux.

Les vents apportent aussi leur influence sur ce phénomène. Si le souffle d'un grand vent a lieu dans la direction de la marée, les eaux s'élèveront plus haut que dans un temps calme; mais si l'action du vent agit dans un sens opposé, le contraire aura lieu.

La marée varie en hauteur d'un jour à l'autre sur le même rivage. Elle augmente pendant huit jours, puis diminue pendant le même laps de temps; de sorte que, deux fois le mois, il y a deux hautes marées à un intervalle de quinze jours, et deux basses marées également distantes entre elles; et deux fois l'an, à l'équinoxe du printemps et à celui d'automne, on remarque deux marées beaucoup plus élevées que toutes les autres.

Newton a calculé que, s'il y a des mers dans la lune, l'attraction de la terre doit y occasionner une marée de 30 mètres de hauteur, tandis que dans la plupart des lieux, l'attraction de la lune n'élève l'eau de notre terre qu'à la hauteur de 4 mètres.

X.

Les rivages et le bassin de la Seine offrent dans les parages de Quillebœuf un redoutable phénomène des marées; c'est ce qu'on appelle, aux pleines et aux nouvelles lunes des équinoxes, la *barre de flot*.

Le lecteur me saura gré de laisser parler ici M. Babinet, de l'Institut, qui a depuis plus de quarante ans étudié ces grandioses phénomènes que nous présente la nature.

« Ce mouvement tout à fait extraordinaire des eaux de la mer, immense dans son développement, capricieux par l'influence des localités, des vents, et surtout par l'état variable du fond du lit du fleuve, a fait l'objet des longues recherches que je viens aujourd'hui développer devant vous. Voyons d'abord ce que c'est que la barre de flot. Tandis qu'en général, et même à l'extrême embouchure de la Seine, au Havre, à Honfleur, à Berville, la mer, à l'instant du flux, monte par degrés insensibles et s'élève graduellement, on voit, au contraire, dans la portion du lit du fleuve, au-dessous et au-dessus de Quillebœuf, le premier flot se précipiter en immense cataracte, formant une vague roulante, haute comme les constructions du rivage, occupant le fleuve dans toute sa largeur, de 10 à 11 kilomètres, renversant tout sur son passage, et remplissant instantanément le vaste bassin de la Seine.

« Rien de plus majestueux que cette formidable vague, si rapidement mobile. Dès qu'elle s'est brisée contre les quais de Quillebœuf, qu'elle inonde de ses rejaillissements, elle s'engage, en remontant, dans le lit plus étroit du fleuve, qui court alors vers sa source avec la rapidité d'un cheval au galop. Les navires échoués, incapables de résister à l'assaut d'une vague si furieuse, sont ce qu'on appelle *en perdition*. Les prairies des bords, rongées et délayées par le courant, se mettent, suivant, une autre expression locale, *en fonte*, et disparaissent.

Successivement le lit du fleuve se déplace de plusieurs kilomètres de l'une à l'autre des falaises qui le dominent ; enfin les bancs de sable et de vase du fond sont agités et mobilisés comme les vagues de la surface. Rien de plus étonnant que ces redoutables barres de flots observées sous les rayons du jour le plus pur, au milieu du calme le plus complet, et dans l'absence de tout indice de vent, de tempête, ou d'orage de foudre.

« Les bruits les plus assourdissants annoncent et accompagnent ces grandes crises de la nature, préparées par une cause éminemment silencieuse : *l'attraction universelle*. Homère, le grand peintre de la nature, semblerait avoir été témoin de pareils phénomènes lorsqu'il en écrivait la fidèle description que voici :

« Telle aux embouchures d'un fleuve, qui court guidé « par Jupiter, la vague immense mugit contre le cou- « rant, tandis que les rives escarpées retentissent au « loin du fracas de la mer que le fleuve repousse loin de « son lit. »

XI.

Un grand avantage que nous procure le flux, c'est de pousser l'eau de la mer dans les fleuves, et de rendre leur lit assez profond pour qu'ils soient capables d'amener jusqu'aux portes des grandes villes les marchandises dont le transport serait sans cela beaucoup plus difficile, et quelquefois même impossible.

Les vaisseaux attendent ces courants d'eau pour arriver

dans les rades sans toucher le fond ou pour s'engager sans péril dans le lit des rivières.

Les marées empêchent aussi que la mer, qui est le réceptacle où vont se rendre toutes les immondices du globe, ne vienne à croupir par un trop grand repos, ce qui arriverait infailliblement si le balancement perpétuel que les marées excitent ne purifiait les eaux, en dispersant partout le sel que la mer produit abondamment, et ne détruisait les matières dont la putréfaction pourrait être funeste aux habitants de la terre.

Les agitations perpétuelles et alternatives de ce vaste amas d'eau qui enveloppe la terre sont bien propres à nous rappeler celles par lesquelles la vie est sans cesse troublée. L'homme est ballotté sur un fleuve inconstant et rapide, admirablement décrit dans ces vers de Métastase dont nous donnons la traduction libre :

« De la mer l'onde divisée baigne la ville et la campagne; elle va, passagère en fleuve, prisonnière en fontaine, toujours murmurant, toujours gémissant, jusqu'à ce qu'enfin elle retourne à la mer, à la mer d'où elle naquit, et qui alimente son cours, et où, après avoir longtemps erré, elle espère trouver le repos. »

CHAPITRE XI.

MER POLAIRE.

Mer libre pleine de vie et de chaleur au centre des glaces polaires. — Importance de la météorologie des mers. — Courants marins. — Bouteilles flottantes. — Harmonie dans la direction des vents et des eaux. — Poussière des déserts de l'Afrique couvrant les voiles des navires à plus de deux cents lieues. — Influence des courants sur les traversées et sur la température du globe. — Grands fleuves océaniques d'eau chaude. — Courants de surface des régions hyperboréennes. — Hivernage à l'île Beechey. — Courants salés dans les eaux douces de la mer de Baffin. — Courants sous-marins. — Blocs de glace flottants. — Curieuse relation entre les courants de surface et les courants sous-marins. — Transformation des courants au centre des régions arctiques. — Banc de brume signalé par le lieutement Haven. Exploration du docteur Kane. — Il découvre la mer libre au centre des glaces polaires. — Voyage de M. Nordenskiöld. — Nouveau jour qu'il jette sur ces contrées. — Bancs de glaces. — Faits intéressant nos climats.

I.

Une des plus surprenantes découvertes qui se soient jamais faites, est certainement celle d'une mer libre, pleine de vie et de chaleur, au centre des glaces polaires.

On admire avec raison les prodigieux calculs qui ont

permis aux savants, du fond de leur cabinet, de lire dans les cieux, de deviner des astres inconnus, et de fixer eux-mêmes le puissant objectif qui devait surprendre le globe immense dans la route invariable que lui ont assignée les lois du Créateur. Cependant les importantes données de la météorologie des mers, qui ont conduit à la découverte qui nous occupe, ont quelque chose peut-être de plus imposant encore.

C'est un fait connu de tout le monde que, dans les régions équatoriales, les eaux de toutes les mers sont poussées à l'ouest par un mouvement incessant, qui dans l'Atlantique les porte vers l'Amérique tropicale. Ce vaste courant de 30 degrés de largeur, dont 20 degrés au nord et 10 degrés au sud, vient se briser contre les rivages du nouveau monde. Ces eaux forment un circuit continu de l'Afrique au Mexique, avec retour au point de départ.

Les bouteilles flottantes que les marins jettent à la mer, avec l'indication du lieu et de la date du jour où elles ont été confiées à l'Océan, ont appris que ce trajet de 20,000 à 30,000 kilomètres s'opérait en trois ans et demi environ.

Les vents suivent à peu près la même marche que les eaux ; c'est-à-dire qu'entre les tropiques soufflent les vents d'est, appelés *vents alizés*, qui portent l'atmosphère d'Afrique en Amérique, comme le courant tropical y porte aussi les eaux. Nous étions à plus de 200 lieues de l'A-frique lorsque ces vents couvraient les voiles de notre navire, affrété pour la mer des Indes, d'une poussière extrêmement fine et roussâtre qu'ils emportaient avec eux des vastes déserts de l'intérieur.

Entre les États-Unis et l'Europe, de même que le courant porte la mer vers l'est, de même aussi les contre-courants des alizés soufflent vers l'Europe, d'où il résulte une traversée beaucoup plus rapide des États-Unis en France et en Angleterre que d'Europe aux États-Unis; car dans ce dernier cas on a le vent et le courant contraires, lesquels favorisent les trajets du nouveau monde vers l'ancien.

Les courants conservent l'excès de la chaleur qu'ils doivent à leur origine tropicale, et c'est là un des grands moyens que la nature met en œuvre pour tempérer notre globe, en portant ainsi, par le moyen des eaux, vers des régions plus septentrionales, la chaleur que le soleil verse entre les tropiques. A mesure que les courants s'avancent, ils perdent de leur chaleur en la distribuant à l'atmosphère et aux mers qu'ils traversent, jusqu'à ce que, revenant sous les zones tropicales, ils se pénètrent de nouveau d'une chaleur qu'ils reportent sous d'autres latitudes.

Chaque localité du milieu de la France, par exemple, possède une température plus élevée qu'aucun autre point du globe situé à la même distance de l'équateur, tandis qu'en Amérique le Labrador et le Canada, qui font le pendant de l'Angleterre et de la France, sont presque des contrées polaires, où les fleuves gèlent des mois entiers.

Lorsque les navigateurs, le thermomètre à la main, traversent les mers, ils reconnaissent à ces chaleurs les grands courants océaniques d'eau chaude, qui n'ont d'autres rivages que les eaux froides qu'ils sillonnent et qui, revenant sur eux-mêmes, forment comme un fleuve sans fin. Outre les grands courants, il y en a beaucoup de secondaires ; nous en avons observé un très grand nombre en parcourant les mers jusqu'aux îles Tristan, qui se trouvent à quelques centaines de lieues au delà du cap de Bonne-Espérance ; on reconnaît facilement ces courants à la simple vue : ils forment une espèce de vaste ruban qui miroite d'une manière particulière sur le reste de l'Océan, et toujours ils impriment une certaine dérivation aux navires qui les traversent.

II.

C'est à l'étude de ces courants que l'on doit l'étrange découverte d'une mer libre dans les glaces polaires. Nous ne pouvons mieux faire ici que de résumer M. Julien, qui a fait sur ce sujet un remarquable rapport à la Société géographique de Paris.

Grace aux nombreuses et importantes découvertes qui ont été le résultat des expéditions successives envoyées, pendant plusieurs années, à la recherche de sir John Franklin, on possède aujourd'hui des notions assez précises sur les courants de surface de ces régions hyperboréennes. Celui qui sort du détroit de Behring s'infléchit au nord-est, longe les îles de Banks et de Melville, et pénètre dans les détroits de Barrow et de Lancastre, pour venir se mêler aux grandes eaux de la baie de Baffin, qui descendent vers l'Atlantique à travers le détroit de Davis.

Pendant leur hivernage dans les mers polaires, les navires *l'Intrépide* et *le Résolu* dérivèrent constamment vers l'est, avec le banc de glace sur lequel ils furent plus tard abandonnés. C'est en dérivant également vers l'est et vers le sud que le lieutenant Haven franchit un espace de près de trois cents lieues, entraîné avec la banquise au milieu de laquelle il était enfermé. Enfin, c'est toujours en suivant la même direction, et toujours retenu avec son navire parmi les glaces flottantes, que le capitaine Mac-Clintock parcourut pendant un de ces derniers hivers plus de onze cents milles, à partir du nord de la petite île Beechey premier lieu d'hivernage où l'on a retrouvé des tombes et des débris appartenant aux malheureux compagnons de Franklin. .

Les courants qui descendent ainsi des régions voisines des pôles n'entraînent avec eux que des eaux complètement salées; les observations du lieutenant Haven ne laissent aucun doute à cet égard. Malgré leur mélange avec les eaux douces qu'ils rencontrent dans la mer de Baffin, ils conservent encore jusque dans le détroit de Davis plus de la moitié des matières solubles dont sont chargées les eaux ordinaires de l'Océan. Quelles sont donc alors les inépuisables sources de sel auxquelles s'alimentent ces puissants courants, dont l'origine nous est encore inconnue, et que nous rencontrons au nord du soixante-quinzième et même au-dessus du quatre-vingtième parallèle? Si par une voie sous-marine de retour il ne s'établit pas un mélange direct avec l'Océan, il devient tout à fait impossible d'expliquer non seulement cette continuelle formation de sel, mais encore la présence même des eaux polaires, qui ne cessent de se déverser avec une constante vitesse dans le bassin de l'Atlantique.

III.

Ces observations nous conduisent logiquement à admettre l'existence d'un contre-courant sous-marin remontant au nord, justement au-dessus du flot polaire qui s'échappe dans la direction opposée entre l'Amérique et le Groënland. On pourrait objecter peut-être que les masses énormes de sel qui nous arrivent continuellement du pôle y ont été apportées par les courants de surface qui doublent le cap Nord ou par ceux qui pénètrent à travers le détroit de Behring ; mais la nature elle-même se charge de répondre : elle nous donne à cet égard des indications infaillibles, qui révèlent et qui accusent très nettement au-dessus de la mer les mouvements et les changements de direction qui s'accomplissent dans les couches les plus profondes. Ce sont les blocs flottants, les montagnes de glace que les navigateurs rencontrent quelquefois remontant du sud au nord le détroit de Davis, et refoulant avec force autour d'eux les courants de surface qui semblent vainement s'opposer à leur marche. Leur tête ne s'élève pas au delà de quelques centaines de pieds ; mais leur base, sept fois plus enfoncée dans les eaux, subit entièrement l'impulsion des contre-courants qui dominent entièrement dans les régions inférieures.

Il existe donc, dans la partie septentrionale de l'océan Atlantique, une voie sous-marine d'écoulement analogue à la grande artère de communication que le parcours des baleines nous a fait reconnaître tout le long des côtes de l'Amérique méridionale. Ici, comme dans l'hémisphère austral, les eaux qui l'alimentent sont chaudes et pesantes. Ce sont les eaux des zones tropicales, qui, surchargées de tous les sels abandonnés par l'évaporation, tendent constamment, malgré leur température élevée, à descendre des couches voisines de la surface, pour aller, dans les régions les plus profondes, remplacer les couches plus froides mais plus légères. Grâce au mauvais état de conductibilité du milieu qui les environne, ces masses ainsi alourdies peuvent se maintenir à un degré stationnaire, et conserver pendant longtemps les trésors de chaleur qu'elles ont mission de transporter et de répandre dans les contrées les plus lointaines. Telles sont les conditions dans lesquelles se trouvent les courants sous-marins qui remontent au nord, en traversant le détroit de Davis et la baie de Baffin pour se jeter au sein de la mer Glaciale.

Puisque le bassin polaire ne possède dans toute son étendue qu'une seule issue pour laisser écouler les eaux qui arrivent du sud, il doit nécessairement exister au centre des régions arctiques, dans les environs mêmes du pôle, un lieu de renversement et de transformation où les contre-courants sous-marins cessent de s'élever au nord, gagnent les couches supérieures, et retournent vers l'Atlantique en formant les courants de surface.

On peut évaluer approximativement les proportions de l'énorme volume d'eau qui se trouve ainsi déplacé dans ce mouvement alternatif du pôle vers l'Océan. Il suffit d'observer les masses considérables de glace que la mer de Baffin et le détroit de Davis charrient périodiquement jusqu'au grand banc de Terre-Neuve. La seule banquise qui fit parcourir au lieutenant Haven près de 300 lieues vers le sud embrassait une superficie de 300 milles carrés environ. En estimant à 2^m,30 seulement son épaisseur moyenne, c'était donc un poids de 20 billions de tonnes que la mer Glaciale renvoyait d'un seul bloc et à un seul moment de l'année vers l'océan Atlantique. Les plus grands fleuves du monde ne nous apparaissent que comme de bien faibles ruisseaux, comparés à cet immense cours d'eau qui maintient de l'une à l'autre mer un constant équilibre et une communication directe et réciproque.

Il devient dès lors aisé de prévoir quelle peut être l'influence exercée sur l'ensemble des régions polaires par les réservoirs de chaleur que les eaux équatoriales ne cessent d'y entretenir, à travers les canaux d'une pareille circulation sous-marine.

L'étude des lignes isothermes, on le sait, a placé les deux pôles du froid maximum sur le 80e degré de latitude, l'un au nord de la Sibérie, l'autre au nord de l'Amérique. Pour le premier la température moyenne se maintient à 15, et pour le second à 20 degrés au-dessous de zéro. On comprend alors combien doit être grand le rayonnement calorique qui se manifeste au centre même des régions arctiques, au point de renversement et de transformation pour les eaux équatoriales qui remontent à la surface. La différence de température de ces points doit déterminer la formation de nuages et d'épaisses vapeurs, qui ne peuvent manquer d'établir un singulier contraste avec les horizons uniformes et désolés de glaces éternelles.

Fig. 45. — Attaque de morses.

IV.

Telles sont les dernières conclusions auxquelles on est parvenu, n'ayant que la science seule pour guide, et tel est aussi le sens de toutes les instructions que reçurent de nos jours les hardis navigateurs qui se disputèrent le dangereux honneur des missions d'exploration et des expéditions envoyées à la recherche de sir John Franklin.

L'idée de rencontrer une mer libre au centre même de la zone polaire est sans doute une idée de nature à vivement frapper l'imagination et à découvrir à l'esprit tout un monde nouveau de conjectures et de rêves. Où vont en effet ces nuées d'oiseaux que l'on voit chaque année émigrer, vers le Nord, abandonnant les bords de la rivière de Mackenzie, pour disparaître à l'horizon vers les régions septentrionales? L'instinct qui les dirige ne peut être trompeur. Ne sont-ils pas certains de trouver un ciel plus clément, et ne sont-ils pas sûrs de trouver un abri derrière cette infranchissable barrière que nous offrent, à nous, les abords de ces inhospitalières contrées?

La baleine elle-même, la prudente baleine, traquée de toutes parts, semble avoir rencontré au delà de cette ceinture de glaces un cercle inaccessible à l'homme, où elle peut déposer en paix le fruit de ses amours. C'est dans une pareille mer libre, au centre de l'océan Austral, que le romancier américain Edgard Poë a placé sa mystérieuse histoire de Gordon Pym, et la fantastique apparition de son grand spectre blanc, se dessinant au

milieu des effluves bleuâtres de l'électricité du pôle négatif. Sous le voile de la fiction, il a su recueillir et résumer les idées qui couvent et qui se propagent, pour
ainsi dire, à l'état latent, jusqu'au moment où une rencontre subite, une découverte imprévue les fait jaillir à
l'état de lumière et de vérité.

Fig. 46. — Baleine franche.

Le lieutenant Haven, le premier, a signalé à l'extrémité du détroit de Wellington l'apparition permanente
d'un épais banc de brume, flottant entre les îles Cor-
nouailles et la terre inconnue qui s'étend vers le nord.
Depuis quelques années les expéditions au pôle arctique
se sont succédé sans relâche. Des deux côtés de l'Amérique, des navires, partis de l'occident et de l'orient,

s'avancent vers un but unique, et s'engagent hardiment
dans un labyrinthe de glaces, en laissant se renfermer derrière eux la formidable barrière qui ne leur a présenté
qu'une trompeuse issue. Les progrès sont bien lents, les
déceptions nombreuses, les souffrances infinies. En un
court espace de temps, les sinistres se renouvellent; près
de dix bâtiments ont été abandonnés ou perdus dans leur
prison de glaces. N'importe! On avance sans cesse! Rien
n'arrête l'élan de ces intrépides explorateurs; rien ne
ralentit l'ardeur de ces martyrs de la science et de l'humanité!

V.

En mai 1853, le docteur Kane part de nouveau de New-
York avec toute l'expérience qu'il a pu acquérir dans une
précédente expédition. C'est droit au nord qu'il marche ;
c'est par l'extrémité même de la mer de Baffin qu'il faut
attaquer la banquise, et poursuivre la route que vient
déjà de parcourir avec quelque succès son prédécesseur
Inglefield. Dans cette direction, en effet, il réussit à pénétrer dans le détroit de Smith, et, glissant avec son navire entre les récifs et les glaces amoncelées, il parvient à
s'élever, au milieu des écueils, jusqu'à la hauteur du
soixante-dix-neuvième degré de latitude nord. Pendant
deux ans, il affronte en ce point les rigueurs de ces formi-
dables hivers où la nuit dure cent vingt jours, et où la
température s'abaisse jusqu'à la congélation du mercure
et de l'alcool.

Pendant les quelques mois, trop rapides, d'un été glacial, il poursuit dans toutes les directions ses explora-

Fig. 47. — Homme du Nord, d'après une estampe du seizième siècle.

tions et ses recherches; comme il l'avait prévu, il constate que la mer de Baffin court directement au nord, entre le Groënland et les nouvelles terres qui ont reçu le nom de Louis-Napoléon. Après des privations sans nombre et des souffrances dont le récit seul épouvante, il arrive, en se traînant, au pied d'une infranchissable barrière hérissée d'aiguilles menaçantes et de glaçons amoncelés. C'est un rempart contre lequel semblent devoir se briser tous les efforts des hommes, c'est le cercle de l'*Enfer* de Dante.

Mais sur la droite s'entr'ouvre une brèche étroite, profonde, tortueuse. Il y pénètre, il la franchit!

Étrange et merveilleux est alors le tableau qui s'offre à ses yeux! En un instant il touche à la réalisation de ses rêves.

La mer, la mer libre et sans bornes s'étend enfin tout à coup devant lui! Pas une terre en face! pas un glaçon à l'horizon! Les bords resserrés du long détroit de Smith, qu'il a suivis pendant 80 milles, s'élargissent subitement et limitent, en fuyant à l'est et à l'ouest, l'immense nappe à reflets verdâtres dont les flots soulevés par la brise viennent rouler jusqu'à ses pieds. Des phoques, des loups marins, des nuées d'oiseaux de mer couvrent le rivage. Partout la vie, partout l'influence d'une bienfaisante chaleur rayonnant du sein de cet océan inconnu. C'est bien le vaste réservoir alimenté par les eaux tièdes que l'Atlantique abandonne au courant sous-marin du détroit de Davis. Le flux et le reflux périodiques que l'on y observe indiquent suffisamment d'ailleurs la profondeur de son lit et l'immense étendue de ses bords.

Appréciant, au point de vue scientifique, l'importance que peut avoir la découverte de la partie la plus mystérieuse de notre globe, la Société géographique de Paris décerna le premier de ses prix à l'intrépide explorateur de l'océan Arctique. Malheureusement, ce sympathique hommage n'a pu être qu'un laurier funèbre, qu'une couronne sur un cercueil. Le docteur Kane avait succombé à la Havane, le 16 février 1857, à une maladie contractée au milieu des glaces : on n'affronte pas impunément d'aussi longues souffrances et d'aussi fortes émotions.

Nous n'ajouterons rien à cet extrait du beau travail de M. Julien; nous ferons seulement remarquer que l'on ne sait ce qu'il faut le plus admirer ici, entre la science, qui a prévu l'existence de cette mer libre au milieu des glaces polaires, et l'habile et courageux explorateur qui l'a découverte.

De nouvelles expéditions se préparent pour aller explorer ces régions encore pleines de mystères pour nous : nous ne saurions trop encourager les entreprises dirigées en ce sens, car, en dehors de l'intérêt scientifique qu'elles présentent, nous trouvons que c'est une des gloires de l'humanité de posséder des natures généreuses qui préfèrent au doux repos les orageuses perspectives, dans l'intention de doter le monde de découvertes utiles; c'est d'ailleurs l'indice d'une âme élevée que cet attrait pour les sensations ineffables que procurent le péril et l'inconnu lorsqu'un but louable s'y rattache. C'est l'ivresse du savant, du héros, du martyr! sainte ivresse, qui élève le niveau moral des âmes.

VI.

Les voyages de M. Nordenskiöld, jettent un nouveau jour sur ces contrées.

En communiquant à l'Académie des sciences la relation sommaire de l'expédition scientifique à la Nouvelle-Zemble, de juin à août 1875, par le hardi voyageur, M. Daubrée de l'Institut donne l'extrait suivant d'une lettre qui nous paraît d'une haute importance pour la navigation. Il fait remarquer que cette expédition n'a pas seulement une valeur scientifique, mais qu'en exécutant aussi rapidement le trajet de la Norvège à la Sibérie, le courageux investigateur a, suivant l'expression de sa lettre : « atteint le but que les grandes nations maritimes hollandaise, anglaise et russe, ont vainement cherché pendant des siècles, et cela, parce que l'on choisissait une saison inopportune pour la navigation dans ces mers. Quant à moi, dit en terminant M. Nordenskiöld, c'est ma conviction bien arrêtée, qu'une nouvelle route de commerce a été ouverte, fait dont l'importance frappera les yeux de quiconque marquera d'une couleur spéciale, sur une carte de l'Asie, ces vastes pays où les fleuves Obi, Irtisch et Ieniseï, forment avec leurs affluents, autant de grandes voies de communication. »

Des dépêches russes, ajoute M. Daubrée, ont en effet appris l'enthousiasme qu'avait excité à Jenisseick l'arrivée du hardi voyageur suédois[1].

[1] *Comptes rendus de l'Académie des sciences,* novembre 1875.

Dans une nouvelle communication, M. Daubrée nous apprend que M. Nordenskiöld et ses compagnons firent une halte à une station de pêche dans le petit détroit formé par les îles Binchowski, archipel situé dans les bouches du Ieniseï entre 69 degrés $\frac{1}{3}$ et 70 $\frac{1}{3}$. La saison de la pêche était passée, et l'endroit était par conséquent désert mais ravissant. Le 28 août, ils passèrent avec leurs canots entre plusieurs îles couvertes d'une végétation luxuriante et terminées du côté du fleuve en terrasses taillées à pic, d'où s'étaient détachés d'énormes blocs de tourbe. Le passage suivant est important à noter :

« Nous étions encore beaucoup au nord du cercle polaire : comme bien des personnes s'imaginent que cette contrée est un grand désert couvert de glace et de neige, ou avec une végétation très minime de mousse, il faut remarquer que tel n'est point le cas. Au contraire, comme je viens de le dire, nous ne vîmes, en remontant le Ieniseï, de neige qu'à un seul endroit, dans une anfractuosité très profonde ; surtout sur les îlots que les eaux du fleuve inondent au printemps, la végétation était telle, que j'ai rarement vu quelque chose de pareil. »

Voici principalement qui intéresse l'avenir et qu'on ne lira pas sans quelque surprise :

« La fertilité de la terre, l'immense étendue des prairies et la richesse en herbes excita déjà ici l'envie d'un de nos baleiniers, propriétaire de quelques lambeaux de terre dans les montagnes les plus septentrionales de la Norwège. Il trouvait que le bon Dieu avait donné un bien beau pays « au Russe », et il fut tout étonné de ne pas voir des bestiaux paître ou des faulx couper l'herbe. Nous étions tous les jours témoins d'un étonnement qui augmentait à mesure que nous avancions vers les énormes forêts vierges de la région de Tourouschank, ou vers les plaines presque inhabitées et couvertes d'une terre noire (tchernosem) profonde, de l'autre côté de Krasnojarsk. Leur fertilité pouvant être comparée à celle des meilleures parties de la Scanie, et leur étendue dépassait celle de toute la péninsule scandinave. Cette appréciation, faite par un véritable cultivateur, même sans éducation, ne doit pas être sans intérêt, quand il s'agit de juger l'importance future de la Sibérie.

« Ainsi, quoiqu'une partie de ces contrées se trouve au nord du cercle polaire, on y voit, je crois, les plus vastes et les plus magnifiques forêts de l'ancien continent. Au sud de la région forestière proprement dite se trouvent des plaines sans pierres et couvertes de la terre la plus fertile; elles s'étendent à plusieurs centaines de milles et elles n'attendent que la charrue pour livrer les moissons les plus abondantes. »

Pendant ce curieux et important voyage d'investigation, la partie purement scientifique n'a pas été négligée : MM. Lundström et Struxberg, courageux compagnons de M. Nordenskiöld, ont fait une riche collection sur la nature de la Sibérie [1].

VII.

Les courants d'air frais du printemps, si fort appréhendés de nos cultivateurs, peuvent être produits par des

---

[1] *Comptes rendus de l'Académie des sciences*, décembre 1875.

montagnes de glace qui se détachent des régions polaires et viennent se fondre lentement dans nos climats plus doux en suivant les courants maritimes; ils ne sont pas toujours sans dangers pour les navigateurs. Nous croyons devoir citer la curieuse relation suivante :

« Deux bancs de glace, dit la *Gazette de Montréal* (1874),

Fig. 48. — Montagnes de glace des pôles.

sont venus à la côte cet été et ont pris position à l'entrée du port. L'un était magnifique d'aspect ; son sommet crénelé s'élevait à près de 35 mètres au-dessus de l'eau, avec une couronne de tourelles et de flèches tout à fait fantastiques. Il avait près de trois fois la dimension de l'abbaye de Westminster. L'autre était oblong et de son sommet s'inclinait par une pente graduelle jusqu'à la mer.

Îles de Glaces près du Pôle.

« Ces deux banquises provenaient des glaciers du Groënland, qui poussent constamment leurs fronts de glace vers
l'Océan jusqu'à ce que, avancés en mer à une certaine profondeur, des fragments se détachent et soient
emportés par le courant arctique. Ces blocs ont été probablement formés il y a des siècles, à des centaines de
milles des côtes, dans les vallées solitaires et désolées des
montagnes du Groënland, par la neige compacte qui
se dissout d'abord partiellement et se congèle ensuite par
la pression des masses accumulées, sous la forme de rivières de glaces qui descendent jusqu'à la côte, d'où elles
sont expulsées à l'état de banquises.

« Ces deux blocs de glaces, venus à la côte, y sont restés
pendant plus de quinze jours. Le plus grand a commencé
à éprouver les effets d'une atmosphère plus douce, des
ruisseaux coulent le long de ses flancs; un lac s'est
formé sur son large sommet; plusieurs de ses tourelles
se sont écroulées tout d'un coup dans l'Océan; le long
de la surface on pouvait distinguer des fissures; et
enfin, avec un bruit semblable à celui du tonnerre, il
s'est brisé en mille fragments et a couvert l'Océan de ses
épaves comme dans un naufrage.

« L'autre bloc était d'une plus grande solidité; il a
mieux résisté à la chaleur, mais, dans une grande marée,
le vent soufflant de terre, il a repris sa route vers la pleine
mer pour continuer son voyage jusqu'à ce qu'il disparaisse
dans le cours dissolvant du Gulf-Stream. Il n'est pas rare
de voir des quartiers de rocs enchâssés dans les banquises
détachées des montagnes arctiques. »

Un éminent écrivain et sagace observateur, duquel on

peut dire ce que Macrobe disait de Virgile : « Virgile qui ne commet jamais d'erreur en matière de science, » s'exprime ainsi : « Un filet d'eau, découlant d'une nappe de neige, se fraye un passage dans leurs blocs de granit : une vague opiniâtre sape leurs fondements; un rayon de soleil les pénètre; un coup de vent les ébranle. Le tonnerre n'éclate pas dans cette froide atmosphère du Spitzberg; mais, lorsque ces énormes murs de glace se détachent de leur enceinte; ils s'écroulent dans les flots avec le fracas du tonnerre, et du broiement de leurs débris s'élève un tourbillon de poussière pareil à la fumée d'un incendie allumé par la foudre[1]. »

[1] X. Marmier, de l'Académie française, *les Fiancés du Spitzberg,* ch. XIII.

CHAPITRE XII.

LES TROMBES.

I.

Une trombe est un tourbillon rapide, parcourant souvent une grande étendue de pays, en tournoyant avec
un bruit que l'on peut quelquefois comparer à celui d'une
voiture pesante roulant sur un chemin pavé.

On nomme *trombes d'air* celles qui ont lieu sur la terre,
trombes marines celles qui apparaissent sur les mers, et
trombes d'eau celles qui se dressent au-dessus des lacs
et des rivières. On donne aussi quelquefois aux trombes
les noms de *typhons* et de *syphons*.

Aucune partie du globe n'est à l'abri de ce redoutable
phénomène. Tantôt il absorbe les eaux de l'Océan,
entraîne et fracasse les vaisseaux qu'il rencontre sur son
passage; tantôt il dessèche les lacs et les étangs, soulève

des masses d'eau énormes, creuse dans le sol des excavations profondes, renverse les maisons, déracine les plus gros arbres, les transporte à des distances considérables, et couvre de leurs débris et d'un déluge d'eau le terrain sur lequel il vient à éclater.

Les globes de feu et les éclairs qui s'échappent souvent du sein de ces tourbillons attestent certainement que l'électricité y joue un grand rôle.

Les Grecs, qui avaient l'art de tout poétiser, firent du typhon un géant affreux, formé de vapeurs condensées, que Junon fit sortir de la terre en la frappant de sa main, dans un moment de fureur jalouse. Les bras de ce monstre s'étendaient du levant au couchant, sa tête touchait aux nues, ses yeux étaient enflammés et sa bouche vomissait des torrents de feu ; il était porté par des ailes noires, couvertes de serpents qui faisaient entendre des sifflements aigus ; il avait pour pieds deux dragons énormes. Ce monstre, qui effrayait les dieux eux-mêmes, est le type de ces météores désastreux qui s'étendent de l'orient à l'occident, dont la tête se perd dans les nues et les pieds dans la mer, et qui vomissent la foudre, la grêle et des torrents de pluie.

II.

Pline décrit ainsi les trombes (chap. XLIX et L du second livre de son *Histoire naturelle*) :

« Passons aux souffles qui s'élèvent subitement, et qui sortis, comme nous l'avons dit, des flancs de la terre,

y sont repoussés de la région des nuages, en s'en enveloppant et en prenant plusieurs formes, chemin faisant.
Vagabonds et rapides comme des torrents, ils produi-

Fig. 50. — Trombe sur terre.

sent, au rapport de plusieurs auteurs que nous avons
déjà cités, des tonnerres et des éclairs. Si leur trop grand
poids, accélérant leur chute, vient à crever une nue

chargée de vapeurs sèches, il en résulte une tempête que les Grecs momment *ecnéphias;* si, roulés dans un cercle moins vaste ils rompent la nue sans faire jaillir d'é-clairs ou de foudres, ils forment un tourbillon appelé typhon, c'est-à-dire une nue qui crève en jetant de l'eau autour d'elle. Ce typhon entraîne avec lui des glaçons qu'il en détache, les roule, les tourne à son gré; son poids s'en augmente, sa chute s'en accélère, et sa rotation rapide le porte de lieu en lieu. Nul fléau n'est plus fatal aux navigateurs; non seulement il fracasse les antennes, mais les vaisseaux mêmes, en les tordant. Le vinaigre, na-turellement très froid, répandu à sa rencontre, offre un petit remède à un si grand mal. Le typhon, en tom-bant, se relève par l'effet du choc même, et, pompant ce qu'il trouve à l'instant de la répercussion, il l'enlève et le reporte dans la région supérieure. »

On voit que l'imagination et la fantaisie tiennent beau-coup de place dans cette description des trombes par Pline.

« Camõens, dans *les Lusiades*, nous en donne une splendide description :

« J'ai vu... non, mes yeux ne m'ont point trompé; j'ai vu se former sur nos têtes un nuage épais qui, par un large tube, aspirait les eaux profondes de l'Océan.

« Le tube à sa naissance n'était qu'une légère va-peur rassemblée par les vents; elle voltigeait à la sur-face de l'eau. Bientôt elle s'agite en tourbillon, et, sans quitter les flots, s'élève en long tuyau jusqu'aux cieux, semblable au métal obéissant qui s'arrondit et s'allonge sous la main de l'ouvrier.

« Substance aérienne, elle échappe quelque temps à
la vue ; mais à mesure qu'elle absorbe les vagues elle se
gonfle, et sa grosseur surpasse la grosseur des mâts.
Elle suit en se balançant les ondulations des flots ; un
nuage la couronne, et dans ses vastes flancs engloutit les
eaux qu'elle aspire.

« Telle on voit l'avide sangsue s'attacher aux lèvres
de l'animal imprudent qui se désaltère au bord d'une
claire fontaine. Brûlée d'une soif ardente, enivrée du
sang de sa victime, elle grossit, s'étend et grossit encore.
Telle se gonfle l'humide colonne, tel s'élargit et s'étend
son énorme chapiteau.

« Tout à coup la trombe dévorante se sépare des
flots, et retombe en torrents de pluie sur la plaine liquide.
Elle rend aux ondes les ondes qu'elle a prises, mais elle
les rend pures et dépouillées de la saveur du sel..... »

Cette brillante description indique que ce phénomène
avait été bien étudié par le poète portugais.

III.

Pendant une après-midi, près de l'équateur, M. Rous-
sel, capitaine du *Regina-Cœli*, navire sur lequel est arrivée cette fameuse révolte de noirs dont tous les journaux ont parlé, attira mon attention sur des vapeurs qui
s'élevaient de la mer, sous la forme d'entonnoir, pour en
rejoindre d'autres qui, sous la même forme, semblaient
descendre des nues, en sorte que le tout avait l'aspect
d'une colonne se renflant progressivement aux deux extrémités ; vers le tiers de la hauteur, plus près de la mer

que des nuages, il semblait y avoir solution de continuité. — J'aurais bien désiré d'être à même d'observer
ce phénomène dans tous ses détails, mais il était trop
éloigné de nous pour cela, et je n'ai pas eu d'occasion
plus favorable.

Après avoir décrit quelques trombes, observées pendant son deuxième voyage dans l'atmosphère austral,
Cook s'exprime ainsi : ... « Quelques-unes de ces trombes
semblaient par intervalles être stationnaires; d'autres fois
elles paraissaient avoir un mouvement de progression vif
mais inégal, et toujours en ligne courbe, tantôt d'un
côté, tantôt d'un autre; de sorte que nous remarquâmes
une ou deux fois qu'elles se croisaient. D'après le mouvement d'ascension de l'oiseau (un oiseau qui avait
été emprisonné par la trombe), et plusieurs autres circonstances, il est clair que des tourbillons produisaient
ces trombes, que l'eau y était portée avec violence
vers le haut, et qu'elle ne descendait pas des nuages,
ainsi qu'on l'a prétendu dans la suite. Elle se manifeste
d'abord par la violente agitation et l'élévation de l'eau :
un instant après vous voyez une colonne ronde qui se
détache des nuages placés au-dessus, et qui, en apparence, descend jusqu'à ce qu'elle se rejoigne à l'eau
agitée. Je dis en apparence, parce que je crois que cette
descente, n'est pas réelle, mais que l'eau agitée qui est
au-dessus a déjà formé le tube, et qu'il est, en s'élevant,
trop petit et trop mince pour être d'abord aperçu. Quand
ce tube est formé ou qu'il devient visible, son diamètre
apparent augmente; et il prend assez de grandeur; il
diminue ensuite, et enfin il se brise ou devient invisible

vers la partie inférieure. Bientôt après, la mer reprend
son état naturel, et les nuages attirent peu à peu le
tube; jusqu'à ce qu'il soit entièrement dissipé. Le même

Fig. 51. — Trombe sur la mer.

tube a quelquefois une direction verticale et d'autres fois
une direction courbe ou inclinée. Quand la dernière
trombe s'évanouit il y eut un éclair sans explosion. »

Dans *l'Écho du monde savant*, tome Ier, page 176, M. Page s'exprime ainsi :

« Un jour nous naviguions sur les côtes d'Espagne, non loin du cap de Sate, prêts à le doubler pour nous lancer dans le détroit de Gibraltar; le baromètre était fort haut : il marquait 29 pouces; la brise était incertaine, l'air sec et chaud, et de temps en temps des rafales descendaient des montagnes; le ciel était de ce brillant azur qu'on ne rencontre que sous le climat de l'Andalousie. Tout à coup une violente agitation se manifesta dans l'atmosphère; le vent roula sur nos têtes avec un bruit semblable à celui d'une forêt agitée par la tempête et nous nous trouvâmes presque instantanément enveloppés de trombes. A droite, à gauche, devant, derrière, nous en comptâmes sept de diverses grandeurs, toutes s'élevant de la surface de la mer et montant en cône renversé, dont le sommet était d'abord tangent à l'eau, et la base vaguement terminée dans l'air. »

Le même auteur cite le brick de guerre français *le Zèbre*, qui fut surpris par une trombe de cette espèce, en allant de Toulon à Navarin. Son action fut si rapide que l'officier n'eut pas le temps de faire retirer les voiles; elle était forte, elle emporta deux mats de hune, jeta quelques gouttes d'eau sur le pont, et un instant après laissa tomber le brick dans un calme plat.

« Il est très dangereux pour un vaisseau, dit Dampier, de se trouver au-dessous d'une trombe au moment où elle se rompt; c'est pourquoi nous nous efforcions toujours de nous tenir à distance, lorsque cela était possible. Mais à cause du grand calme qui nous empêchait de fuir, nous avons été plusieurs fois dans un grand danger ; car le temps est ordinairement très calme tout autour, à l'exception de la place sur laquelle elle agit. C'est pourquoi les marins, lorsqu'ils voient une trombe s'avancer sans avoir aucun moyen de l'éviter, font feu dessus de leurs plus grosses pièces pour la rompre par le milieu. »

IV.

Le 6 septembre 1814, le capitaine Napier, commandant le vaisseau *Erne*, aperçut une trombe à la distance de trois encâblures ; le vent soufflait successivement dans des directions variables ; la trombe au moment de sa première apparition semblait avoir le diamètre d'une barrique ; sa forme était cylindrique, et l'eau de la mer s'y élevait avec rapidité ; le vent l'entraînait vers le sud. Parvenue à la distance d'un mille du bâtiment, elle s'arrêta pendant plusieurs minutes ; lorsqu'elle commença de nouveau à marcher, sa course était dirigée du sud au nord, c'est-à-dire en sens contraire du vent qui soufflait. Comme ce mouvement l'amenait directement sur le bâtiment, le capitaine Napier eut recours à l'expédient recommandé par tous les marins, c'est-à-dire qu'il fit tirer plusieurs coups de canon sur le météore. Un boulet l'ayant traversé à peu de distance de la base, au tiers de la hauteur totale, la trombe parut coupée horizontalement en deux parties, et chacun des segments flotta çà et là incertain, comme agité successivement par des vents opposés. Au bout d'une minute, les deux parties se réunirent pour quelques instants; le phénomène se dissipa ensuite tout à fait, et l'immense nuage noir qui lui succéda laissa tomber un torrent de pluie.

M. Baussard, lieutenant de frégate, étant au nord de l'île de Cuba, dit qu'une trombe et le nuage qu'elle servait à former paraissant chassés par un petit vent frais du nord-est, quelques vaisseaux de l'armée qui s'en approchèrent tirèrent sur cette trombe plusieurs coups de canon à boulet qui firent un très bon effet, puisqu'ils interrompirent le cours de l'eau de la mer, qui s'élevait par un tournoiement rapide. Alors la trombe devint plus faible par le bas, et bientôt après, elle se sépara de sa base, et le bouillonnement disparut. L'agitation intestine paraissait se faire de bas en haut, avec régularité, et acheva, en se dissipant entièrement, de former le nuage qui couvrit tout l'horizon. Ensuite le tonnerre, qui avait commencé à gronder, devint plus fort; la foudre éclata sur un vaisseau espagnol de l'escadre du général Cordova; immédiatement après, l'air se refroidit sensiblement par l'abondance de la pluie qui tomba pendant plus d'une heure.

V.

En général, l'eau des trombes marines est douce comme de l'eau de pluie. Camões fait remarquer avec étonnement cette particularité.

Entre autres faits à l'appui, on peut citer celui du capitaine Melling, de Boston, qui, dans un voyage aux

Indes occidentales, au mois d'août, sur le soir d'un jour très chaud, vit une trombe aborder le vaisseau qu'il montait, et qui, en deux ou trois secondes, traversa dans sa largeur l'arrière du bâtiment pendant qu'il y était. Un déluge d'eau lui tomba sur le corps et le renversa; il fut obligé de s'accrocher aux premiers objets qu'il put embrasser pour n'être pas entraîné par-dessus le bord, ce dont il avait une grande frayeur. Mais la trombe, qui faisait un bruit semblable à un rugissement, ayant dépassé l'autre bord, fut mise en communication avec la mer. L'eau de la trombe lui était entrée par le nez et la bouche; il en but malgré lui, et la trouva très douce et nullement salée.

Quelquefois des trombes ont transporté des personnes d'un lieu à un autre, sans leur faire de mal. « Une nuée extrêmement épaisse, et fort basse, dit l'abbé Richard, poussée par un vent du nord, couvrit la surface du sol sur lequel est placé le bourg de Mirabeau. Différents tourbillons se formèrent en même temps dans cette masse noire chargée de vapeurs épaisses; il en sortit de la grêle, le tonnerre se fit entendre, les arbres et les haies furent arrachés, l'eau de la petite rivière de Mirabeau fut transportée à plus de soixante pas de son lit, qui resta à sec pendant ce temps; deux hommes qui se trouvèrent enveloppés dans un des tourbillons furent portés assez loin sans qu'il leur arrivât rien de fâcheux... Un jeune pâtre fut enlevé plus haut et rejeté au bord de la rivière sans que sa chute fût violente; le tourbillon qui l'avait emporté le posa à l'endroit où il cessa d'agir... Toute la fureur du météore se dissipa dans l'espace d'une lieue de longueur, sur une demi-lieue de largeur[1]. »

« Dans les endroits où passa cette trombe, dit le père Boscovich, en parlant de la trombe d'Arezzo, sa queue traça dans les champs de blé un chemin si parfaitement droit qu'il semblait fait par des moissonneurs. Non seulement elle a ravagé le blé, mais encore elle a amassé dans cet endroit une quantité de sable et de terre presque jusqu'à la hauteur d'un homme.

« Dans un endroit appelé Faltona, elle déracina en ligne droite quatre cents châtaigniers, et les transporta très loin. Deux jeunes bergers qui s'étaient réfugiés sous l'un de ces arbres furent emportés avec lui à la hauteur d'un coup de pistolet, et renversés à terre, sans lésion grave; ailleurs, quatre oies furent enlevées, et une d'elles alla tomber sur la tête d'un cavalier. »

VI.

Quelquefois on a vu des contrées se couvrir presque instantanément d'un grand nombre de petits animaux. Les trombes ne sont pas étrangères à ce phénomène. Voici un fait singulier :

« Le 13 septembre 1835, une trombe a ravagé les communes de Caux, canton de Couché, et de Champagné-Saint-Hilaire. Sa marche a été du sud-ouest au nord-est, et elle y a causé des dégâts; plusieurs arbres ont été arrachés et brisés, des maisons ont été renversées. Dans la dernière commune, elle a enlevé toute l'eau d'une mare

---

[1] L'ABBÉ RICHARD, *Hist. nat. de l'air et des météores*, t. VI, § 625.

et tous les poissons qu'elle contenait ; elle a été les rejeter à une lieue et demie de là, au grand étonnement des personnes témoins de cette pluie ichthyologique[1]. »

Un des effets les plus remarquables des trombes est le clivage des bois en lattes minces et allongées, ou en filaments représentant une sorte de balai. Cet effet est sans doute produit par le passage de l'électricité, qui élève la température de la sève. Ceci est facile à comprendre : si le courant est quelque peu persistant, il élèvera la température de la sève, dont la tension brisera en lattes ou en fragments plus fins encore tout le ligneux du tronc, à l'endroit où il était le plus serré. Souvent, la décharge étant insuffisante, on ne trouve qu'une ou deux lanières arrachées, un arbre fendu en deux ou en quatre, ou enfin en un grand nombre de parties.

Les vieux bois, comme les bois de charpente bien abrités et bien secs, qui ne sont plus conducteurs de l'électricité, ne sont jamais clivés en lattes. Lorsque, par une circonstance particulière et dépendante du lieu où ils sont placés, la foudre les frappe en masse suffisante, ils sont marqués par des signes de carbonisation et non de clivage : le bois moins sec que ces vieux bois peut donner un peu d'écoulement à l'électricité et offrir un effet moyen.

On appelle *tornados*, des tempêtes très violentes, mais très courtes, elles existent à peine vingt minutes ; elles paraissent être un intermédiaire entre la trombe et le cyclone. En peu d'instants le vent souffle successivement de tous les points de l'horizon, et il semble que ce soit la

[1] Mauduyt, *Écho du monde savant,* 1835, numéros 90 et 83.

conséquence d'une accumulation de nuages dont on ne sent les dangereux effets qu'au moment où ils passent au zénith du lieu d'observation. Le plus souvent succèdent la pluie et l'orage. On peut consulter sur ce sujet un excellent travail de M. le docteur Borius[1].

Homère paraît avoir parfaitement étudié ces phénomènes : « Lui-même (Hector), hors des rangs s'élance plein de courage et tombe dans la mêlée. Telle la tempête, bondissant du haut des nuages, soulève les sombres flots de la haute mer[2]. »

VII.

La théorie des trombes a été vivement discutée à l'Académie des sciences pendant l'année 1875 par M. Faye et d'autres savants éminents. A l'occasion de la trombe de Hallsbery, M. Faye donne le résumé des conclusions éparses dans ses nombreux Mémoires, à peu près en ces termes : 1° Les mouvements giratoires à axe vertical se produisent dans l'atmosphère aux dépens des inégalités de vitesse des grands courants horizontaux; c'est un phénomène général, semblable mécaniquement aux tourbillons de nos cours d'eau. 2° Les mouvements tourbillonnaires à axe non vertical, ne sont pas persistants et de forme géométrique comme les premiers, ils tendent à se détruire à mesure qu'ils se forment. 3° Les mouvements giratoires à axe vertical, connus sous les noms de

[1] *Comptes rendus de l'Académie des sciences*, 1875, 2ᵉ semestre.
[2] *Iliade,* chap. XI.

trombes, de *tornados* et de *cyclones*, sont de même nature et ne diffèrent que par leur dimension, leur durée et l'étendue de leur parcours. 4° C'est par eux seuls que les couches supérieures sont mises momentanément en rapport électrique avec les inférieures; ils constituent en outre un organe essentiel de la circulation aérienne de l'eau dans sa partie descendante; au sein des mouvements tournants et dans la vaste ouverture de leur entonnoir, les cirrhus entraînés descendent et donnent naissance, dans les couches moins élevées, aux grands phénomènes de la pluie, des orages et de la grêle. 5° Ces mouvements tournants à axe vertical ne sont pas particuliers à notre globe; ils jouent un grand rôle sur d'autres astres; on les retrouve sur le soleil, et ils y opèrent sur la plus grande échelle. Le rôle considérable qu'ils y jouent est dû à la rotation toute spéciale de cet astre; il explique les principaux phénomènes de sa surface; mais leur nature mécanique étant absolument la même que sur notre globe, l'étude des mouvements giratoires du soleil peut servir, tout aussi bien, et parfois même beaucoup mieux que l'étude des mouvements giratoires de notre atmosphère, à l'avancement de la mécanique des fluides et de la météorologie [1].

Dans la même séance académique, M. Planté a communiqué d'importantes expériences, desquelles il croit pouvoir conclure « que les trombes sont de puissants effets électrodynamiques, produits par les forces combinées de l'électricité atmosphérique et du magnétisme terrestre. »

---

[1] *Comptes rendus de l'Académie des sciences*, 1875, 1ᵉʳ semestre.

La théorie de M. Faye a été vivement combattue par des savants éminents, entre autres par MM. Peslin, Reye, etc., qui sont loin d'être d'accord avec l'éminent astronome, mais nous ne pouvons ici entrer dans les débats auxquels cette question a donné lieu; d'ailleurs la discussion continue.

CHAPITRE XIII.

LES OURAGANS.

Les ouragans dans la mer des Indes. — Le Génie des tempêtes. — Découverte des lois des ouragans. — Description scientifique des ouragans. — Lieux où ils prennent naissance. — Leur commencement et leur fin. — Leur étendue et leur violence. — Modifications qu'ils peuvent subir par les obstacles qu'ils rencontrent. — Hauteur qu'ils peuvent atteindre. — Saison des ouragans. — Ce que doit faire un navire pour éviter toute avarie. — Signes précurseurs des ouragans. — Utiles indications données par le baromètre. — Défense de la loi des tempêtes par M. Faye.

I.

Jusqu'à nos jours les ouragans ont porté la désolation et la mort parmi les nombreux navires qui sillonnent l'Océan, principalement dans la mer des Indes. Il est bien difficile en effet de doubler le cap de Bonne-Espérance sans ressentir leur terrible puissance ; aussi, les premiers navigateurs l'avaient-ils nommé justement le Cap des Tempêtes, et Camõnes a consacré ce promontoire élevé à Adamastor, dans sa superbe allégorie, que tout voyageur instruit est obligé de se rappeler lorsqu'il arrive dans ces parages ; pour moi, je ne puis exprimer avec quelle émotion je les relisais en présence de ces lieux célèbres :

« La nuit promenait en silence son char étoilé ; nos vaisseaux fendaient paisiblement les ondes ; assis sur la proue, nos guerriers veillaient, lorsqu'un sombre nuage qui obscurcit les airs se montre au-dessus de nos têtes et jette l'effroi dans nos cœurs.

« La mer ténébreuse faisait entendre au loin un bruit semblable à celui des flots qui se brisent contre les rochers. Dieu puissant ! m'écriai-je, de quel malheur sommes-nous menacés ? Quel prodige effrayant vont nous offrir ce climat et cette mer ? C'est ici plus qu'une tempête.

« Je finissais à peine, un spectre immense, épouvantable, s'élève devant nous. Son attitude est menaçante, son air farouche, son teint pâle, sa barbe épaisse et fangeuse. Sa chevelure est chargée de terre et de gravier ; ses lèvres sont noires, ses dents livides ; sous de noirs sourcils, ses yeux roulent étincelants.

« Sa taille égalait en hauteur ce prodigieux colosse autrefois l'orgueil de Rhodes et l'étonnement de l'univers. Il parle ; sa voix formidable semble sortir des gouffres de la mer. A son aspect, à ses terribles accents, nos cheveux se hérissent ; un frisson d'horreur nous saisit et nous glace.

« O peuple ! s'écrie-t-il, le plus audacieux de tous les peuples ! Il n'est donc plus de barrière qui vous arrête ? Indomptables guerriers, navigateurs infatigables, vous osez pénétrer dans ces vastes mers dont je suis l'éternel gardien, dans ces mers sacrées qu'une nef étrangère ne profana jamais !

« Vous arrachez à la nature des secrets que ni la science ni le génie n'avaient pu encore lui ravir ! Eh bien, mortels téméraires, apprenez les fléaux qui vous attendent

Camoens.

sur cette plage orageuse et sur les terres lointaines que vous soumettrez par la guerre.

« Malheur aux navires assez hardis pour s'avancer sur vos traces! Je déchaînerai contre eux les vents et les tempêtes. Malheur à la flotte qui la première après la vôtre viendra braver mon pouvoir! A peine aura-t-elle paru sur mes ondes, qu'elle sera frappée, dispersée, abîmée dans les flots.

« Avec elle périra le navigateur impie qui, dans sa course vagabonde, aperçut mon inviolable demeure et vous révéla mon existence. Et ce terrible châtiment ne sera que le prélude des malheurs que l'avenir vous prépare. Si j'ai su lire au livre des destins, chaque année ramènera pour vous de nouveaux désastres; la mort sera le moindre de vos maux.

. . . .

« Il continuait ses horribles prédictions. — Qui es-tu, monstre? lui dis-je, en m'élançant vers lui. Quel démon vient de nous parler par ta bouche? L'affreux géant jette sur moi un regard sinistre. Ses lèvres hideuses se séparent avec effort et laissent échapper un cri terrible. Il me répond enfin d'une voix sourde et courroucée :

« Je suis le génie des tempêtes; j'anime ce vaste promontoire que les Ptolémée, les Strabon, les Pline et les Pomponius, qu'aucune génération passée n'a connu. Je termine ici la terre africaine, à cette cime qui regarde le pôle antarctique, et qui, jusqu'à ce jour voilée aux yeux des mortels, s'indigne en ce moment de votre audace.

. . . .

« De ma chair desséchée, de mes os convertis en rochers

les dieux, les inflexibles dieux ont formé le vaste promontoire qui avance au milieu de ces vastes ondes; et pour accroître mes tourments, pour insulter à ma douleur, Thétis vient chaque jour me presser de son humide ceinture.

« A ces mots, il laissa tomber un torrent de larmes, et disparut. Avec lui s'évanouit la nuée ténébreuse; et la mer sembla pousser un long gémissement [1]. »

II.

Notre savant illustre, M. Chevreul, le doyen des savants de tous les pays ou plutôt le doyen des étudiants, comme il se plaît à s'appeler souvent avec un fin sourire, vient de faire une communication à l'Académie des sciences (séance du 28 août 1882), d'une haute importance au point de vue de l'histoire des météores et qui a vivement captivé l'attention de tous. Il est juste de dire que la Société nationale d'agriculture en a eu les prémices.

On sait que les lois des cyclones, de ces vastes et terribles ouragans qui se manifestent spécialement dans la mer des Indes, sont maintenant bien connues.

Ces météores sont d'immenses tourbillons d'un diamètre plus ou moins grand; il peut atteindre trois ou quatre cents lieues. La force du vent augmente de tous les points de la circonférence jusqu'à une certaine distance du centre où règne un calme d'une étendue variable. Ces tourbillons

[1] *Les Lusiades,* chant V.

suivent une direction opposée pour chaque hémisphère,
mais à peu près constante pour chacun d'eux. Les ouragans ne sont donc que de vastes trombes, dont le diamè-

Fig. 53. — Ouragan.

tre considérable n'avait pas permis jusqu'à ces derniers
temps d'apercevoir l'ensemble.

Connaissant leurs lois, un capitaine de navire peut parfaitement, non seulement éviter les affreux sinistres qui
en résultaient habituellement autrefois, mais encore se servir de leur terrible puissance pour arriver à ses fins, et
bien plus, leur direction une fois constatée on peut décrire la trajectoire qu'ils suivront et prédire leur arrivée
dans tel ou tel lieu.

La découverte de leurs lois est donc un bienfait ines-
timable pour les marins et pour tous ; chaque nation est
heureuse d'enregister la part qui revient à leurs savants
dans cette magnifique conquête de l'intelligence.

Or, d'après la communication de M. Chevreul, le
premier qui aurait découvert ces lois ne serait pas un des
observateurs auxquels on les attribue généralement, mais
un créole de notre île de la Réunion, île éminemment
française. Ce créole s'appelait Joseph Hubert, homme
d'une haute intelligence et d'un dévouement sans borne
pour son pays. Ses papiers, ses notes, ses mémoires ont
été religieusement conservés par son fils, M. Eaubel
Hubert, et publiés par M. Émile Trouette, conseiller privé
du gouverneur de la Réunion, qui, dans un sentiment
patriotique que tout le monde comprend, a intéressé
M. Chevreul à cette publication. L'ouvrage a été soumis
à M. Faye, notre éminent astronome, qui a consigné
son appréciation dans une lettre que nous croyons devoir reproduire ici.

« Mon cher et très respecté confrère,

« Vous avez bien voulu me demander mon avis sur
l'opinon qui attribue à Hubert la première idée de la loi
du cyclone. — Après avoir pris connaissance des documents contenus dans le livre que vous m'avez apporté à
l'académie lundi dernier, je tiens pour certain que Hubert
avait, dès avant 1788 reconnu le caractère gyratoire des
cyclones, et qu'il les assimilait à des trombes gigantesques.

« Ces idées n'ont surgi en Angleterre que plus tard,
en 1801, à en juger par les écrits peu connus d'un certain colonel Copper, au service de la Compagnie des
Indes. Les mêmes documents montrent qu'en 1818,
Hubert était arrivé à la forme complète et correcte qui
exprime le double mouvement de gyration et de translation des cyclones, longtemps avant Dove, par conséquent, dont les travaux sur les ouragans sont postérieurs
de dix ans.

« Pour moi, si j'ai occasion jamais de revenir sur ces
questions, je me croirai obligé de rendre justice à qui de
droit, c'est-à-dire à cet ingénieux observateur qui le premier a su reconnaître, dans les plus effroyables tempêtes
qui sévissaient sur son île, les lois d'une géométrie si remarquable, lois qui ont servi de base à tout ce qui a été
écrit plus tard sur ce sujet.

« Je saisis cette occasion, mon cher confrère, de vous
offrir l'expression de mes sentiments de profond respect[1]. »

Nous avons nous-mêmes parcouru cet ouvrage que l'on
a bien voulu nous communiquer avec une complaisance
empressée à la Société nationale d'Agriculture ; nous
avons été frappé des observations si curieuses et si importantes de Joseph Hubert.

L'île de la Réunion est admirablement située pour les
observations météorologiques et astronomiques. Elle se
trouve sur le passage des ouragans de la mer des Indes
qui portent bien souvent la désolation dans son sein. Il

---

[1] *Comptes rendus de l'Académie des sciences*, 1882, 2ᵐᵉ semestre.

n'est pas étonnant que ces terribles fléaux aient attiré l'attention des habitants de ces pays d'ailleurs si fortunés, et que ce soit un de leurs enfants qui, avant tous, en ait déterminé les lois.

Grâce aux journaux exacts des navigateurs, on a pu comparer des milliers de faits, s'élever aux lois qui régissent ces terribles phénomènes, les développer, et doner ensuite des règles sûres pour éviter leurs coups redoutables.

Indiquons succinctement les principaux observateurs qui ont étudié ce sujet :

Copper. Des vents et des moussons, Londres, 1801. — Copper, le premier jusqu'ici, était regardé comme ayant constaté la rotation des ouragans à Madras, sur la côte de Coromandel, sur celle du Malabar et dans l'océan Indien du Sud.

Redfield a fait insérer plusieurs articles dans le *Nautical Magazine* et dans un journal de New-York de 1831 à 1848. — C'est le premier savant qui a constaté la rotation des tempêtes sur les côtes d'Amérique et leur mouvement progressif.

Reid en 1838 publia l'ouvrage *On the Law of storms* (des Lois des tempêtes); c'est lui qui confirma par les faits ce que M. Redfield avait théoriquement indiqué, savoir que dans l'hémisphère sud les tempêtes tournent dans un sens contraire à celui de l'hémisphère nord. — Reid est le premier qui donna des règles pratiques pour fuir les cyclones vent arrière, selon les circonstances, ou même tirer parti des ouragans en naviguant autour d'eux sans les traverser.

Piddington a donné dix-huit mémoires sur diverses tempêtes dans le *Journal de la Société asiatique du Bengale*, vol. in-8° (1839) et vol. in-18 (1849). — Il a écrit ensuite le *Guide du marin* (1848, 1ʳᵉ édition), qui résume les lois des tempêtes dans toutes les parties du monde, ainsi qu'un autre ouvrage, intitulé *Guide pour les ouragans de la Chine et de l'Inde*, qui a eu le plus grand succès. — M. Piddington, président de la cour maritime de Calcutta, a mis dans ces ouvrages à peu près tout ce que l'on connaît sur les ouragans, et indique les règles à suivre pour ne pas être victime de ces redoutables météores.

Bousquet a publié la *Science des tempêtes*, ou *Guide du navigateur*, à l'île Maurice, en 1849; Keller a fait paraître à Paris son livre *Des ouragans, tornados, typhons et tempêtes*. — On pourrait citer beaucoup d'autres savants qui ont également contribué au développement et à la vulgarisation des lois des ouragans : tels sont MM. *Evans*, en Amérique; *Dove*, à Berlin; *Brewster*, à Édimbourg; *Erpy*, en Amérique (Boston); *Alex. Thom* et *Ryder*, en Angleterre; *van Delden*, en Hollande, etc., etc.

III.

Ainsi, on le voit, nombre de savants ont fait une étude spéciale, approfondie et minutieuse des lois des ouragans, et des moyens de prévenir les fureurs dévastatrices de ces terribles météores, et les ont formulés avec une exactitude parfaite. Ces lois et ces moyens sont très simples et à la

portée de l'intelligence de tout le monde, seulement il est
bien regrettable qu'ils ne soient pas assez connus.

J'ai pu être frappé de cela plus qu'un autre, car ayant
demeuré assez longtemps à l'île de la Réunion, j'ai vu
souvent se produire des désastres maritimes que l'on
aurait pu facilement éviter.

Je fus heureux de pouvoir contribuer à vulgariser des
notions de la plus haute importance. J'ouvris avec em-
pressement les colonnes du journal *la Malle*, que j'ai
été fonder à l'île de la Réunion, à toutes les questions de
science; je donnai en prime, à mes abonnés, la carte
sur l'ouragan du 26 février 1860, de M. Bridet, capitaine
de port, qui s'occupait activement de ce sujet, et je m'em-
pressai de publier dans mon établissement de typographie et de donner également en prime l'*Étude des ouragans de l'hémisphère austral* (1861), ouvrage dans lequel
M. Bridet a résumé les principaux travaux des savants
qui avaient précédemment étudié ces grands phénomènes,
en ajoutant des faits à l'appui des lois déjà connues[1].

Dans ces contrées éloignées, j'avais le précieux avan-

[1] Ouvrage in-4°, d'environ 200 pages, avec dessin de M. Roussin, artiste
distingué. Pour toutes les raisons que nous venons de dire, c'est cet ouvrage
plutôt que ceux énumérés ci-dessus, que nous avons suivi dans les passages
qui résument les lois des ouragans, en nous servant, comme cela se fait habituellement dans ce genre de travail, des expressions et des formules de
l'auteur lorsqu'elles concourent au but que l'on se propose. Dans le numéro
du 17 février 1869 du *Moniteur de l'île de la Réunion,* M. Bridet s'est plaint
de ce que nous n'avions pas indiqué ses travaux; nous les avons au contraire
non seulement signalés, mais toujours loués sans réserve (voir 1ʳᵉ édit. (1869),
p. 225, 240, 250), et à la page 22 nous renvoyons au mémoire que nous avons
lu à l'Académie des sciences le 2 mai 1864, en tête duquel nous avons mis le
passage suivant : « Pendant mon voyage dans la mer des Indes, j'ai pu observer
au moins une dizaine de ces terribles ouragans qui portent la désolation sur
leur passage; j'ai recueilli nombre de renseignements de la part de capitaines

tage de partager la vie de famille avec M. Ch. Desbassayns, vénérable créole de quatre-vingts ans. Rien de ce qui pouvait intéresser son cher pays ne lui était étranger. Il connaissait parfaitement les phénomènes qui précèdent, accompagnent et suivent les cyclones, et lorsque ces grands météores s'annonçaient, il m'en faisait remarquer les signes précurseurs ; nous les suivions dans leur marche en étudiant leur influence sur la nature et sur les instruments que nous offre la science.

Avec un guide aussi excellent, j'ai pu constater la justesse et contrôler plusieurs fois les lois les plus minutieuses de ces vastes tourbillons, et je trouvais un nouvel intérêt lorsque, pour remplacer sa main tremblante, il m'invitait à prendre la plume pour écrire, sous sa dictée, des notes que M. Bridet ne dédaignait pas de lui demander.

expérimentés, d'anciens créoles, et par-dessus tout j'ai pu profiter des travaux et de l'expérience de M. Bridet, capitaine de port à l'île de la Réunion, savant aussi actif qu'intelligent. J'ai eu l'avantage de publier ses importants travaux, qui résument tous les autres et dont j'ai pu contrôler la justesse dans mon établissement typographique de la colonie. Ce sont eux principalement qui m'ont servi de guide dans le mémoire dont je donne ici l'extrait. » (*Comptes rendus de l'Académie des sciences*, t. LVII, p. 802.) Nous avons plusieurs fois reproduit ce mémoire plus ou moins modifié, mais toujours en rendant justice à M. Bridet et en donnant à ses travaux les éloges qu'ils méritent. S'il n'en était pas ainsi, personne plus que nous ne tiendrait à réparer une omission, car nous voulons non seulement être juste, mais nous tenons, lorsque cela nous est possible, à être utile et agréable aux personnes avec lesquelles nous sommes en relation. D'un autre côté, plusieurs de mes honorables confrères, en rendant compte de la 1ʳᵉ édition de notre *Histoire des Météores* avec une bienveillance dont nous leur sommes profondément reconnaissant, ont semblé attribuer à M. Bridet la découverte des lois des ouragans (voir entre autres *le Siècle* du 12 octobre 1868, et *le Moniteur scientifique* du 1ᵉʳ janvier 1869). La nomenclature des principaux ouvrages que nous venons d'indiquer, et qui ont paru avant les *Études* de M. Bridet, et les explications que nous donnons, feront sans doute disparaître tout malentendu.

J'ai pu également, ballotté sur les vagues orageuses, contrôler dans d'autres circonstances ces lois si bien établies, et en constater la justesse. A mon retour à Paris, continuant à suivre le mouvement scientifique, c'était avec un profond regret que j'apprenais les nombreux désastres qui ne cessaient de se produire en mer, et qu'il eût été possible d'éviter en se soumettant aux indications les plus simples de la science et que des savants de premier ordre semblaient encore ignorer. J'ai donc continué à donner aux phénomènes et aux lois des tempêtes toute la publicité qui était en mon pouvoir, en prenant pour guide l'*Étude des ouragans de l'hémisphère austral*, dont voici un résumé :

IV.

Les *ouragans* ou *cyclones* sont de vastes tourbillons, de plus ou moins grand diamètre, dans lesquels la force du vent augmente de tous les points de la circonférence jusqu'à une certaine distance du centre, où règne un calme d'une étendue variable.

Ces tourbillons suivent une direction opposée pour chaque hémisphère, mais à peu près constante dans chacun d'eux.

Les ouragans ne sont donc que de vastes trombes, dont le diamètre considérable n'avait pas permis jusqu'à ces derniers temps d'apercevoir l'ensemble.

Les lois des ouragans sont générales, et les mêmes pour les deux hémisphères ; seulement, et même comme conséquence de ces lois, le mouvement de rotation ne se

fait pas dans le même sens, et le mouvement de translation ne s'opère pas dans la même direction pour l'un
et pour l'autre hémisphère.

Au centre du cyclone, où règne un calme complet des
airs, la mer est cependant horriblement agitée.

Dans cet espace de calme il n'existe pas de nuage ;
le soleil resplendit, les astres reparaissent, et l'on croit
au retour du beau temps, on s'abandonne à une entière
sécurité alors que l'on est de tous côtés entouré par
une vaste ceinture d'orages et de rafales terribles, aux
atteintes desquels on ne saurait échapper.

Tout autour de ce calme central, le mouvement rotatoire a la même énergie, et cette énergie est poussée au
plus haut point ; dans aucune autre partie de l'ouragan
elle n'est aussi forte. Par conséquent, lorsqu'on arrive à
cette région du centre, on passe de la tempête la plus
violente au calme le plus complet, et réciproquement lorsqu'on la quitte, on passe du calme le plus complet à la
tempête la plus violente ; mais alors les rafales soufflent
dans une direction tout à fait opposée à celles qui ont
précédé le calme ; ce qui doit être, puisque leur mouvement est circulaire (fig. 54.)

On sera peut-être étonné de voir que les rafales sont
plus violentes à la circonférence qui détermine le calme
central, que sur les bords du cyclone. Il est en effet tout
naturel de supposer que l'énergie des rafales étant la conséquence de la vitesse du mouvement rotatoire, on dût
trouver les vents plus violents sur les bords extrêmes du
tourbillon, puisque les molécules aériennes paraissent parcourir une plus grande circonférence dans le même temps.

Si le météore était un corps solide, toutes ses parties,
il est vrai, obéiraient simultanément au mouvement provenant du centre, et la plus grande vitesse se trouverait
au point le plus éloigné de ce centre. Mais par leur état

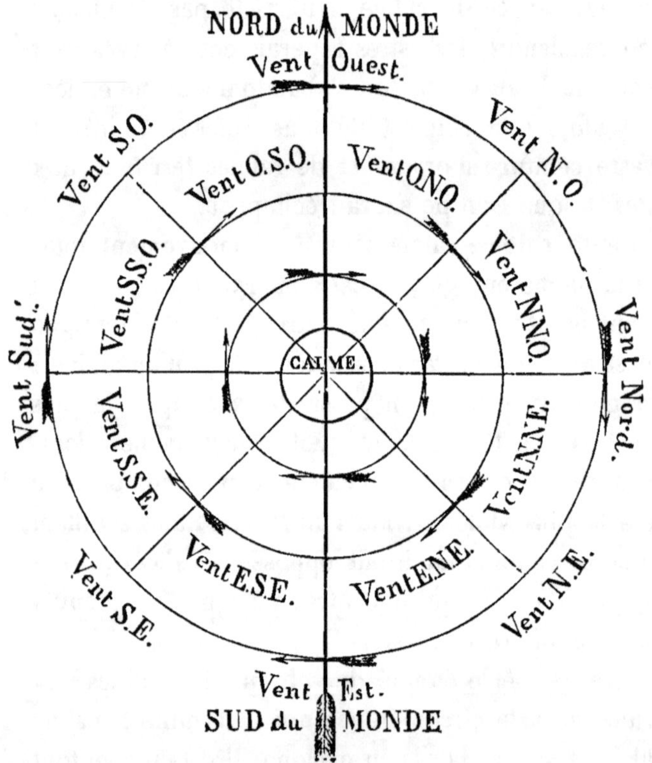

Fig. 54. — Mouvement circulaire du cyclone.

de fluidité les molécules glissent les unes sur les autres,
sans pouvoir céder immédiatement à l'impulsion qui leur
est communiquée, et la vitesse de rotation va ainsi en sens
inverse, c'est-à-dire en augmentant depuis les bords ex-

trêmes du phénomène jusqu'au calme central, à la limite duquel se rencontrent les plus violentes rafales.

La première zone centrale, qui constitue véritablement l'ouragan, et pendant le passage de laquelle ont lieu tous les désastres, n'a guère plus de 250 milles de diamètre, quelles que soient les limites extrêmes auxquelles atteigne le phénomène, car sa puissance n'est pas proportionnelle à son étendue.

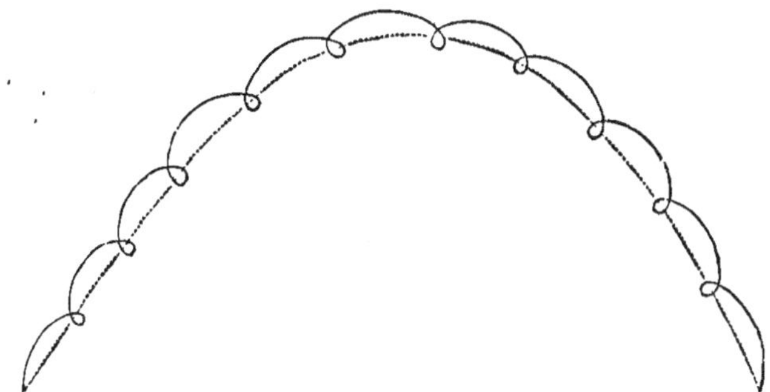

Fig. 53. — Mouvement du cyclone sur sa parabole.

La vitesse de rotation qui anime les ouragans est très variable : c'est elle qui constitue principalement la violence du tourbillon et qui en fait, pour les lieux qu'il rencontre et les navires sur lesquels il frappe, un ouragan, un coup de vent, ou une simple bourrasque.

Lorsque le cyclone est un ouragan véritable, on estime que les molécules d'air tournent autour du centre avec une vitesse de 125 à 150 milles à l'heure, vitesse qui explique suffisamment les ravages et les désastres produits par le passage de ce terrible météore.

V.

Le tourbillon prend généralement naissance par une latitude de 5 à 10 degrés.

Une fois formé, il se met en marche, dans les mers du Sud, de son point d'origine vers le sud-ouest du monde, continuant dans cette direction jusqu'à ce qu'il ait atteint une certaine latitude, pour reprendre une nouvelle direction vers le sud-est, et former ainsi une parabole dont les deux branches s'écartent plus ou moins l'une de l'autre.

La différence de densité des diverses couches atmosphériques qu'il traverse, le mouvement rotatoire lui-même, doivent imprimer au cyclone un mouvement oscillatoire; il en résulte qu'au lieu de décrire une parabole régulière, la course du cyclone figure plutôt une spirale, s'enroulant autour de la parabole, dans le genre de celle indiquée figure 52. Il est évident que cette figure n'est pas orientée pour indiquer la direction du cyclone; elle représente seulement le mode de translation, comme d'ailleurs le dit la légende.

Les navires qui se trouvent près du centre du météore sont nécessairement soumis à son action oscillante, qui tour à tour les fait entrer dans le calme central et les rejette sur le bord voisin; de là ces rafales terribles auxquelles succède un calme plus ou moins complet. Cela explique également comment des navires ont vu le vent faire plusieurs fois et très rapidement le tour du compas.

Les sautes de vent subites et effroyables que l'on considérait autrefois comme l'essence des ouragans, typhons, tornados, etc., ne peuvent donc se présenter et ne s'offrent en effet que pour ceux qui se trouvent directement, ou à très peu près, sur le parcours du centre d'un cyclone.

Le cyclone contient en lui-même le germe de sa destruction prochaine : à mesure qu'il avance, il touche à des régions plus froides que celles du point de départ; les vapeurs qu'il contient se condensent en pluies torrentielles; l'électricité, cause principale du cyclone, se dégage à grands courants; l'équilibre qui existait est rompu, et la force centrifuge, n'étant plus contre-balancée, permet au météore de s'étendre en d'immenses proportions.

Il perd alors en violence ce qu'il gagne en étendue : au point de départ, quelques milles le mesurent; mais il en embrasse des centaines au moment où, l'équilibre des forces étant rompu, le météore s'affaisse sur lui-même, effet qui se produit généralement par une latitude de 30 à 35 degrés dans les régions du Sud, pendant l'hivernage.

Plus les dégagements électriques sont rapides, plus vite le météore disparaît; aussi arrive-t-il quelquefois qu'un cyclone termine sa course sans atteindre ces latitudes élevées, et sans accomplir la seconde branche de sa parabole, qui alors reste incomplète.

Avant même que le cyclone touche à sa fin, ses bords extérieurs sont souvent accompagnés de pluies torrentielles et de décharges électriques puissantes, car la résistance que l'atmosphère oppose à sa translation, fait que les molécules libres s'écoulent à l'arrière et sur les côtés, et en se condensant donnent lieu à ces phénomènes.

Ainsi, les décharges électriques et les pluies abondantes annoncent la cessation d'un ouragan, ou le passage du centre au loin; mais il faut remarquer que tous les cyclones n'en sont pas accompagnés.

VI.

Entre 5 et 10 degrés de latitude et 75 et 100 de longitude, alors qu'un cyclone est très près du point d'origine, on a reconnu que la vitesse de translation est assez faible et varie de 1 à 5 milles à l'heure, augmentant à mesure que la latitude augmente et que la longitude diminue, c'est-à-dire à mesure que l'ouragan s'avance vers l'ouest.

De 15 à 25 degrés de latitude et de 40 à 75 de longitude, la vitesse de translation varie entre 5 milles et 10 milles; elle a été trouvée en moyenne de 8,5 milles entre Maurice et la Réunion.

Par les latitudes plus élevées, où l'ouragan accomplit sa course vers le sud-est, la vitesse de translation augmente encore, et peut être supposée de 12 à 18 milles.

Dès que le cyclone est en marche, il projette au loin de vastes sillons circulaires sur la surface des mers, il chasse devant lui les couches d'eau qui se trouvent sur son passage, et produit ainsi un courant dans le sens du mouvement de translation; courant qui entraîne, pendant un temps toujours trop long, les navires qui ont eu le malheur de se plonger au centre même du cyclone, auquel ils ont alors la plus grande peine à échapper. Ce

Fig. 56. — Orages au pied des montagnes.

courant possède une vitesse de 1 à 2 milles à l'heure dans la direction que suit le cyclone.

Les plus grands cyclones ne sont pas toujours les plus terribles; ici la force n'est pas proportionnelle à la grandeur.

On a pu constater, par exemple, que le cyclone de février 1860, à l'île de la Réunion, a fait sentir son action dans une étendue de plus de 800 milles, et on pourrait citer de nombreux exemples d'ouragans n'ayant pas eu une étendue aussi considérable, quoiqu'ils aient été tout aussi désastreux.

Il n'y a donc aucune règle à établir quant à l'étendue de ces météores comparée à leur violence.

Leur diamètre est très variable. Assez restreint à leur origine, c'est-à-dire par 5 ou 10 degrés de latitude, il va en augmentant à mesure que la course du phénomène le rapproche des lieux où il se termine, c'est-à-dire par 30 ou 35 degrés de latitude, variant ainsi pour le même cyclone depuis le commencement jusqu'à la fin de sa course.

Néanmoins, on peut admettre qu'assez généralement à l'origine le diamètre des cyclones n'excède guère 200 à 300 milles, au milieu de leur course 400 à 500 milles, et à la fin 500 à 600 milles; mais ce ne sont là que des chiffres approximatifs, qui rencontrent très souvent des exceptions.

VII.

Dans un pays de montagnes élevées, comme à l'île de

la Réunion, on a pu facilement étudier si le cyclone ainsi que sa marche sont modifiés par la rencontre de ces obstacles naturels.

La course générale n'en est influencée en aucune manière.

On a des exemples nombreux de cyclones ayant frappé la Réunion, et qui plus loin sévissaient à bord des navires sans qu'on pût remarquer la moindre altération soit dans la vitesse de rotation, soit dans la manière dont les vents sont orientés.

Le 15 et le 16 février 1861, par exemple, la colonie de Maurice était frappée par un cyclone dont la course se dirigeait à peu près au milieu du canal qui sépare les deux îles sœurs, plus près cependant de Maurice que de la Réunion.

Le 16 et le 17 la Réunion était atteinte à son tour, en même temps que le navire l'*Alfred et Marie*, qui, à 30 milles à l'est de l'île, traversait le centre de l'ouragan, en éprouvant un intervalle de calme de douze heures.

Deux jours après, le 19, deux navires français étaient frappés, le *Buron* et le *Saint-Mathurin;* ce dernier particulièrement, passait à travers le centre par la latitude de 20° 20′, et longitude de 55° 35′ est, et ressentait comme l'*Alfred et Marie* une accalmie de douze heures.

Voilà donc un cyclone que l'on a pu suivre pendant une étendue de plus de 400 milles sans constater aucune altération dans sa nature.

Ainsi, les terres élevées sur lesquelles passe un ouragan ne l'arrêtent pas dans sa course et ne modifient pas sa masse tourbillonnante; cependant elles donnent lieu, sur les côtes, à des modifications très remarquables dans la direction des vents, surtout lorsqu'elles sont dominées par de hautes montagnes.

Il faut donc tenir grand compte de ces causes d'altération, lorsque l'on étudie les divers phénomènes que présente un cyclone auquel on est soumis, et l'on doit bien se garder de s'en rapporter exclusivement à la direction qu'affectent les rafales; c'est surtout la chasse des nuages qu'il est nécessaire de surveiller avec soin : autrement, on pourrait attribuer à d'autres causes qu'aux véritables les accalmies qui se présentent, et les variations du vent, qui ne donnent plus alors à ceux qui sont à terre une idée exacte de la course du météore.

VIII.

Une autre question également des plus intéressantes, et que l'on a pu de même parfaitement résoudre à l'île de la Réunion, est celle de la hauteur à laquelle peuvent se faire sentir les cyclones.

Il arrive souvent que les cyclones ne dépassent pas le sommet des montagnes qui dominent la Réunion, et il se produit alors certains phénomènes très curieux pour un observateur.

Ainsi, dans l'ouragan de février 1861, les cumulus et les nimbus chassaient lentement, et faisaient déjà présumer que la hauteur du cyclone n'était pas plus considérable que celle des montagnes qui formaient écran, et qui n'ont pas permis aux rafales d'atteindre certains quartiers. Cependant on en a observé quelques-uns un peu plus élevés que les montagnes de l'île.

Ainsi, les cyclones n'ont guère plus de 3,000 à 4,000 mètres de hauteur au-dessus de l'horizon, souvent même ils n'atteignent pas 3,000 mètres, et si la rencontre d'une terre n'altère ni leur course ni leur nature, elle donne lieu sur les côtes, comme nous venons de le dire, à des modifications très remarquables dans la direction des vents, surtout quand cette terre est dominée par de hautes montagnes.

La saison pendant laquelle se développent les ouragans dans l'hémisphère sud, de l'équateur aux tropiques, est généralement comprise entre les mois de décembre et d'avril inclusivement; il y a donc cinq mois de surveillance incessante pour les marins qui naviguent dans ces parages.

Ces cinq mois ne sont pas également redoutables, et le relevé des cyclones observés nous apprend que c'est dans le mois de février qu'on en a constaté le plus grand nombre; vient ensuite le mois de mars, puis le mois de janvier, le mois d'avril, enfin celui de décembre.

Quelques cyclones se font sentir dans les autres mois de l'année, en mai, juin, septembre, octobre et novembre, mais ils sont rares.

Dans les mois de la belle saison, ce n'est qu'exceptionnellement que les cyclones atteignent les longitudes de Maurice et de la Réunion; ils inclinent généralement vers 65 et 80 degrés de longitude, se rapprochent des deux îles, qui ne sont sérieusement menacées que dans les mois de janvier, février et mars. — Durant l'hivernage, les cyclones se courbent en général et décrivent

leur seconde branche par une latitude moindre que celle
du cap de Bonne-Espérance, et cette saison si redoutable
pour Maurice et la Réunion est au contraire la plus favorable pour doubler le cap des Tempêtes.

On peut donc être sans crainte à la Réunion, du commencement de mai au commencement de décembre; il
faut remonter à l'année 1779 pour trouver un cyclone
un peu violent, le 17 mai. Mais il n'en est pas de même
pour les bâtiments qui naviguent au sud de l'équateur.
Quel que soit le mois de l'année dans lequel on se trouve
à la mer dans ces parages, on doit toujours surveiller les
indices qui dénotent la présence d'un cyclone, afin de
ne pas se laisser surprendre.

IX.

Il est évident, d'après les lois des cyclones que nous
venons d'exposer, que la position la plus fâcheuse pour
un navire par rapport à l'ouragan est celle qui le conduit au centre, et c'est à s'en éloigner que doivent tendre
tous les efforts d'un capitaine.

On comprend donc combien il est important de pouvoir connaître à chaque instant où est situé ce point redoutable; car cette connaissance acquise, il n'est pas un
marin qui ne sache à quelle manœuvre il doit recourir
pour se soustraire au danger.

Cependant, rien de plus facile que de reconnaître ce
centre. Plusieurs moyens se présentent à nous, mais nous
allons en indiquer un des plus simples.

On se place dans la direction du vent qui souffle, de manière à lui faire face et à en être frappé en plein visage. Dans cette position, d'après les lois du cyclone, le centre de l'ouragan se trouve toujours sur la gauche de l'observateur, à 90 degrés de la direction du vent. Il est clair qu'en étendant le bras gauche horizontalement et parallèlement à la surface du corps, on indiquera immédiatement la position de ce centre[1].

Cette méthode pratique, et qui ne souffre aucune exception, est si facile à retenir et à exécuter, qu'il ne peut plus être permis à un marin d'ignorer où se trouve le centre fatal, *qu'il faut fuir à tout prix.*

Il serait presque superflu d'indiquer aux marins ce qu'ils ont à faire pour éviter un danger dont la direction est connue. Le centre du cyclone est absolument comme un récif, un haut fond, un péril quelconque, d'un autre genre il est vrai que ceux dont nos cartes fourmillent, parce qu'il se meut, mais cependant pas plus à craindre et pas plus difficile à éviter dès qu'il est connu.

X.

La science est donc arrivée au point de se jouer im-

---

[1] *Le Nautical magazine* de décembre 1846, page 651, indique un procédé qui permet d'arriver au même résultat sans qu'il soit nécessaire de recevoir le vent en pleine figure. En voici la traduction : « Tournez le dos au vent : si vous êtes par une latitude nord, le centre sera à votre main gauche ; mais si vous êtes par une latitude sud, le centre sera à votre droite ; dans les deux cas il sera sur une ligne à angle droit de la direction où vous regardez. »

J. R.

punément avec un navire, au milieu de ces phénomènes terribles, sans l'exposer à de sérieuses avaries.

Pour un bâtiment à vapeur, toujours maître de sa manœuvre, fait remarquer très judicieusement M. Bridet, il n'est plus d'ouragan possible. Sans doute il peut être enveloppé dans le tourbillon et y rencontrer de violentes bourrasques; mais plus de ces rafales terribles, plus de ces sautes de vent qui l'exposent ainsi que ceux qui le montent à une perte presque certaine.

Pour un capitaine instruit, un ouragan n'est plus qu'une trombe ordinaire, autour de laquelle il circule, s'en écartant ou s'en approchant selon que cela lui est utile.

Tout est prévu par lui : il sait d'avance quelle variation le vent doit présenter, quelle sera la violence des rafales, et il est sûr de n'être jamais fatalement entraîné au milieu de ce centre si dangereux, toujours la cause de désastres inévitables.

Non seulement le bâtiment n'a rien à craindre de ces ouragans jusqu'ici si redoutables, mais ils peuvent, au contraire, devenir pour lui un auxiliaire important.

Méprisant leur fureur, un capitaine peut aller chercher des vents favorables à sa route, et s'il ne lui est pas possible d'anéantir la puissance dévastatrice qui le menace, du moins peut-il, en la contournant, faire servir sa violence à le conduire au point de destination qui lui est assigné.

Un navire à voiles, il est vrai, n'est pas aussi libre dans ses mouvements. Le capitaine qui le commande peut être surpris par des calmes avant la venue de la tempête, et se trouver ainsi obligé de subir en partie le cyclone, auquel rien n'a pu le soustraire; il ne lui est pas toujours possible de se transporter là où il sait trouver des vents favorables à sa route, mais la science est assez avancée pour qu'il soit assuré, s'il est fidèle à ses indications, d'épargner à son navire les avaries désastreuses qui ont trop souvent jusqu'ici affligé la grande famille maritime.

XI.

C'est non seulement les lois des tempêtes, qui sont parfaitement connues, mais aussi les indices, qui peuvent éclairer le navigateur et le prévenir lorsqu'il est menacé d'un de ces phénomènes redoutables.

Cinq ou six jours avant qu'un cyclone fasse sentir ses atteintes, des cirrhus se montrent au ciel, le couvrent de longues gerbes déliées d'un effet original. Ces nuages, qui sont généralement considérés comme signe de vent dans tous les pays, sont les premiers avant-coureurs des ouragans.

Les cirrhus sont fréquents dans la saison de l'hivernage; ils sont si bien l'annonce d'une perturbation atmosphérique qu'ils ne se manifestent jamais à la Réunion dans les mois de la belle saison; aussi chaque fois qu'ils se montrent au ciel doit-on les regarder comme un avertissement de surveiller les instruments, ainsi que tous les indices qui peuvent être fournis par les éléments.

Un peu plus tard ces cirrhus sont moins accentués; ils se transforment en une espèce d'atmosphère blan-

Fig. 57. — Vagues se brisant au rivage.

chàtre, laiteuse, qui produit les halos solaires et lunaires si fréquemment observés alors; ou bien encore, ils se transforment en cirro-cumulus, qui donnent au ciel cette apparence que l'on a désignée sous le nom de *ciel pommelé*.

Puis les cumulus se présentent, ne laissant apercevoir qu'à de rares intervalles les cirrus supérieurs; et enfin, vingt-quatre ou trente-six heures avant les premières rafales, une couche épaisse de cumulo-nimbus se concentre à l'horizon, qui se charge de plus en plus et prend un aspect menaçant.

Bientôt quelques nimbus bas et fuyant avec rapidité ne laissent plus aucun doute sur la proximité de la tempête, dont quelques heures à peine nous séparent; alors il faut se hâter et prendre, si ce n'est déjà fait, toutes les précautions que conseille la prudence la plus minutieuse.

XII.

La mer grossit, et de longues houles font pressentir la direction d'où viendront les premières rafales, quarante-huit heures et souvent soixante-douze heures avant que l'ouragan se déclare. A mesure que le cyclone s'approche, la mer devient de plus en plus grosse, et annonce le terrible danger qui s'avance.

A l'île de la Réunion, un très fort courant agit sur les navires mouillés sur les rades, et indique déjà à peu près de quel côté menace le cyclone dont on a reconnu l'existence ; les longues houles qui règnent au large viennent en grondant battre la plage et mettent en mouvement cette masse innombrable de galets qui entourent l'île.

Puis le ras de marée se déclare. Cette coïncidence du ras de marée avec le cyclone est très remarquable ; il n'est pas d'exemple d'un ouragan ayant frappé la Réunion sans qu'il ait été précédé d'un phénomène de cette nature. Dès que l'on voit grossir la mer, on peut être assuré qu'il existe une perturbation dans le voisinage.

Quelques jours avant l'ouragan, au moment du lever et du coucher du soleil, les nuages se colorent en un rouge orangé qui se reflète sur la mer, et cette coloration nous fait assister à ces spectacles si brillants et si magnifiques, qui imposent un profond sentiment d'admiration à ceux qui ne se doutent pas de l'imminence du danger que révèle ce ravissant tableau.

A mesure que le cyclone s'approche cette teinte rougeâtre prend une couleur plus prononcée et tirant sur le rouge cuivré ; puis un bandeau noirâtre et épais s'étend du nord-est au sud-est, répandant sur le ciel un aspect sinistre. Les têtes de cumulus sont d'un rouge cuivré, donnant à la mer et à tous les objets qui sont à terre un reflet analogue, qui fait paraître l'atmosphère comme embrasée d'un éclat métallique.

Le cyclone est proche.

Quant au vent qui règne en ce moment, il ne peut donner aucun indice sur la marche probable de l'ouragan.

Au milieu du calme qui précède la plupart du temps ce redoutable phénomène, l'influence de la terre fait

naître de folles brises, des courants d'air variant de tous
côtés, sans indication précise sur la direction future des
premières rafales.

L'étude de la marche des nuages peut donner lieu à
quelques prévisions certaines; mais si l'on ne veut pas
s'exposer à des erreurs, il ne faut avoir égard qu'à ceux
qui passent au zénith, c'est-à-dire droit au-dessus de la
tête de l'observateur, car il est très difficile, à moins
d'une grande habitude, de reconnaître la direction vraie
que suivent des nuages un peu éloignés.

Tous les oiseaux de mer se rallient en grande hâte, et
vont dans les terres chercher un abri contre les fureurs
d'une tempête qu'ils pressentent, afin d'échapper à la
mort qui les frapperait probablement au large.

Pendant que les éléments se troublent et que la Providence envoie ainsi des avertissements à ceux qui sont
menacés, les instruments sortis de la main des hommes
viennent à leur tour apporter leur contingent de lumière, et on les voit suspendre leur marche régulière
d'une manière assez significative pour un observateur
attentif.

XIII.

Les ouragans font d'autant plus baisser le baromètre
qu'ils sont plus violents.

Il est bien évident que si tous les cyclones étaient d'une
égale intensité, et présentaient la même diminution de
pression au centre, le baromètre descendrait pour tous au

même point, et l'on verrait alors de la circonférence au centre une baisse progressive, constamment la même, et la hauteur pourrait indiquer d'une manière certaine à quelle distance est le centre du météore.

Le cyclone dont le centre a passé sur l'île de la Réunion en 1859 n'a fait baisser le baromètre qu'au minimum de 749, tandis que ceux de 1818 et 1860 l'ont fait baisser à 714 et 710.

Mais on comprend qu'un cyclone de grand diamètre qui ne ferait pas baisser le baromètre plus qu'un cyclone moindre influera sur cet instrument bien avant ce dernier.

La hauteur du baromètre ne peut donc pas donner la distance exacte à laquelle on se trouve du centre.

Le baromètre ne baisse d'une manière marquée et continue qu'au moment où l'ouragan véritable s'est déclaré, c'est-à-dire sur une étendue du phénomène comprenant 250 milles environ; le mouvement barométrique par heure doit être alors à peu près le même pour tous les ouragans.

Voici des indications renfermant des variations barométriques pouvant s'appliquer à peu près également aux ouragans de grand et de petit diamètre, et donner une mesure approximative de la distance au centre de l'ouragan par la baisse barométrique en une heure :

Baisse en une heure.	Distance au centre.
$0^{mm}3$	24 heures.
0 — 5	21
0 — 6	18
0 — 7	15

Baisse en une heure.		Distance au centre.
1^{mm} 0	. . . .	14 heures.
1 — 5	. . . .	9
2 — 0	. . . .	6
3 — 0	. . . .	3
4 — 5	. . . .	0

Ce moyen de reconnaître la distance au centre, par la baisse barométrique en une heure, ne peut servir qu'autant qu'on se trouve sur le passage de ce centre ou tout auprès de son parcours; si l'on en est un peu éloigné, la baisse moyenne par heure n'est plus la même, et on ne peut pas en conclure la distance.

Mais une chose reconnue, c'est que le minimum de la hauteur barométrique se trouve toujours au centre de l'ouragan, et par conséquent que le baromètre baisse d'autant plus que l'on se rapproche de ce point central.

Ce seul indice est excessivement précieux pour le navigateur, puisqu'il peut connaître, rien que par le mouvement du baromètre, si la route suivie le rapproche ou l'éloigne du centre dangereux. Cet instrument lui indique donc *à coup sûr* s'il doit ou non modifier la manœuvre qu'il a adoptée.

Il résulte de la comparaison d'un grand nombre de cyclones que la baisse barométrique peut être considérée, en moyenne, comme étant de $0^{mm},8$ à 1^{mm}, soixante-douze heures avant que l'ouragan commence à frapper, et de $1^{mm},5$ quarante-huit heures auparavant : c'est-à-dire que si la hauteur moyenne ordinaire est de 760, le baromètre marquera 759 soixante-douze heures avant les premières rafales, et que quarante-huit heures auparavant il aura marqué 758 à 757,5; dans les vingt-quatre heures qui précèdent l'ouragan, la baisse atteint 2^{mm} à 2^{mm},5, et le baromètre marque 755,5 à 755; enfin, au moment des violentes rafales, il est à 751 ou 750 environ.

Ce mouvement de baisse dans le baromètre n'est à peu près régulier que lorsque le cyclone s'avance droit sur le lieu de l'observation, car s'il passe au nord ou au sud, à quelque distance, la dernière baisse de 5 millimètres se réduit le plus souvent à 3 et même à 2 millimètres.

Il est de même nécessaire de faire remarquer que la baisse indiquée comme moyenne, en vingt-quatre heures, ne peut être constatée que par un observateur qui reste en place, et non par un navire dont la route peut rapprocher d'un ouragan, et précipiter ainsi l'altération due au mouvement du météore.

XIV.

A l'île de la Réunion, c'est au moins quatre jours d'avance que la première perturbation barométrique se remarque à l'approche d'un ouragan; et comme dans ces parages l'on accorde au météore une vitesse de translation de 150 à 200 milles en moyenne par vingt-quatre heures, on voit qu'il est alors à une distance de 800 à 900 milles lorsque le baromètre révèle sa présence.

La marée diurne barométrique continue à se faire sentir; mais, douze heures au moins avant les premières rafales, on observe une altération sensible dans ce phénomène; le baromètre baisse alors, même à l'heure du maximum.

On ne doit pas oublier que l'oscillation diurne atteint en temps ordinaire $1^{mm},5$; si donc on ne la constate pas ou qu'on lui reconnaisse une diminution, c'est évidemment comme si le baromètre avait baissé d'autant; c'est là un indice remarquable, et qui s'offre presque toujours, annonçant ainsi d'une manière certaine la venue très prochaine de l'ouragan.

L'examen du baromètre a fait reconnaître à M. Bridet un fait général et qui n'est pas sans importance : c'est que si l'on tient compte du nombre d'heures que cet instrument met à baisser de 5 à 6 millimètres au-dessous de la hauteur qu'il indique au moment où sa dépression est bien réellement prononcée, c'est presque exactement après le même nombre d'heures que l'on se trouvera au centre de l'ouragan.

Supposons, par exemple, que la hauteur du baromètre, avant que les apparences du temps annoncent clairement l'approche d'un ouragan, soit 757, et que cet instrument, ayant commencé à baisser d'une manière continue, ait mis vingt heures pour arriver à 752 ou 751 ; ce sera à peu près vingt heures plus tard que l'on enregistrera le point minimum du baromètre, et qu'on se trouvera par conséquent au centre du cyclone.

Cette remarque fait connaître approximativement quel sera le diamètre ainsi que la durée de l'ouragan, en admettant que l'on passe par le centre; si la première partie est de vingt heures, par exemple, la seconde pourra être de quatorze à seize heures, car la seconde moitié de l'ouragan après le passage du centre, comme déjà nous l'avons fait remarquer, est toujours plus courte que la première.

La lenteur de la baisse barométrique indique aussi que la vitesse de translation du météore est peu rapide ; mais dans ce cas, comme dans celui d'un grand diamètre, cela indique toujours que la durée de la tempête sera plus considérable que dans les circonstances ordinaires. Ces approximations sur la durée d'un ouragan n'ont de valeur que lorsque le météore passe directement sur le lieu de l'observation, et non pas s'il voyage à quelque distance au nord ou au sud.

A l'approche de l'ouragan, un calme stupéfiant accompagné d'un air chaud et étouffant, règne pendant vingt-quatre heures ; on dirait que la nature recueille toutes ses forces pour accomplir l'œuvre de dévastation qui va marquer le passage du funeste météore.

Ce calme précurseur doit donc être considéré comme de très mauvais augure et faire redouter une convulsion terrible.

Il arrive presque toujours que le thermomètre se tient à une hauteur plus grande que la moyenne ordinaire, dans les quarante-huit et vingt-quatre heures qui précèdent les premières rafales.

XV.

Quelle que soit la marche suivie par l'ouragan, on est au point le plus rapproché du centre dès que le baromètre commence à osciller et que son mouvement de baisse s'arrête. Alors, pendant deux ou trois heures, on voit cet instrument monter et baisser à chaque demi-heure, sans avoir de mouvement prononcé, soit en hausse soit en baisse.

C'est un signe presque certain que l'on se trouve le plus près du centre; que la plus grande violence a été ressentie et que les rafales ne vont plus désormais aller qu'en diminuant; cet indice rassurant doit ramener l'espoir et la confiance chez tous ceux dont les intérêts étaient si cruellement menacés.

Lorsque après le passage bien constaté d'un cyclone dans le voisinage, on voit le baromètre s'arrêter dans son mouvement de hausse, on peut être à peu près sûr qu'une seconde perturbation s'avance, et si l'on reconnaît positivement l'existence d'un nouveau cyclone, il est permis de faire quelques suppositions sur sa course probable, car il est reconnu que les cyclones simultanés suivent des routes distinctes qui ne se confondent que très rarement.

La baisse barométrique totale est d'autant plus grande que la raréfaction centrale est plus complète, et cette raréfaction elle-même, produite en grande partie par la force centrifuge, s'augmente en raison de l'accroissement du mouvement rotatoire qui fait la violence des rafales. Le baromètre baisse donc à mesure que la violence du vent est plus intense, et les ouragans les plus désastreux sont aussi ceux qui l'influencent davantage.

XVI.

M. Faye, de l'Institut, a publié une importante notice : *Défense de la loi des tempêtes*, qui se termine ainsi : « Les tourbillons ont joué jadis un grand rôle dans nos conceptions générales de l'univers. Tombés dans le discrédit par une réaction bien naturelle contre une idée fausse, ils ont été trop complétement oubliés; aussi, lorsqu'on reconnut, bien plus tard, un caractère gyratoire dans les grands mouvements de l'atmosphère, s'est-on efforcé d'un commun accord de les rattacher à des causes toutes différentes. Entre temps, les géomètres semblaient les reléguer parmi les mouvements tumultueux où il n'y a rien à chercher. On voit maintenant que les mouvements de l'ordre cyclonique constituent réellement une vaste série de phénomènes réguliers et stables, dont les perturbations elles-mêmes affectent une allure géométrique. Cette série, qui commence aux simples tourbillons de nos cours d'eau, comprend les plus curieux et les plus effrayants phénomènes de notre atmosphère, les mouvements grandioses que l'observation nous a révélés sur le soleil, et s'étend peut-être jusqu'aux nébuleuses, où le télescope gigantesque de lord Rosse a mis en évidence une structure tourbillonnaire bien accusée. Rien ne serait donc plus utile que de faire rentrer la théorie de ces mouvements dans le domaine de la mécanique rationnelle. Pour cela, le premier pas à faire était d'en chercher empiriquement les lois : c'est ce qu'ont acccompli, il y a trente ans, les éminents auteurs de *la loi des tempêtes*[1]. »

Dans le chapitre précédent, nous avons donné les conclusions principales des nombreux Mémoires de l'éminent astronome, sur les mouvements tourbillonnaires en général.

Ces phénomènes continuent à être étudiés avec une grande préoccupation; de nombreux mémoires qui les concernent plus ou moins sont adressés à l'Académie des sciences. Dans ces derniers temps, nous avons spécialement remarqué un intéressant travail de M. Virlet d'Aoust : *Observation sur la théorie générale des trombes*[2]; une savante étude de M. Bouquet de la Grye *Sur les effets des tourbillons observés dans les cours d'eau*[3]; et un *Rapport détaillé sur les tornados observés aux États-Unis*, par le général Hazen[4]. Mais les éléments du problème ne nous paraissent pas encore assez complets pour expliquer tous les détails de ces phénomènes si grandioses.

[1] *Annuaire du Bureau des longitudes,* 1876.
[2] *Comptes rendus de l'Académie des sciences,* 13 novembre 1876.
[3] *Ibid.,* 23 octobre 1876.
[4] *Académies des sciences,* octobre 1882.

CHAPITRE XIV.

L'ARC-EN-CIEL.

Formation de l'arc-en ciel. — Arc-en-ciel solaire. — Arc-en-ciel lunaire.

I.

En parlant de la lumière (ch. IV), nous avons fait remarquer que si l'on dispose un prisme de telle sorte qu'un faisceau de lumière tombe obliquement sur l'une de ses faces, et que l'on reçoive le faisceau émergent sur un écran ou tableau placé à une certaine distance du prisme; on voit se projeter une image oblongue peinte de mille couleurs, à laquelle on a donné le nom de *spectre solaire*.

L'arc-en-ciel se manifeste d'une manière analogue; ce sont des gouttelettes d'eau qui produisent l'effet du prisme.

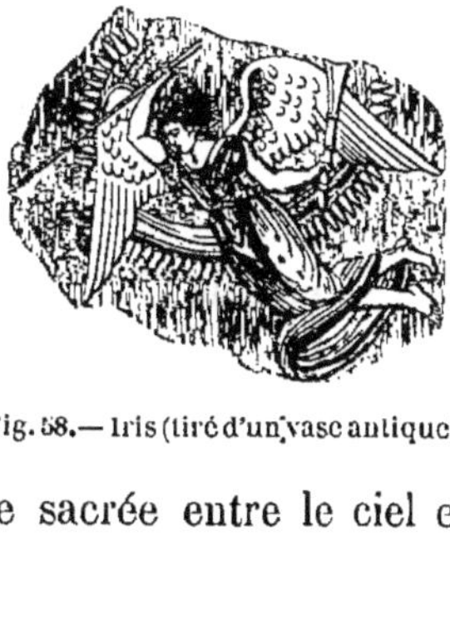

Fig. 58. — Iris (tiré d'un vase antique).

Le brillant météore aux magnifiques couleurs, qui pour nous est le signe d'une alliance sacrée entre le ciel et la terre, paraissait à des peuples païens digne de parer une déesse; ils y voyaient la trace laissée par Iris, messagère des dieux.

Ce météore se produit lorsque la lumière du soleil, venant à tomber sur un nuage qui se résout en pluie, éprouve de la part des gouttes d'eau des réfractions qui la décomposent.

Ces rayons, amenés, par une réflexion subie dans l'intérieur même de la goutte d'eau, à l'œil d'un spectateur qui tourne le dos au soleil, y produisent la sensation d'un arc formé de bandes colorées; ces bandes offrent les mêmes nuances que le spectre solaire, et dans le même ordre : la bande rouge étant extérieure à l'arc, et la bande violette intérieure.

On aperçoit quelquefois un second arc, qui enveloppe le précédent et dont les bandes sont rangées dans un ordre inverse; il est produit par des rayons colorés qui ont subi deux réfractions dans l'intérieur des gouttes d'eau avant d'arriver à l'œil de l'observateur.

On peut produire des arcs-en-ciel en jetant de l'eau, en l'air, de manière qu'elle s'éparpille; les jets d'eau, les cascades, la rosée qui humecte les prairies, nous offrent aussi ce phénomène lorsque l'on est placé convenablement pour l'observer, c'est-à-dire lorsque les gouttelettes étant éclairées par les rayons du soleil, on les regarde d'une certaine distance, en tournant le dos à cet astre.

M. l'abbé Raillard croit que le principe des interférences joue dans l'arc-en-ciel le rôle principal, et il explique par ce principe non seulement les phases de l'arc-

en-ciel, mais aussi beaucoup de phénomènes analogues ;
nous regrettons de ne pouvoir développer ici la théorie
de l'ingénieux météorologiste [1].

II.

La lumière de la lune peut de même produire un arc-
en-ciel, surtout quand elle est pleine, et qu'elle brille de
tout son éclat ; mais les couleurs en sont toujours pâles
et fauves.

Ce phénomène, moins brillant que l'arc-en-ciel solaire,
et beaucoup plus rare, est dû, comme lui, à la réfraction de la lumière. La lune empruntant son éclat du
soleil, les rayons qu'elle nous envoie, affaiblis par la réflexion qu'ils ont éprouvée à sa surface, n'ont pas assez
d'intensité pour produire nettement la séparation des couleurs ; et quand ils ont été réfractés par les globules de
pluie, ils reviennent à l'œil confondus en un faisceau blanc.

L'arc-en-ciel lunaire offre pourtant quelquefois les
mêmes couleurs que l'autre, mais elles sont toujours plus
faibles, et ne se produisent d'ailleurs distinctement que
quand la lune est pleine.

Aristote, qui dit avoir le premier remarqué l'arc-en-
ciel lunaire, ajoute qu'on ne l'aperçoit que lors de la
pleine lune ; c'est·une assertion purement gratuite, et dont
l'expérience a démontré la fausseté.

---

[1] Voir *la Lumière*, par John Tyndall ; *Appendice sur l'arc-en-ciel*, par
l'abbé Raillard.

Ainsi, parmi plusieurs exemples d'arcs-en-ciel lunaires mentionnés dans divers recueils scientifiques, les *Transactions philosophiques* en citent un observé en 1719, lorsque la lune était demi-pleine.

On lit dans le *Guillaume Tell* de Schiller :

« Ah! voyez! regardez là-bas! ne voyez-vous rien?

Fig. 59. — Arc-en-ciel.

— Quoi donc?.... Oui, un arc-en-ciel de nuit!

— C'est la lumière de la lune qui le forme.

— C'est un phénomène rare et extraordinaire! Bien des gens n'ont jamais vu cela.

— Il est double, voyez, il y en a un plus pâle au-dessus.

— Une barque s'avance juste au-dessous.

— C'est Stauffacher avec son canot ; cet homme loyal ne se fait pas longtemps attendre. »

M. Martin de Brettes vient de communiquer à l'Académie des sciences l'observation détaillée d'un arc-en-ciel lunaire observé à la Roche, commune de Saint-Just (Haute-Vienne) : « La couleur de l'arc, dit-il, était vert jaunâtre, tirant extérieurement sur le rouge et intérieurement sur le violet. Ces couleurs extrêmes étaient peu apparentes, et ne devenaient visibles que lorsque l'observateur avait regardé avec attention l'arc-en-ciel pendant quelques instants.

« Cet arc-en-ciel lunaire était enveloppé par un second, distant d'environ 5 degrés; mais on ne distinguait dans ce second arc que la couleur vert jaunâtre, et encore partiellement et en regardant avec attention[1]. »

A l'île de la Réunion, où le ciel est si pur, où les nuits sont si resplendissantes, j'ai été à même d'observer quelquefois des arcs-en-ciel lunaires d'une grande netteté.

La cause du phénomène étant connue, on conçoit d'ailleurs, *a priori*, que les phases diverses de la lune ne peuvent influer que sur son intensité.

[1] *Comptes rendus de l'Académie des sciences*, 1876, 2ᵉ semestre.

CHAPITRE XV.

LE MIRAGE.

I.

Un des phénomènes les plus curieux que puissent présenter les jeux de la lumière, c'est bien le mirage, qui nous fait voir dans le ciel, dans les nuages, dans l'espace, à la surface des monts ou des plaines, des pays enchantés, des apparences féeriques.

C'est dans les îles aux montagnes escarpées, sous l'équateur surtout, que ce phénomène est remarquable, et cela se comprend. Le mirage étant produit par la réfraction et la réflexion des rayons lumineux qu'occasionnent les couches d'air de différentes densités, aucun site ne peut être plus propre à cela que ces îles qui présentent à leur base des chaleurs tropicales, et dans leur région élevée les glaces de l'hiver.

C'est ce qui arrive à l'île de la Réunion, à l'île de Ténériffe, et même dans beaucoup d'autres îles dont les montagnes sont moins élevées.

Dans les longues et délicieuses soirées que je passais sous la varangue de la Rivière-des-Pluies, chez M. Ch. Desbassayns, à l'île de la Réunion, le vénérable vieillard me racontait sous ce rapport des faits extraordinaires, qui surprennent ceux-là mêmes qui sont habitués aux phénomènes de la science.

Il me disait que d'anciens créoles étaient devenus tellement habiles à découvrir les phénomènes du mirage, qu'ils arrivaient par ces phénomènes à savoir tout ce qui se passait de tant soit peu important en mer.

C'est surtout avant que la vapeur sillonnât les flots, et avant que les lois des vents alizés fussent assez connues pour que les navires pussent s'abandonner à leur direction, que les créoles se livraient à cette étude.

Alors les colonies lointaines étaient rarement visitées, et l'arrivée d'un navire était pour elles une bonne fortune. Il leur apportait non seulement les provisions tant désirées, mais aussi les nouvelles des pays éloignés, presque la seule chose qui les rattachait au reste du monde. L'étranger était reçu, choyé, aimé, traité comme un être exceptionnel; toutes les familles se le disputaient, et souvent même on avait recours au sort pour connaître les foyers favorisés auxquels l'étranger viendrait successivement s'asseoir; aussi l'hospitalité empressée, large et bienveillante du créole était-elle passée en proverbe, comme l'hospitalité antique et patriarcale. Il est tout naturel de la voir diminuer en même temps que les circonstances qui la favorisaient.

Il n'y a donc rien d'étonnant que des individus de haute intelligence comme les créoles, qui se faisaient une spécialité et la principale occupation de leur vie de chercher dans les phénomènes du mirage l'objet de leurs espérances et de leur attente, soient arrivés à quelque chose de surprenant en ce genre.

M. Ch. Desbassayns me disait que des individus étaient devenus tellement habiles, qu'on venait les consulter des différents points de la colonie, surtout dans les moments de détresse, pour savoir ce qui se passait au loin dans la mer, et si la crainte devait faire place à l'espoir.

Il me raconta qu'un créole de l'Ile de France aperçut un jour dans les airs un navire d'une forme extraordinaire, et tel qu'on n'en avait jamais vu; entre autres particularités, il avait quatre grands mâts. Il en fit une fidèle description aux personnes du pays; et quel ne fut pas l'étonnement de tous lorsque, quelques jours après, ils virent aborder ce même navire!

Depuis que les bâtiments du monde entier se donnent rendez-vous dans les îles fortunées de la mer des Indes, les colons sont moins intéressés à découvrir ainsi ce qui se passe au loin et à connaître d'avance les navires qui viennent les visiter; aussi ont-ils perdu cette étonnante faculté de découvrir les moindres phénomènes du mirage.

A cette époque déjà éloignée, les nues, le ciel et l'air devaient paraître aux créoles, mieux qu'aux bardes de

l'Écosse, peuplés d'esprits tutélaires dont les visites bienfaisantes leur apportaient l'espérance et le bonheur.

II.

Dans les *Harmonies de la nature*, de Bernardin de Saint-
Pierre, on trouve quelques passages qui viennent à l'appui des assertions précédentes. Il parle d'un homme qui
avait trouvé le secret d'annoncer l'arrivée des vaisseaux,
lorsqu'ils étaient encore à 60 ou 80 lieues du port, et
même plus loin. Il en avait fait l'expérience nombre de
fois à l'Ile de France, devant plusieurs témoins qui avaient
signé son mémoire :

« J'ai pensé, dit Bernardin de Saint-Pierre, que cet
observateur avait pu, dans quelques circonstances favorables et communes dans le ciel des tropiques, avoir la
vue des vaisseaux éloignés par la réflexion des nuages.

« Ce qui me confirme dans cette idée, c'est un phénomène qui m'a été raconté par notre célèbre peintre
Vernet, mon ami.

« Étant dans sa jeunesse en Italie, il se livrait particulièrement à l'étude du ciel, plus intéressante sans doute
que celle de l'antique, puisque c'est des sources de la
lumière que partent les couleurs et les perspectives
aériennes qui font le charme des tableaux ainsi que de la
nature ; Vernet, pour en fixer les variations, avait imaginé
de peindre sur les feuillets d'un livre toutes les nuances
de chaque couleur principale et de les marquer de différents numéros.

Fig. 60 — Mirage à l'Île de France (vaisseau à quatre mâts).

« Lorsqu'il dessinait un ciel, après avoir esquissé les plans et les formes des nuages, il en notait rapidement les teintes fugitives sur son tableau avec des chiffres correspondant à ceux de son livre, et les colorait ensuite à loisir.

« Un jour, il fut bien surpris d'apercevoir dans les cieux la forme d'une ville renversée ; il en distinguait parfaitement les clochers, les tours, les maisons. Il se hâta de dessiner ce phénomène, et résolut d'en connaître la cause ; il s'achemina, suivant le même rhumb de vent, dans les montagnes. Mais quelle fut sa surprise de trouver à sept lieues de là la ville dont il avait vu le spectre dans les cieux et dont il avait le dessin dans son portefeuille ! »

Les prodiges de la *fata Morgana*, si célèbre dans la Sicile et l'Italie méridionale, ne sont qu'un effet de mirage. A certains moments on voit dans les airs des ruines, des colonnes, des châteaux, des palais, et une foule d'objets qui semblent se déplacer, et qui changent d'aspect à chaque instant. Toute cette féerie est une représentation d'objets terrestres invisibles dans l'état ordinaire de l'atmosphère, et qui deviennent apparents et mobiles quand les rayons de la lumière qu'ils envoient se meuvent en ligne courbe dans des couches d'inégales densités.

Le célèbre voyageur anglais Swinburne en donne la description d'après le père Angellucini, qui, se trouvant à Reggio, en fut témoin oculaire :

« La mer, dit-il, qui baigne les côtes de la Sicile s'enflamma tout à coup et parut, dans une étendue de dix milles, semblable à une chaîne de montagnes d'une teinte obscure, tandis que les eaux du rivage de Calabre devinrent tout à fait unies comme un miroir bien poli et appuyé contre ce rideau de collines. Sur cette glace on voyait se peindre en clair-obscur une suite de plusieurs milliers de pilastres, tous égaux en hauteur, en distance, en degré de lumière et d'ombre. Un instant après, ces pilastres se transformèrent en arcades semblables aux aqueducs de Rome. Sur le haut de ces arcades régnait une longue corniche surmontée d'une multitude de châteaux, qui bientôt se transformèrent en simples tours ; celles-ci devinrent des colonnades, puis des rangées de fenêtres, et enfin des arbres semblables à des pins et à des cyprès, tous d'une égale élévation.

III.

Toute l'armée française, dans les plaines de la basse Égypte, fut témoin des phénomènes de mirage les plus remarquables.

Fatigués par des marches forcées sous un soleil brûlant, dans une atmosphère étouffante et chargée de sable, baignés de sueur et tourmentés par une soif ardente, les soldats croyaient tout à coup apercevoir devant eux un lac immense dont les eaux transparentes réfléchissaient les collines lointaines, des arbres, des villages ; mais à mesure qu'ils avançaient vers ces bords tant désirés, le lac enchanté fuyait devant eux, ne laissant qu'un sable desséché à la place de sa nappe humide.

Les savants qui faisaient partie de l'expédition furent quelque temps, comme toute l'armée, le jouet de cette cruelle illusion ; mais Monge en eut bientôt découvert et expliqué la cause. Les couches inférieures de l'atmosphère, échauffées par le sable, prennent des densités qui vont en décroissant, à mesure qu'elles sont plus voisines du sol. Les rayons lumineux partant d'un point élevé et pénétrant dans ces couches passent sans cesse d'un milieu plus dense dans un milieu moins dense ; l'obliquité de leur incidence sur les couches successives va donc en augmentant de plus en plus. Enfin, ils rencontrent une couche sur laquelle ils subissent la réflexion totale, et produisent pour l'œil qu'ils rencontrent une image par réflexion.

M. le docteur Bonnafont, pendant l'expédition qui précéda le traité de la Tafna, a fait quelques observations qu'il a ensuite adressées à l'Académie des sciences, et qui présentent un grand intérêt scientifique :

« L'expédition, partie d'Oran le 15 mai 1837, dit-il, bivouaqua le soir au village de Mézerguin, le 16 à Brédéah, et le 17 nous quittâmes le camp à cinq heures du matin (temps très beau, vent nord-ouest, frais, 16 degrés centigrades de chaleur). A huit heures, nous aperçûmes, d'une petite hauteur, une immense surface blanche miroitant au soleil, et connue sous le nom de *Lac salé*, lequel n'a pas moins de quatre à cinq lieues de long et une lieue à une lieue et demie de large, occupant une direction de l'est à l'ouest.

« L'armée, arrivant du côté nord, fit sa grande halte à neuf heures, sur le bord du lac, lequel ne présenta à tous ceux qui occupaient le côté nord autre chose qu'une couche blanche, comme neigeuse, qui couvrait toute la surface du sol. Cette couche était produite par la cristallisation du sel dont la terre est imprégnée, lequel, dissous par les pluies torrentielles qui tombent en hiver, se dépose à la surface du sol quand les chaleurs ont été assez fortes pour produire l'évaporation de l'eau. Mais tous ceux qui, comme moi, occupaient l'extrémité occidentale du lac et faisaient ainsi face au soleil purent remarquer le phénomène suivant : à la distance d'un kilomètre environ, on apercevait des ondulations pareilles à celles d'un liquide, et toute la partie du lac située au delà ressemblait à une petite mer agitée par une brise très fraîche, et pourtant il n'y a pas d'eau.

« Au moment où le corps expéditionnaire allait se remettre en marche, il se produisit un autre phénomène, digne d'être noté, mais aperçu seulement du même point de la rive qui faisait face au soleil. Un troupeau de flamants, échassiers fort communs dans cette province, défila sur la rive sud-est, à six kilomètres de distance. Ces volatiles, à mesure qu'ils quittaient le sol pour marcher sur la surface du lac, prenaient des dimensions telles, qu'ils ressemblaient, à s'y méprendre, à des cavaliers arabes défilant en ordre. L'illusion fut un instant si complète, que le général en chef, Bugeaud, dépêcha un spahis en éclaireur. Ce cavalier traversa le lac en ligne droite ; mais, arrivé au point où les ondulations commençaient à se produire, les jambes du cheval prirent insensiblement de telles dimensions en hauteur, que cheval et cavalier semblaient être supportés par un animal fantastique ayant plusieurs mètres de hauteur, et se jouant au milieu des flots qui semblaient le submerger. Tout le monde contemplait ce phénomène curieux, lorsqu'un épais nuage, interceptant les rayons du soleil, fit disparaître ces effets d'optique et rétablit la réalité de tous les objets.

« L'armée continua sa marche sur Tlemcen et la Tafna, mais en revenant de ce dernier point pour rentrer à Oran, je reçus l'ordre de suivre le 1ᵉʳ de ligne, qui allait camper, jusqu'à la ratification du traité conclu avec Abd-el-Kader, à Aïn-Ambria, situé à peu de distance du *lac salé* de Dréhan. Le 8 juin, mon ambulance plantait ses tentes à côté de ce lac, sur lequel, pendant un campement de dix à douze jours, j'ai pu observer de nouveaux effets de mirage. Ainsi, tous les matins, la surface du lac était recouverte d'une couche légèrement nébuleuse qui avait un mètre de hauteur, et assez transparente pour laisser distinguer les objets à une grande distance. De sept heures et demie à huit heures du matin, on pouvait parcourir le lac en tous sens, sans rien remarquer de particulier ; mais à cette heure, si l'on regardait du côté du soleil, on voyait les ondulations commencer toujours à un kilomètre de distance, et à mesure que le soleil montait l'eau semblait aussi se rapprocher du côté du levant, tandis que du côté du couchant la surface du lac ne présentait rien de particulier.

« Quand le soleil arrivait au méridien, et que ses rayons tombaient perpendiculairement sur le sol, tout à coup la scène changeait ; les ondulations aqueuses envahissaient tous les côtés du lac et ressemblaient aux vagues de la marée montante, menaçant de submerger l'observateur, placé au milieu. Dès que le soleil s'éloignait du méridien, les effets du mirage disparaissaient du côté du levant, pour se rapprocher très faiblement du côté du couchant. Souvent même ils manquaient complètement de ce côté.

« Parfois il se produisait un autre effet, qui devint bientôt un sujet de récréation pour les militaires. Si, pendant que le soleil était à l'est, le vent soufflait du côté opposé, on projetait sur le lac un petit corps léger, susceptible d'être entraîné par le vent : il était curieux de le voir grossir à mesure qu'il s'éloignait, et dès que le vent lui avait fait atteindre les ondulations, il affectait tout à coup la forme d'une petite nacelle, dont l'agitation au-dessus des vagues était en raison des secousses que lui donnait le vent. Ce qui réussissait le mieux, c'étaient des têtes de chardon, qui obéissaient plus facilement à la plus légère brise; alors l'illusion était complète. Dans la matinée du 18 juin, par une température de 26 degrés centigrades, une brise un peu forte de l'orient, et une couche nébuleuse qui commençait à dissiper la chaleur, nous lançâmes, à huit heures et demie du matin, un certain nombre de têtes de chardon; et dès que le vent les eut poussées jusqu'au point où les ondulations se produisaient, elles offrirent tout à coup le spectacle curieux d'une flottille en désordre. Les nacelles semblaient se heurter les unes contre les autres, et puis, poussées par le vent jusqu'à une très grande distance, elles disparurent complètement, comme si elles avaient sombré. »

Il est à remarquer que les effets de mirage décrits par M. Bonnafont appartiennent plutôt aux lois de la réfraction qu'à celles de la réflexion des rayons lumineux.

IV.

On lit dans une lettre datée de l'île de Ténériffe le récit d'une ascension sur le pic par quelques savants portugais, qui révèle un fait de réfraction terrestre des plus extraordinaires. Nous en empruntons un extrait au *Courrier des sciences* :

« Les savants dont il est question, étant parvenus à la cime du volcan, qui ressemble à une énorme pyramide, et qui a une hauteur de près de 2,000 mètres au-dessus du niveau de la mer, ne furent pas peu surpris d'apercevoir, au lever du soleil, des terres se développant sur certains points de l'horizon, et formant une masse qui ne pouvait évidemment appartenir qu'à un continent. L'archipel des îles Canaries était en quelque sorte à leurs pieds; il n'y avait donc pas lieu de confondre les terres qui apparaissaient à l'horizon avec celles du groupe des Canaries, quelle que fût la distance qui les séparât.

« C'étaient donc des terres autres que celles des îles Fortunées qui se montraient à leurs regards étonnés, et ce n'étaient en effet ni plus ni moins que les montagnes Apalaches de l'Amérique que l'on apercevait du haut de cet observatoire colossal. Le doute n'était plus permis, d'après le calcul fait par un des voyageurs qui connaissait cette partie de l'Amérique; et tous de s'extasier devant ce spectacle grandiose, qui leur offrait la vue du continent américain à plus de 1,000 lieues. Ce spectacle était dû à un mirage des plus merveilleux. Les effets de cette réfraction extraordinaire sont produits par le vent hu-

mide de l'ouest-sud-ouest qui règne dans cette partie de
l'Océan. Ce jeu des réfractions terrestres, dont les phénomènes sont d'ailleurs très connus, se révélait là, pour

Fig. 61. — Mirage.

la première fois peut-être, dans des proportions vraiment extraordinaires, et qui paraîtront incroyables quand
on saura que de la cime d'une montagne élevée comme le
pic de Ténériffe l'œil ne peut embrasser qu'une surface
de 5,700 lieues carrées, et que le rayon visuel de l'horizon du pic s'étend à peine à une distance de 50 lieues.

Or, apercevoir les Apalaches de l'Amérique, situées à 1,000 lieues, était assurément le plus émouvant et le plus merveilleux résultat de réfraction qui jamais se fût produit.

« Les montagnes Apalaches dont nous avons parlé, connues aussi sous le nom d'Alleghany, sont situées dans l'Amérique du Nord, et s'étendent des frontières de la Géorgie au cap méridional de l'embouchure du Saint-Laurent. Cette chaîne se dirige du sud-ouest au nord-est. Sa longueur est de 1,600 kilomètres, et elle forme une masse non interrompue, dont les points les plus élevés sont de 800 mètres environ. Leur distance du rivage de l'Océan est de 80 kilomètres. »

V.

M. Bigourdan a lu, il y a quelques années, à l'Académie des sciences, un long et intéressant mémoire sur des phénomènes de mirage observés à Paris, dont voici le résumé :

Le soubassement sud-ouest de la Bourse de Paris, que l'auteur appelle le mur méridional, est formé d'un mur vertical en pierre de taille, sans aucune partie saillante, dans une étendue d'environ 78 mètres. Lorsque, entre midi et trois ou quatre heures, ce mur est frappé par les rayons solaires, il présente les phénomènes du mirage avec une grande intensité. Si un observateur place son œil un peu en avant du prolongement du mur, il voit sa surface disparaître tout à coup, et un peu en avant de la surface il aperçoit une mince couche d'air, plus ou moins agitée, qui a la propriété de réfléchir tous les objets qui sont près du mur ou de son prolongement; ainsi la corniche qui surmonte le soubassement se réfléchit si exactement, qu'au premier abord on croit que l'image fait partie de l'objet. Si une personne appuie sa tête sur ce mur, un peu loin de l'observateur, une grande partie de la tête de cette personne, et quelquefois son corps tout entier, se mire sur la mince couche d'air comme dans un miroir. L'image est un peu tremblante et déformée; mais si l'air est un peu agité, on distingue facilement tous les traits et toutes les parties du vêtement. A la déformation près, l'image paraît aussi brillante et aussi nette que le corps lui-même.

Le mirage se manifeste aussi très bien sur les murs des fortifications de Paris, surtout du côté du sud. Quoique ces murs ne soient couverts d'aucun enduit et qu'ils soient formés avec de la pierre meulière, dont la surface présente beaucoup d'irrégularités, cependant, comme la forme générale en est plane et que l'on y trouve des fonds de 150 mètres de longueur, deux personnes ayant un œil appliqué près de ces murs, à 100 ou 150 mètres de distance, aperçoivent très bien l'image l'une de l'autre réfléchie chacune sur la mince couche d'air chaud qui monte le long de ces murs lorsque le soleil est un peu brillant et qu'il fait peu de vent. Si l'on choisit les murs dans le prolongement desquels on peut voir au loin la campagne, et si l'on observe avec une lunette les images réfléchies, on peut voir jusqu'à des arbres entiers avec leurs branches et leurs feuilles. Si le prolongement de la

muraille rencontre une route fréquentée, on distingue
très bien, à la lunette, les images réfléchies des passants,
des chevaux et des voitures, lorsqu'ils se présentent près
du prolongement du mur.

A un degré plus ou moins intense, ces phénomènes
ont lieu tous les jours, ou du moins toutes les fois que le
soleil éclaire les murs des fortifications, depuis deux ou
trois heures.

Le mirage se manifeste à Paris dans beaucoup d'endroits d'une manière permanente, l'hiver et l'été, la
nuit et le jour. Lorsque le soleil brille avec un certain
éclat, on peut l'observer très facilement sur toutes les
surfaces planes d'une certaine étendue exposées au soleil,
sur les parapets des quais, sur les trottoirs, sur les marches des églises, etc.

VI.

M. Paris a étudié un phénomène de mirage consis-
tant dans l'exhaussement et non dans le renversement
des objets qui se montraient à lui au-dessus des dunes
d'Aigues-Mortes.

Après avoir observé quelques instants, il vit sur sa
droite des groupes d'arbres se mettre en mouvement,
leur image s'allonger, se doubler de hauteur, puis s'élancer
avec la rapidité de la pensée vers un nuage qui se formait au-dessus, et avec une rapidité non moins grande
redescendre renversée, et aller rejoindre l'image inférieure au milieu de la distance qui séparait leurs bases.

L'une de ces bases était derrière les dunes, l'autre était soudée au nuage. Toutes ces opérations n'ont pas duré plus d'une seconde.

Un vide à parois verticales séparait les deux groupes; il persistait malgré l'ascension des images, gardant la même largeur; c'étaient alors deux gigantesques murs de verdure. Et comme le nuage passait vers la gauche, il jetait comme un pont de vapeur sur cet abîme. Ce nuage était venu de la haute mer; sa largeur était faible, sa teinte et sa consistance étaient celles d'un nimbus; il était probablement la reproduction du sol. Il se propageait de droite à gauche, et partout au-dessous de lui s'élevaient des images nouvelles, montant comme les premières, et, comme elles, redescendant renversées. Ces images étaient celles des objets que M. Paris voyait d'habitude derrière les dunes et d'autres qui lui étaient inconnues; des massifs d'arbres, des arbres épars, des habitations. Dans l'intervalle de deux minutes, le nuage représentant le sol avait parcouru un horizon de 5,600 mètres, et dans ce court espace de temps quarante objets environ ont reproduit leur image.

Le phénomène s'est ensuite établi sur toute la ligne. Le nuage formait en haut un nouvel horizon, qui servait de cadre supérieur au tableau, comme les dunes formaient le cadre inférieur. L'étendue était de 10 degrés 35 minutes; la hauteur de 4 minutes. Ce tableau était des plus variés. Les groupes d'arbres, terminés en pointe, figuraient deux pyramides réunies par leurs sommets; les massifs, plus compacts, ressemblaient à des prismes. Les arbres isolés montraient leurs colonnes, ou déliées et homogènes, ou formées de nœuds irréguliers; le plus souvent c'étaient des berceaux de verdure, et l'aspect général était celui d'objets disposés pour une fête. La teinte des arbres était brune, comme aussi celle des nuages; celle des bâtiments éclairés par les derniers rayons du soleil était d'un jaune-orange éclatant, et les ondulations y étaient si fortes, qu'ils paraissaient enflammés.

Toutes ces images étaient dans une continuelle agitation; elles montaient et descendaient comme si elles avaient été élastiques et tirées en même temps par les deux bouts, s'allongeant et se contractant sans relâche, pendant la demi-heure que dura le phénomène. Dans ce mouvement incessant, la forme variait à chaque seconde, et souvent, le vide du centre venant à se remplir, au lieu de deux pyramides effilées, on voyait une masse colossale. Ce dernier effet était surtout apparent sur les maisons, plus fortement éclairées.

Vers le milieu de la ligne, un autre effet se prononçait. Il y a, à la distance de 8 kilomètres des dunes, le hameau des salines de Pécaï. M. Paris n'en voyait d'ordinaire que les sommets d'un bâtiment et de deux hautes cheminées d'usine; dès le commencement du phénomène, le hameau s'est relevé légèrement, et l'une des maisons a semblé jeter des flammes. Bientôt il se porta tout entier sur le nuage, gardant sa position droite, alors que toutes les images à droite et à gauche étaient renversées et immobiles; au milieu du mouvement général qui persistait à ses côtés, sa lumière était tranquille comme à la fin d'un beau jour d'été; on pouvait y compter neuf bâtiments entre les deux grandes cheminées.

Du milieu des images des arbres, M. Paris vit sur la droite sortir de l'horizon deux colonnes blanches élevées d'environ 3 minutes; elles marchèrent l'une vers l'autre, se joignirent et se séparèrent : c'étaient deux voiles de navire qui, d'après toutes les circonstances, étaient sur la mer des Bouches-du-Rhône, à 10 kilomètres en arrière des dunes; leur image était droite.

Le phénomène dura une demi-heure; mais les formes ne restèrent pas les mêmes. Outre les variations produites par l'agitation des images, un changement total s'opérait quelquefois.

Après une demi-heure de cette seconde apparition, le nuage disparut, les images supérieures s'effacèrent, les deux voiles s'évanouirent de même; tout rentra dans l'ordre accoutumé, sauf le hameau, qui descendait lentement, toujours dans sa position droite; la nuit arriva, qu'il n'avait pas encore rejoint l'horizon.

VII.

Tous ces phénomènes de mirage sont faciles à comprendre; ils sont dus aux lois de la réfraction et de la réflexion de la lumière.

Dans un milieu diaphane homogène, c'est-à-dire ayant partout les mêmes propriétés et au même degré, la lumière se propage toujours en ligne droite; mais lorsqu'elle arrive à la surface d'un corps diaphane ou transparent, une partie se réfléchit et une autre partie pénètre dans le corps en éprouvant une déviation à laquelle ou a donné le nom de réfraction.

Ce changement de direction est facile à constater par l'expérience suivante.

Si l'on met une pièce de monnaie dans un vase vide, à parois opaques, de manière que, placé à une certaine distance, on puisse à peine en apercevoir le bord, et si l'on y verse ensuite de l'eau, à mesure que le niveau s'élèvera, la pièce semblera s'avancer vers le côté opposé du vase, et bientôt, sans changer de position, on l'apercevra tout entière.

Il faut donc que la lumière ne vienne pas en droite ligne de la pièce vers l'œil ; il est en effet facile de constater qu'elle se propage en ligne droite dans l'eau, et en ligne droite dans l'air ; mais elle se brise en s'inclinant sur la surface liquide, en passant de l'eau dans l'air.

C'est pour la même raison qu'un bâton droit, plongé en partie dans l'eau, paraît brisé à la surface du liquide, et que, de quelque manière que l'on regarde un objet placé au fond d'un bassin rempli d'eau, cet objet et le fond du bassin lui-même semblent toujours moins éloignés de l'œil de l'observateur qu'ils ne le sont en réalité.

Ce n'est pas seulement en passant de l'eau dans l'air ou de l'air dans l'eau que les rayons lumineux se brisent ; mais cela a généralement lieu toutes les fois qu'ils passent d'un milieu transparent dans un autre. Ordinairement les milieux les plus denses sont aussi les plus réfringents, c'est-à-dire ceux qui, toutes choses égales d'ailleurs, font subir à la lumière de plus fortes déviations ; cependant il y a des exceptions.

Pour que deux milieux aient une différence d'homogénéité capable de produire les phénomènes de réfraction,

il n'est pas nécessaire qu'ils soient de nature différente;
une simple différence de densité dans les parties d'un
même milieu suffit pour le diviser en milieux hétéro-
gènes par rapport à la lumière.

Fig. 62. — Phénomènes de réfraction.

Les différentes couches de l'air ayant toutes des densités différentes, il en résulte que la lumière du soleil ne
nous arrive jamais en ligne droite, et que nous ne voyons
jamais cet astre au lieu où il est en réalité. Les mêmes illusions se reproduisent dans nos observations sur les étoiles

ou sur les corps très éloignés. Ainsi tous les astres nous présentent des phénomènes de mirage par réfraction.

En traversant les couches successives de l'atmosphère, la lumière ne rencontre pas de changement brusque de densité, elle ne se brise pas non plus brusquement, comme, par exemple, en passant de l'air dans l'eau ou dans le verre; elle suit une ligne courbe au lieu d'une ligne brisée. La réfraction que la lumière des astres éprouve en traversant les couches successives de l'atmosphère, nous fait jouir plus longtemps de leur présence sur l'horizon, car elle avance leur lever et retarde leur coucher. C'est à cette réfraction que nous devons l'aurore qui précède l'éclat du jour, et le crépuscule qui précède les ténèbres de la nuit.

La lumière qui vient de parcourir un milieu réfringent, et qui se présente pour passer dans un autre moins réfringent, s'arrête quelquefois à la surface de séparation des deux milieux, y subit une réflexion totale et repasse dans le milieu déjà parcouru. Ce singulier phénomène a lieu toutes les fois que les rayons se présentent sous une trop grande obliquité à la surface d'émersion.

Les phénomènes de réflexion totale et de réfraction dont nous venons de parler expliquent toutes les variétés des faits magiques connus sous le nom de mirage.

CHAPITRE XVI.

HALOS, PARHÉLIES, PARASÉLÈNE.

On appelle *halos* les cercles lumineux et concentriques, assez souvent colorés, qui apparaissent autour du soleil et de la lune.

La formation des halos est due à la lumière réfractée par des particules glacées, suspendues dans les hautes régions de l'atmosphère.

On peut produire en petit, et artificiellement, ce phénomène, et le voir en regardant une bougie, soit à travers la vapeur qui s'élève d'un vase contenant de l'eau chaude, soit à travers un vitrage sur lequel s'est déposée une certaine couche d'humidité.

Les *parhélies,* du grec *para,* auprès de, et *hélios,* soleil, sont l'apparition simultanée de plusieurs soleils, images fantastiques du soleil véritable, réunies entre elles par des arcs brillants.

Ce singulier météore est attribué à de la lumière réfléchie par les mêmes particules de glace qui produisent les halos.

On donne le nom de *parasélène* (fig. 60), du grec *para,*

auprès de, et *sélénè*, lune, à l'apparition simultanée de
plusieurs lunes ; ces phénomènes sont dus à une réflexion

Fig. 63. — Parasélène.

de lumière analogue à celle qui a lieu dans les parhélies
et dans les halos.

CHAPITRE XVII.

LA FOUDRE.

I.

Plusieurs physiciens avaient déjà soupçonné que l'électricité pourrait bien être la cause de la foudre, lorsque Franklin, après avoir reconnu que les corps bons conducteurs, terminés en pointe, donnaient lieu à un écoulement si facile de cet agent, qu'il est impossible de les charger d'électricité, proposa d'élever en l'air une verge de fer, terminée en pointe aiguë, pour étudier l'analogie qu'elle pouvait présenter avec la foudre.

Un Français, nommé Dalibard, fut un des premiers qui mit l'idée de Franklin à exécution. Il fit construire à Marly-la-Ville, en 1752, sur un monticule, une cabane au-dessus de laquelle il fixa, dans un gâteau de résine, une barre de fer de 13 à 14 mètres de hauteur, pointue par le haut.

Fig. 61. — Expérience à Marly-la-Ville.

A deux heures vingt minutes, il s'éleva un orage au-dessus du lieu où était la barre, le curé de Marly s'y transporta, approcha le doigt de la barre et tira des étincelles très fortes.

Cette expérience dangereuse, qui coûta la vie à Richmann, fut confirmée de toutes parts; on observa même que le nuage pouvait être déjà fort loin sans que la barre cessât d'être électrisée. M. Delor, habile physicien, tira des étincelles à Paris, le nuage étant au-dessus de Vincennes, c'est-à-dire au moins à deux lieues de lui.

Peu de temps après la première expérience, deux autres physiciens, de Roma et Charles, imaginèrent d'envoyer vers

le nuage même un cerf-volant armé d'une pointe métallique, et dont la corde, entrelacée avec un fil de métal
bon conducteur, était terminée par un cordon de soie,
de façon à isoler la personne qui la tenait.

Cet appareil donna spontanément des jets de lumière
de 3 mètres de longueur, accompagnés d'un bruit semblable à celui d'un coup de pistolet.

On voit encore au Conservatoire des arts et métiers le
tabouret vernissé qui supportait le fil du cerf-volant; il est
comme grillé par l'électricité qui ruisselait à l'entour en
cascades de feu.

Ces expériences démontrèrent non seulement l'identité
de la foudre et de l'électricité, en faisant voir que les
nuages orageux agissent comme une machine électrique
sur les corps bons conducteurs, mais aussi que tous les
nuages ne possèdent pas la même électricité, que les uns
sont électrisés positivement et les autres négativement.

II.

Il est facile maintenant de comprendre les phénomènes
que nous présente la foudre : deux nuages chargés d'une
même électricité doivent se repousser; et, au contraire,
ils s'attireront s'ils sont chargés d'électricités différentes.
Ces attractions et ces répulsions entrent sans doute pour
beaucoup dans les mouvements extraordinaires et les
grandes agitations que l'on remarque dans le ciel au moment des orages.

Lorsque deux nuages chargés d'électricités contraires

viennent à se rencontrer, ils s'attirent mutuellement, et, arrivés à une certaine distance, leurs électricités s'élancent l'une vers l'autre pour se combiner ; cette combinaison est ce qu'on appelle la *foudre* : de là cette immense étincelle que l'on appelle *éclair*, et cette détonation qui suit l'éclair et à laquelle on a donné le nom de *tonnerre*.

On voit souvent l'éclair fendre la nue et sillonner une grande étendue du ciel qu'on a estimée être quelquefois de plus d'une lieue ; la trace qu'elle laisse est presque toujours en zigzags, ainsi que l'étincelle électrique produite par une forte décharge.

Le tonnerre est causé par une violente agitation de l'air qui se trouve sur le passage de l'électricité. Les roulements prolongés sont dus principalement au trajet de l'éclair à travers les différentes couches d'air qui ne reçoivent pas la même impulsion, parce qu'elles ne sont pas à la même température ni au même degré de sécheresse ou d'humidité. Il arrive souvent que le tonnerre est répété et prolongé par les échos des forêts, des montagnes ou des nuages ; cependant, en général, c'est la durée de l'éclair qui détermine la durée du tonnerre.

Le tonnerre ne se fait généralement entendre qu'un temps plus ou moins long après l'apparition de l'éclair ; cela tient à ce que le son se propage beaucoup moins vite que la lumière. Plus il s'écoule de temps entre l'apparition de l'éclair et le bruit du tonnerre, plus le nuage orageux est éloigné.

Ces phénomènes étaient bien connus des anciens : « Mais l'oreille, dit Lucrèce, n'entend le son du tonnerre que quand l'œil a aperçu l'éclair, parce que les simulacres qui frap-

Fig. 65. — Éclairs arborescents.

pent l'ouïe vont plus lentement que ceux qui excitent la vue, une expérience t'en convaincra. Regarde de loin le bûcheron trancher avec la hache le superflu des rameaux, tu verras le coup avant d'en entendre le son ; de même, l'impression de l'éclair se fait sentir plus tôt que celle du tonnerre, quoique le bruit parte en même temps que la lumière et qu'ils soient l'un et l'autre produits par la même cause et nés du même choc. » (Liv. VI.)

On peut mesurer l'éloignement du nuage orageux par le temps écoulé entre l'éclair et le tonnerre. Chaque seconde, que l'on peut facilement compter par les battements du pouls, représente une distance de 340 mètres. Une fois que l'éclair a brillé, il n'y a plus de danger, puisque l'effet de la foudre est produit.

Le plus souvent la foudre éclate au milieu des airs sans occasionner aucun ravage sur la terre ; mais il n'en est pas toujours ainsi.

III.

On distingue deux sortes de foudroiement, le *foudroiement direct* et le *foudroiement par le choc en retour*.

Lorsqu'un nuage orageux s'approche assez près d'un point quelconque de la surface de la terre pour y déterminer une forte accumulation d'électricité, la recomposition des deux électricités peut s'opérer entre le nuage et le point influencé. On dit alors que ce point est foudroyé directement ou, comme le vulgaire, que la foudre est tombée sur ce point, quoique en réalité rien ne soit tombé ;

il n'y a eu que recomposition des fluides électriques.

Le point influencé par le nuage orageux vient-il à être soustrait instantanément à ce nuage, alors les deux électricités séparées sur ce point reviennent l'une vers l'autre avec violence, et se recomposent brusquement. C'est ce qu'on appelle le choc en retour, deuxième espèce de foudroiement.

Les éminences, le sommet des montagnes, les arbres, les clochers, et en général les édifices élevés, sont frappés de préférence, parce qu'ils sont plus rapprochés des nuages orageux; on sait que l'action de l'électricité a lieu, toutes choses égales d'ailleurs, *en raison inverse du carré des distances.*

Cependant la nature du sol, son état de sécheresse ou d'humidité, la conductibilité des matières qui composent les différentes couches de terrain, sont des éléments qui déterminent quelquefois l'explosion de la foudre sur un point moins élevé plutôt que sur un autre plus élevé.

Le choc en retour est moins violent dans ses effets que le choc direct, il ne produit point de combustion; mais il est certain que les hommes et les animaux peuvent en être frappés de mort. On ne remarque alors sur eux ni brûlures, ni plaies, ni fractures, en un mot aucune trace de l'agent électrique, au lieu que le foudroiement direct présente ordinairement ces caractères.

Le foudroiement direct est donc le plus terrible. Alors la foudre, lorsqu'elle est en communication avec le sol, se manifeste par un ou plusieurs trous plus ou moins profonds; la terre en est remuée et bouleversée; les arbres en sont quelquefois fendus et brisés, ou marqués de la cime au pied par un sillon de plusieurs centimètres de profondeur.

Lorsqu'elle éclate sur des charpentes séchées par le temps, sur des toits de chaume, la foudre y met ordinairement le feu et produit un incendie ; souvent elle transporte au loin des objets d'un poids considérable, arrache des barres de fer de leurs scellements, fond et volatilise les métaux, déplace et renverse les meubles. Elle amène souvent des accidents bizarres ; on la voit délaisser un objet qui se trouve sur son passage pour en aller chercher un autre qui est à l'écart et caché, comme un clou, un morceau de métal au milieu d'une maçonnerie. Les divers degrés de conductibilité des corps suffisent pour expliquer ces préférences.

IV.

Jetons un coup d'œil général sur ces phénomènes, bien propres à étonner.

Le 6 août 1809, à Swinton, la foudre tombe sur une maison ; elle arrache de ses fondements un mur de 1 mètre d'épaisseur et de 4 mètres environ de hauteur, le soulève et le transporte, sans le renverser, à quelques pas plus loin. Ce mur se composait d'environ 7,000 briques et pesait près de 26 tonnes. — En 1723, la foudre brise un arbre dans la forêt de Nemours ; les deux fragments de la souche avaient l'un 5 et l'autre 7 mètres de long ; quatre hommes n'auraient pas soulevé le premier, la foudre le jeta cependant à 15 mètres de distance.

Ces phénomènes de transport sont fréquents ; mais une chose très curieuse, c'est que la foudre, dans son passage, s'identifie, pour ainsi dire, avec certains corps. Nobili a observé sur des pierres foudroyées des couches de sulfure de fer ; la foudre s'était emparée chemin faisant de ce sulfure, et l'avait ainsi transporté. On a observé le même effet sur des arbres foudroyés.

En 1707, la foudre tomba dans un moulin, sur une grosse chaîne en fer qui servait à hisser le blé ; les anneaux se fondirent et furent soudés l'un à l'autre, de manière que la chaîne devint une barre de fer.

On rencontre des traces de fusion par la foudre à peu près partout. Au sommet du mont Blanc, Saussure a trouvé des masses d'amphibole schisteux recouvertes de gouttes et de bulles noirâtres évidemment vitreuses, de la grosseur d'un grain de chanvre. Ayant comparé ces bulles avec d'autres qui recouvraient des briques frappées de la foudre, il n'eut pas de peine à en reconnaître l'identité.

Sur la plus haute cime du Toluca, près de Mexico, MM. de Humboldt et Bonpland ont constaté que la surface du rocher *el Frayle* était vitrifiée et que la foudre avait passé par là. C'est encore au passage de la foudre que l'on doit rapporter l'origine des fulgurites ou tubes fulminaires qu'on découvre dans les sables.

Avec l'électricité on peut aimanter le fer. Quand la foudre frappe les barres de fer d'un édifice, ces barres sont aimantées. Sur mer, les effets magnétiques sont plus sensibles encore : l'aimantation des aiguilles de la boussole peut être dérangée, comme aussi la marche des chronomètres. Dans son voyage de 1824, le capitaine Duperré a pu s'assurer de ce dernier fait.

Le passage de l'électricité dans un nuage donne naissance à de l'ozone; il se fait aussi une combinaison d'azote et d'oxygène, d'où résulte de l'acide nitrique, qui à son tour forme des nitrates. Les eaux qui tombent alors sur la terre en sont plus ou moins imprégnées.

L'orage fait tourner le pain, le lait, la bière nouvelle; mais ces effets sont amenés plutôt par la chaleur de l'air que par les décharges électriques.

On remarque que les individus tués par la foudre sont rapidement envahis par la putréfaction.

Cela tient à ce que, dans ce genre de mort, le système vasculaire est surtout atteint; il est crevé par la foudre, et tous les liquides du corps humain sont mélangés. L'électricité agit surtout sur le système nerveux; aussi la plupart des individus que la foudre a frappés sans les tuer demeurent-ils paralysés.

V.

Au nombre des effets les plus extraordinaires de la foudre il faut ranger sans contredit les empreintes d'images terrestres qu'elle grave sur les objets foudroyés. De nombreux exemples en ont été rapportés à différentes époques, et M. Pœy, directeur de l'observatoire météorologique de la Havane, a présenté à l'Académie des sciences de Paris un certain nombre de ces spécimens; nous lui en empruntons quelques-uns qui pourront intéresser nos lecteurs.

La première mention de ce singulier phénomène de la foudre se trouve dans les Pères de l'Église, qui le citent d'une manière formelle, comme s'étant manifesté, vers l'an 360 de notre ère, sur le corps et sur les vêtements des hommes occupés à la reconstruction du temple de Jérusalem. Ces pères, contemporains de l'empereur Julien, sont saint Ambroise, saint Jean Chrysostome et saint Grégoire de Nazianze.

Comme les Juifs se préparaient à poser les fondements du temple, il arriva un tremblement de terre précédé de tourbillons de vent, de tempête et de foudre, suivi de globes de feu qui sortirent des entrailles de la terre. Les ouvriers s'étant réfugiés dans une église catholique voisine, la foudre éclata de nouveau, et des croix se trouvèrent imprimées sur le corps et sur les vêtements des ouvriers et des personnes présentes. Ces croix étaient obscures le jour, *brillantes* et *radiantes* la nuit.

Chose remarquable, on a retrouvé, à une époque plus moderne, une formation analogue de croix par l'action de la foudre. Casaubon raconte qu'environ quinze ans avant l'année 1510, la cathédrale de Wells, dans le Somersetshire (Angleterre), fut foudroyée, et que l'on trouva des *croix dessinées* sur le corps de ceux qui se trouvaient dans l'église. L'évêque en avait une sur le bras, d'autres présentaient ce signe sur l'épaule, sur la poitrine, sur le dos. Ces croix avaient été imprimées sur le corps à travers le linge et les vêtements.

Une troisième formation de croix a eu lieu à l'époque de l'éruption du Vésuve en 1660; elle est signalée par le père Kircher.

On a trouvé d'autres impressions de la foudre non
moins surprenantes que les précédentes. La foudre
étant tombée, le 18 juillet 1689, sur l'église de Saint-
Sauveur à Lagny, elle imprima en un instant, sur la
nappe de l'autel, les paroles de la consécration qui se
trouvaient sur le canon, à commencer de celles-ci : *Qui*

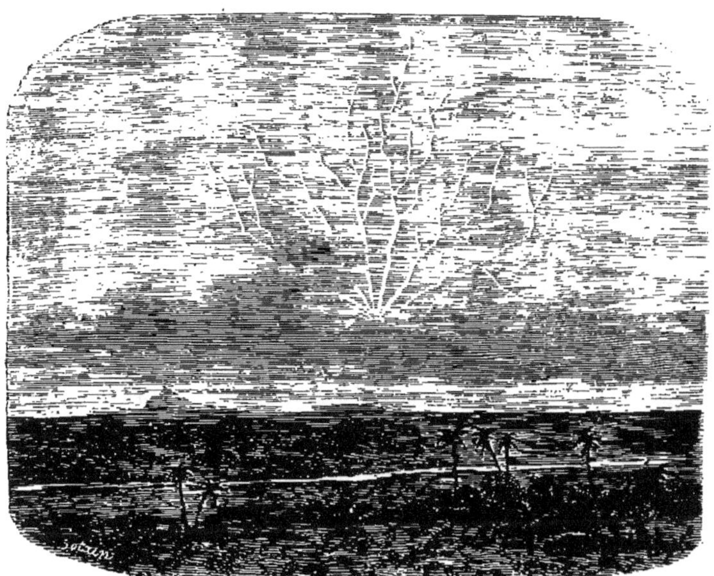

Fig. 66. — Éclair divisé et radié.

pridie quam pateretur, etc., jusqu'à ces autres inclusivement : *Hæc quotiescumque feceritis, in mei memoriam fa-
cietis;* n'ayant omis que les paroles que l'on a l'habitude
d'écrire en caractères plus saillants que les autres, et qui
étaient en lettres rouges sur le carton.

En 1786, Leroy, membre de l'Académie des sciences

de Paris, dit que Franklin lui avait plusieurs fois répété qu'il y avait quarante ans un homme se tenait sur le bas d'une porte, pendant un orage, lorsque la foudre tomba sur un arbre vis-à-vis de lui, et que, par une espèce de prodige, on trouva ensuite la contre-épreuve de cet arbre sur la poitrine de cet homme.

En 1825, la foudre tomba sur le brigantin *Il Buon Servo*, à l'ancre dans la baie d'Armiero; un matelot assis au pied du mât de misaine fut tué, et on remarqua sur son dos une trace légère, jaune et noire, qui partait de son cou et se terminait aux reins, et là était imprimé *un fer à cheval* parfaitement distinct et de la même grandeur que celui cloué sur le mât.

Le mât de misaine d'un autre brigantin fut foudroyé dans la rade de Zante; on vit sous la mamelle gauche d'un marinier, qui avait été tué, un numéro 44, que tous ses camarades attestèrent ne pas exister auparavant. Ces deux chiffres, grands, bien formés, avec un point au milieu, étaient parfaitement semblables au numéro en métal attaché à un agrès du bâtiment, placé entre le mât et le lit du marin, qui était endormi lorsqu'il fut foudroyé.

En 1836, la foudre tomba près de Zante, et tua un jeune homme. Le cadavre avait au milieu de l'épaule droite six cercles qui conservaient la couleur de chair, tandis que le reste du corps était noirâtre. Ces cercles, dessinés les uns à la suite des autres, se touchaient en un point. Ils étaient de trois grandeurs différentes, correspondant exactement à celles des pièces de monnaie d'or que le jeune homme avait du côté de sa ceinture.

En 1841, un magistrat du département d'Inde-et-Loire

fut frappé de la foudre. On remarqua avec surprise qu'il avait sur la poitrine des taches qui ressemblaient parfaitement à des feuilles de peuplier. Ces marques s'effacèrent graduellement à mesure que la circulation se rétablit.

En 1847, Mme Moraza, de Lugano, assise près d'une fenêtre pendant un orage, éprouva une commotion dont on ne dit pas qu'elle ressentit de mauvais effets; mais une fleur, qui se trouva dans le courant électrique, fut dessinée parfaitement sur sa jambe, et cette image s'y conserva le reste de ses jours.

A Cuba, le 24 juillet 1852, la foudre tomba, dans une plantation de café de Saint-Vincent, sur un palmier, et grava sur les feuilles sèches l'image des pins d'alentour, aussi parfaitement que si elle avait été exécutée avec un burin.

L'*Intelligence*, journal des États-Unis d'Amérique, signalait le fait suivant, en 1853 : Une jeune fille se trouvait devant une fenêtre en face d'un arbre; après une décharge électrique, l'image entière de l'arbre fut reproduite sur son corps.

« J'ai cent fois entendu raconter dans mon enfance, dit Raspail, un fait de ce genre dont tout le pays avait pu être témoin. Un enfant était monté sur un peuplier d'Italie, pour y dénicher un nid d'oiseaux; la foudre éclate et jette l'enfant sur le sol; ce pauvre malheureux portait sur la poitrine le décalque du peuplier, sur un rameau duquel on distinguait fort bien le nid et l'oiseau tant convoité. »

Il n'y a que peu de temps, plusieurs journaux ont rapporté qu'une femme de Seine-et-Marne s'était réfugiée avec sa vache sous un arbre, au moment où un violent orage éclatait. Tout à coup une forte détonation se fit entendre; la vache fut tuée par la foudre, et sa gardienne resta étendue sans mouvement sur le sol. On reconnut qu'elle vivait encore, et des soins empressés lui rendirent le sentiment de l'existence. Mais, chose singulière, en écartant ses vêtements pour la secourir, on aperçut parfaitement gravée sur sa poitrine l'image de la vache frappée à côté d'elle.

VI.

Dans l'état actuel de nos connaissances, il est difficile d'avancer une théorie qui puisse rendre compte d'une manière entièrement satisfaisante de toutes les circonstances qui accompagnent la formation de ces singulières impressions de la foudre.

Cependant il est croyable qu'elles ont le plus grand rapport de cause et d'effet avec des impressions analogues obtenues à l'aide des rayons solaires, comme dans la photographie ordinaire, ou à l'aide de la décharge électrique d'une batterie, ou encore par une action thermo-électrique, comme dans le cas des images électriques obtenues par Moser, Riess, Carsten, Grove, Fox-Talbot et d'autres savants.

Dans toutes ces impressions électriques, ainsi que dans celles de la foudre, le corps qui reçoit l'empreinte éprouve une modification moléculaire plus ou moins prononcée. Il y a en outre transport de matière pondérable détachée du premier conducteur et portée sur le second conducteur, où la foudre se neutralise, en d'autres termes, du pôle positif au pôle négatif, comme dans les opérations de galvanoplastie.

VII.

Nos lecteurs seront peut-être curieux de connaître le danger réel auquel on est exposé en présence de la foudre. Voici une statistique qui pourra leur en donner une idée :

Il résulte d'une note présentée à l'Académie des sciences, par M. le docteur Boudin, les renseignements qui suivent sur des accidents de la foudre, et qui ne sont pas sans intérêt. Dans la période comprise entre les années 1835 et 1863, c'est-à-dire en vingt-neuf années, on a compté en France 2,238 personnes tuées raide par la foudre. Le maximum annuel a été de 111, le minimum de 48; mais si l'on joint le nombre des blessés à celui des morts, le nombre total des victimes de la foudre dépasse 6,700, et la moyenne par an est de 230. Les personnes du sexe féminin paraissent beaucoup plus à l'abri des atteintes du fluide que celles du sexe masculin : ainsi sur 880 victimes frappées de 1854 à 1863, il n'y en a que 233, moins du tiers, appartenant au premier sexe. Et ce qui tendrait à prouver qu'il y a là une immunité particulière, celle des vêtements de soie par exemple, c'est que dans plusieurs cas la foudre, en tombant sur des groupes de personnes des deux sexes, a frappé particulièrement les individus du sexe masculin.

L'auteur de cette curieuse statistique cite deux personnes qui ont été frappées plusieurs fois, dans leur vie, par le feu du ciel. Circonstance bizarre! l'une d'elles a été visitée *trois fois* par la foudre, dans des *logements diffé-*

Fig. 67. — Diverses sortes d'éclairs simples.

rents. Sur 6,714 personnes foudroyées, un quart environ l'ont été sous des arbres, de sorte que si l'effet est la conséquence de cette situation, contre laquelle les physiciens recommandent de se prémunir, près de 1,700 personnes auraient pu éviter la mort ou de graves blessures en évitant le voisinage des arbres pendant l'orage. Les victimes de la foudre ne se répartissent pas également sur toutes les régions de la France, et les départements montagneux : la Lozère, la Haute-Loire, les Hautes-Alpes, la Haute-Savoie, occupent le premier degré de l'échelle, tandis que les plus épargnés sont plutôt des pays de plaines : la Manche, l'Orne, l'Eure, la Seine, le Calvados.

M. Boudin a également adressé à l'Académie une nouvelle note, tendant à démontrer l'action foudroyante de l'homme récemment foudroyé. Voici deux observations qu'il rapporte :

La première est relative à un homme qui, le 30 juin 1854, fut tué par la foudre, près du Jardin des plantes, à Paris, et dont le corps resta pendant quelque temps exposé à une pluie battante. Après l'orage, deux soldats qui voulurent enlever le cadavre reçurent chacun un choc violent au moment où ils le touchèrent.

Dans la seconde observation; deux artilleurs chargés de relever deux poteaux du télégraphe électrique qui avaient été renversés, le 8 septembre 1858, par un orage, à Zara (Dalmatie), ayant saisi, deux heures après l'orage, le fil conducteur, éprouvèrent d'abord de légères secousses, puis furent tout à coup terrassés; tous deux avaient les mains brûlées. L'un ne donnait même plus aucun signe de vie; l'autre, en essayant de se relever, retomba immédiatement en touchant du coude un de ses camarades accouru à ses cris. Ce dernier, terrassé à son tour, éprouva des accidents nerveux divers, et son bras présenta une brûlure de la peau à l'endroit même où il avait été touché.

VIII.

M. Tourde a présenté à l'Académie des sciences une note intéressante sur le cas de foudre arrivé le 13 juillet 1869 à 6 h. 45 du soir, au pont de Kehl. Nous la résumerons en quelques mots et nous ferons ressortir une particularité qui donne un enseignement spécial.

Un marronnier d'une faible élévation a été foudroyé au voisinage d'un édifice portant un paratonnerre, près du fleuve et des grandes masses métalliques du pont du chemin de fer. Rien n'explique la prédilection de la foudre pour cet arbre, semblable à ceux de la même rangée, si ce n'est la présence des trois militaires assis au-dessous et qui portaient des objets en métal.

La foudre est venue de haut en bas, sous forme d'un sillon lumineux, elle a effleuré l'arbre, laissant de faibles traces aux feuilles et au pied du tronc. Les trois militaires, assis sur un banc placé sous l'arbre, ont été renversés en même temps; l'un est mort sur le coup, le second en quelques minutes et le troisième a survécu.

Les vêtements des hommes foudroyés offrent des déchirures irrégulières, les unes avec brûlures, les autres sans trace de combustion. La foudre a frappé de haut en bas les deux militaires qui ont succombé, perçant la visière du schako et brûlant les cheveux et les poils de la face; chez l'un, le fluide électrique a longé le côté gauche du corps et est sorti par le fourreau du sabre; chez l'autre, il a sillonné le côté droit et il s'est échappé par la chaussure, dont une quinzaine de clous étaient arrachés. Le militaire survivant a été touché de côté, à la partie inférieure du tronc; l'étincelle, quittant le fourreau du sabre de son voisin, a frappé le couteau placé dans la poche du pantalon, a contusionné en ce point la cuisse, et, traçant en arrière un long sillon, a rejoint à gauche le fourreau de sabre, qui porte quelque trace de fusion.

Aucune lésion mécanique n'expliquait la mort; les caractères anatomiques étaient ceux d'une asphyxie, moins prononcée chez l'homme qui avait péri instantanément. La membrane du tympan a été brisée chez l'une des victimes, sans doute par suite du refoulement de l'air au moment de la détonation; la rigidité cadavérique a été prompte et générale.

Une chose assez remarquable, c'est que le survivant, ayant repris connaissance, ne savait pas qu'il avait été foudroyé. Plusieurs faits analogues ont déjà été remarqués : ainsi, M. Deschamps rapporte que le docteur Franklin fit passer un choc électrique au travers du cerveau de six hommes, ils tombèrent tous à l'instant sans connaissance. Leurs muscles furent subitement relâchés, et leur chute ne fut précédée d'aucune titubation, d'aucun signe précurseur de chancellement. Ils affirmèrent n'avoir ressenti aucun coup, ni vu ni entendu l'étincelle. L'état de mort apparente se dissipa graduellement : il serait devenu définitif si le choc eût été d'une plus grande intensité [1].

Ainsi, on peut passer de ce monde dans l'autre sans en avoir aucun pressentiment, sans transition, sans avoir

[1] *Comptes rendus de l'Académie des sciences*, 1869.

un instant la conscience que le moment suprême de la
mort est là.

IX.

M. Colladon a présenté à l'Académie un mémoire concer-
nant les effets de la foudre sur les arbres. Il reconnaît
que chaque espèce d'arbres présente des lésions ayant
des caractères spéciaux. Pour quelques espèces, pour les
peupliers, par exemple, les parties les plus élevées et les
plus jeunes ne sont nullement altérées par de violents
coups de foudre ; les lésions se manifestent habituellement
sur la partie inférieure du tronc, dont le bois, moins bon
conducteur de l'électricité, subit seul des altérations par
le passage du courant. C'est là seulement que l'on voit des
places dénudées d'aubier et d'écorce : ce qui a donné lieu
au préjugé très répandu d'arbres frappés au milieu, au
tiers ou au quart de leur hauteur. Il peut arriver qu'un
arbre très bon conducteur de l'électricité ne présente
aucune lésion apparente, à la suite d'un très violent coup
de foudre.

Dans la plupart des cas, la foudre ne frappe pas un
point unique de l'arbre, mais elle s'étale sur la totalité des
branches supérieures ou latérales ; quelquefois elle frappe
simultanément le sommet de plusieurs arbres contigus
et se dissémine sur une très grande quantité de feuilles
et de rameaux. M. Colladon démontre par plusieurs faits
bien caractérisés que, en général, chaque branche située
dans la partie élevée de l'arbre, recueille et transmet au

tronc son contingent de fluide électrique, qui vient grossir le courant principal auquel le tronc sert de conducteur.

Les traces ou les sillons en hélice qui se remarquent
quelquefois sur des arbres foudroyés, et assez fréquemment sur les chênes, prennent cette direction hélicoï-
dale par suite de la tendance du courant électrique à
suivre la longueur des cellules qui constituent le jeune
bois, seul bon conducteur de l'électricité. Lorsque la
foudre frappe des vignes, formées de ceps tous égaux en
hauteur et très régulièrement espacés, comme on en voit
un grand nombre dans la vallée du Léman, la surface
frappée est à fort peu près un cercle régulier et bien défini.
L'action plus forte du centre décroît en se rapprochant de
la circonférence; là elle cesse subitement, et au delà du
cercle on n'aperçoit aucune souche atteinte. Dans l'intérieur il n'y a ni anneaux, ni séparations [1].

A une réunion de la Société philosophique de Manchester, M. Sidebotham a également parlé des effets de la
foudre sur les différentes espèces d'arbres. Il a recueilli un
certain nombre de cas, et il a été surpris de trouver que
les hêtres avaient échappé aux coups de la foudre d'une
manière remarquable, et à un point qui permettrait de
dire que jamais un hêtre n'a été foudroyé.

Dans 28 cas d'arbres foudroyés en Angleterre, on a
remarqué que les coups se répartissaient de la manière
suivante sur les diverses espèces :

Chênes, 9; peupliers, 7; érables, 4; saules, 3; mar-

[1] *Comptes rendus de l'Académie des sciences*, 1872.

ronnier d'Inde, 1; marronnier, 1; noyer, 1; aubé-
pine, 1; orme, 1.

A l'occasion de cette communication, M. Biney fait
remarquer avec raison que les foudroiements sont en général déterminés par la nature du terrain. C'est ce qui
fait que dans certaines localités les orages sont plus désastreux que dans d'autres. Le hêtre croît généralement
sur un terrain sec et sablonneux; de tels terrains sont
mauvais conducteurs de l'électricité, et par conséquent
moins sujets que les terrains humides à recevoir les décharges de la foudre : on peut expliquer ainsi l'espèce
d'immunité dont paraît jouir le hêtre.

La frayeur que cause la foudre a poussé de bonne heure
à chercher les moyens de s'en garantir. On s'est successivement revêtu de certaines peaux, on s'est couvert la
tête de laurier, on a tiré le canon, sonné les cloches,
moyen plus propre à attirer la foudre qu'à l'éloigner;
on a enfin interrogé la science, qui nous a donné les
paratonnerres. Étudions ces curieux instruments.

CHAPITRE XVIII.

LES PARATONNERRES.

Distribution de l'électricité dans les corps. — Influence de la forme des corps sur la distribution de l'électricité. — Pouvoir des pointes. — Parties essentielles du paratonnerre. — Comment il décharge les nuages orageux. — Résumé des rapports qui ont été faits à l'Académie des sciences sur le paratonnerre depuis son origine. — Substances et sites qui attirent plus particulièrement la foudre. — Règles fondamentales pour la construction d'un bon paratonnerre. — Étendue qu'il protège. — Paratonnerre chinois. — Paratonnerre pour les navires.

I.

L'électricité à l'état neutre est uniformément répandue dans la masse des corps; mais il n'en est pas de même de l'électricité à l'état libre, car alors elle possède une puissance répulsive qui tend sans cesse à la disperser jusqu'à ce qu'elle trouve un obstacle qui l'arrête.

C'est pour cela qu'une fois développé dans les corps, le mouvement électrique se hâte de gagner la surface, et s'y accumule avec plus ou moins d'abondance.

Cette couche électrique est maintenue à la surface des corps par l'influence seule de l'atmosphère. La preuve se trouve en ce qu'il devient impossible de charger un corps bon conducteur si on le place dans le vide produit par la machine pneumatique ; car, dans ce cas, l'électricité que l'on développe s'échappe aussitôt sous la forme d'aigrettes lumineuses.

La force électrique fait donc un effort continuel pour vaincre l'influence atmosphérique ; et l'on désigne cet effort sous le nom de *force de tension de l'électricité*. Cette tension peut être comparée à celle qu'exercent les fluides pondérables contre les parois des vases qui les contiennent : quand les parois sont résistantes, le fluide est retenu ; mais si elles sont trop faibles, elles cèdent à la pression, et le fluide s'épanche. Il en est de même de l'électricité : lorsque sa tension est assez puissante pour rompre l'influence de l'atmosphère, qui fait l'office des parois d'un vase, elle se propage à travers l'espace.

La distribution de cet agent à la surface des corps dépend considérablement de leur forme : si le corps est sphérique, il résulte des propriétés mêmes de sa surface que le mouvement électrique s'y distribue uniformément, et présente partout la même puissance.

Si le corps a une forme allongée, terminée en pointe, l'accumulation et la tension électriques augmentent proportionnellement à mesure que l'on approche de l'extrémité effilée.

La tension de l'électricité devient extrême au bout d'une pointe aiguë : la résistance de l'atmosphère est insuffisante pour la retenir, et le chargement d'un corps bon conducteur ainsi terminé devient impossible.

En physique, on appelle *pouvoir des pointes* cette propriété qu'elles ont de faciliter l'écoulement de l'électricité ;

c'est à ce pouvoir des pointes que les appareils destinés à préserver les édifices des coups de la foudre doivent leur puissance.

II.

Un paratonnerre se compose d'une tige de fer se terminant en pointe par une de ses extrémités, et communiquant avec le sol par un *conducteur*. Ce conducteur est une longue barre ou corde aussi en fer. Voici, d'après les rapports faits à l'Académie des sciences sur ce sujet, les notions les plus indispensables à connaître.

La commission nommée en 1855 conseille de terminer le haut des paratonnerres par un cylindre de 2 centimètres de diamètre sur 20 à 25 centimètres de longueur totale ; le sommet doit en être aminci, afin de former un cône de 3 à 4 centimètres de hauteur. Ce cylindre est ajusté à vis sur l'extrémité de la tige de fer du paratonnerre pour en faire le prolongement.

Le conducteur doit être adapté à la tige par une très bonne soudure à l'étain, et aller se perdre dans une *nappe souterraine* qui laisse un libre cours à l'électricité, telle, par exemple, que celle des puits du voisinage qui ne tarissent jamais et qui conservent au moins 50 centimètres de hauteur dans les saisons les plus défavorables.

De loin en loin il sera nécessaire de reconnaître l'état du fer immergé, car il y a certaines eaux qui pourraient peut-être le corroder trop profondément dans une période de quatre ou cinq années. Il faudra donc défaire la dernière des soudures qui se trouve hors du puits, et avoir préparé les moyens mécaniques convenables pour enlever le conducteur et amener au jour son extrémité inférieure.

On sait qu'aucune peinture ne compromet les fonctions électriques d'un paratonnerre; ainsi, on peut appliquer sur la tige et sur le conducteur les enduits les plus propres à le conserver, en exceptant toutefois la portion immergée, qui doit rester en communication immédiate avec l'eau du puits.

La commission chargée d'étudier l'établissement des paratonnerres des édifices municipaux de Paris trouve inutiles les pointes en platine et adopte, pour placer au sommet de chaque tige, une flèche en cuivre rouge pur, d'environ 50 centimètres de longueur, terminée suivant un cône dont l'angle au sommet sera de 15° avec la verticale, soit de 30° pour l'angle total. La tige doit être en fer forgé, d'une seule longueur, polygonale ou légèrement conique, et autant que possible galvanisée en zinc; mais sous aucun prétexte elle ne devra être peinte[1].

Cette dernière clause, comme on le voit, n'est pas d'accord avec les indications de la commission académique de 1855.

Dans une note présentée à l'Académie des sciences par M. le général Morin, M. Saint-Edme rappelle que, dans le principe, Franklin voulait que les tiges fussent d'un seul métal; c'est par suite de la rapide oxydation du fer que

---

[1] *Les Mondes scientifiques,* 19 avril 1875.

les commissions successives ont dû penser à modifier la
nature de l'extrémité de la tige. Il croit qu'il est possible
de revenir à l'idée première, maintenant que l'on sait re-
couvrir le fer d'un métal, le nickel, qui formera à sa surface un véritable vernis protecteur contre l'oxydation, et
possédant la conductibilité nécessaire [1].

Voyons maintenant les phénomènes qui ont lieu, entre
le paratonnerre et le nuage orageux. Lorsqu'un nuage
orageux passe au-dessus du paratonnerre, l'électricité
neutre du métal se trouve décomposée par influence, et
cette décomposition s'étend jusqu'au sol par le moyen du
conducteur.

Il se produit alors à la pointe de l'appareil un écoulement continu de l'électricité contraire à celle du nuage,
qui va recomposer sans secousse une partie de l'électricité
de celui-ci et lui ôte ainsi le pouvoir de nuire.

Si l'électricité du nuage n'est pas suffisamment décomposée, et que la foudre éclate, c'est par le cône du cylindre
qu'elle pénètre dans la tige et le conducteur, et qu'elle
va se neutraliser dans la nappe souterraine, sans causer
de dommage à l'édifice que le paratonnerre protège.

III.

Dans un important rapport, la section de physique de
l'Académie des sciences fait remarquer qu'autrefois, pour
les constructions ordinaires, l'emploi des métaux était

---

[1] *Comptes rendus de l'Académie des sciences,* novembre 1875.

restreint presque exclusivement aux faîtages, aux gouttières, aux tirants de consolidation; ce n'était que bien rarement, et comme par exception, que l'on rencontrait soit une charpente de fer, soit une couverture de plomb, de cuivre ou de zinc, tandis que maintenant le métal prédomine de plus en plus; on le met partout, et, ce qui est un point important, on le met en grande superficie et en grandes masses : couvertures de métal, charpentes de métal, poutres de métal, croisées de métal, et quelquefois murailles de métal. Alors les nuages orageux décomposent, par influence, des quantités d'électricité décuples de celles qu'ils auraient décomposées sur les corps moins bons conducteurs, comme l'ardoise ou la brique, le bois, la pierre, le plâtre, le mortier et tous les anciens matériaux de construction. Ce nouveau système réalise donc sur une grande échelle ce que l'on attribuait d'abord au paratonnerre, c'est-à-dire la propriété d'attirer la foudre.

Quand l'objection s'appliquait au paratonnerre, elle n'avait qu'une apparence de vérité; car il est vrai que le paratonnerre attire la foudre, mais il est vrai aussi qu'obéissant aux lois qu'elle a reçues, celle-ci lui arrive, en général, sans bruit, sans éclat, et toujours infailliblement domptée et docile, ayant perdu toute sa puissance originelle de destruction. Quand l'objection, au contraire, s'applique à ces amas de substances métalliques qui entrent dans nos constructions actuelles, elle n'est pas spécieuse, elle est juste, profondément juste, fondée sur les lois les mieux établies; ces constructions attirent, en effet, la foudre, et rendent ses coups plus désastreux.

IV.

Pour se faire une idée juste de toutes les causes qui concourent à l'explosion de la foudre, il ne faut pas considérer seulement les constructions ni les objets qui s'élèvent au-dessus du sol; il faut tenir compte encore du sol lui-même et de toutes les substances qui le constituent, depuis sa surface jusqu'à de grandes profondeurs dans les entrailles de la terre. Un sol aride, composé d'une couche mince de terre végétale sous laquelle se trouvent d'épaisses formations de sable sec, de calcaire ou de granit, n'attire pas la foudre, parce qu'il n'est pas conducteur de l'électricité; s'il est exposé à ses coups, ce n'est qu'accidentellement, après les pluies qui ont imbibé sa surface. Là, les bâtiments participent jusqu'à un certain point au privilège du sol, à moins qu'ils ne soient construits dans le nouveau système et qu'ils n'occupent une étendue assez considérable. Mais sous ce sol aride et sec y a-t-il, à plusieurs dizaines de mètres de profondeur, de grands gisements métalliques, de vastes cavernes, des nappes d'eau ou seulement des fontaines abondantes, les nuages orageux exercent leur action sur ces matières conductrices, la foudre est attirée, elle éclate en franchissant l'intervalle; la croûte sèche n'est pas un obstacle insurmontable; elle peut être percée, fouillée, fondue, à peu près comme l'est une couche de vernis par l'étincelle électrique. Alors malheur aux constructions qui se trouvent sur son passage! Fussent-elles de pierre ou de bois, elles sont brisées comme le reste, à moins qu'elles n'aient à opposer pour défense un paratonnerre bien établi.

Si ces couches humides ou métalliques se trouvent cachées à des profondeurs plus grandes, le danger de l'explosion diminue pour deux causes : d'une part, l'enveloppe qui les couvre devient difficile à traverser; d'une autre part, l'action des nuages s'affaiblit par l'augmentation de la distance. On peut citer en preuve les vallées étroites qui ont quelques centaines de mètres de profondeur; la foudre n'y pénètre jamais; elle peut frapper les crêtes des collines, mais il est sans exemple qu'elle soit descendue jusqu'aux habitations, aux arbres ou aux ruisseaux qui occupent les parties basses. Ces faits constants donnent en quelque sorte la mesure de l'accroissement de distance aux nuages, nécessaire pour être à l'abri du danger.

V.

Il importe de bien remarquer que jamais la foudre ne s'élance au hasard : son point de départ et son point d'arrivée, qu'ils soient simples ou multiples, se trouvent marqués d'abord par un point de tension électrique, et au moment de l'explosion le sillon de feu qui les unit, allant à la fois de l'un à l'autre, commence en même temps par ses deux extrémités. Les herbes, les buissons, les arbres même, sont des objets trop petits pour la foudre; ils ne peuvent pas être son but. S'ils sont frappés, c'est parce qu'il y a au-dessous d'eux des masses conductrices plus étendues, qui sont le but caché d'attraction, qui reçoivent au large l'influence et déterminent l'explosion.

Ainsi les lieux les plus exposés sont les lieux qui, étant les plus rapprochés des nuages, sont en même temps découverts, humides et bons conducteurs; les arbres élevés sur les sommets des coteaux sont soumis à la première condition, les vaisseaux au milieu de la mer sont soumis à la seconde, et il se peut trouver à une hauteur moyenne des localités qui tiennent assez de l'une et de l'autre pour recevoir à la fois les coups les plus fréquents et les plus terribles, car le coup d'un même nuage orageux peut être fort ou faible, suivant l'étendue grande ou petite du corps conducteur qui le fait éclater.

VI.

Le cercle de protection qu'il est permis d'attribuer à un paratonnerre n'est pas fixé d'une manière absolue; quelques anciennes observations paraissent avoir constaté des coups de foudre sur des parties de bâtiment qui se trouvaient à une distance de la tige égale à trois ou quatre fois sa hauteur au-dessous de leur niveau. En conséquence, à la fin du siècle dernier, c'était une opinion généralement reçue que le cercle de protection du paratonnerre n'avait pour rayon que deux fois la hauteur de la tige. L'instruction de 1823, ayant trouvé cette pratique établie, a cru devoir l'adopter. Cependant elle y apporte quelques restrictions : par exemple, en ce qui regarde les paratonnerres des clochers, elle admet, s'ils s'élèvent à 30 mètres au-dessus du comble des églises, que pour ces combles le rayon du cercle de protection se réduit à 30 mètres au lieu de 60.

Il importe cependant de remarquer que ces règles, bien qu'elles soient appliquées depuis longtemps, reposent sur des bases où il entre beaucoup d'arbitraire; sans les condamner, il ne faudrait pas leur attribuer une valeur qn'elles sont loin d'avoir.

Ne suffirait-il pas, en effet, que d'époque en époque elles fussent ainsi admises traditionnellement, et de confiance, pour que l'on se crût dispensé de les soumettre à quelque contrôle, pour que l'on négligeât de faire sur ce point des observations qui pourraient se présenter, et qui fourniraient à la science des documents qui manquent presque complètement?

La commission n'admet qu'avec ces réserves, faute de données assez nombreuses et assez certaines, ces règles reçues sur la grandeur du cercle qu'un paratonnerre protège autour de lui; elles ne peuvent d'ailleurs pas être générales et absolues; elles dépendent d'une foule de circonstances, et particulièrement des matériaux qui entrent dans les constructions; par exemple, le rayon du cercle de protection ne peut pas être aussi grand pour un édifice dont les couvertures ou les combles sont en métal, que pour un édifice qui n'aurait dans ses parties supérieures que du bois, de la tuile ou de l'ardoise; dans ce dernier cas la portion active du nuage orageux, quoique notablement plus éloignée du paratonnerre que de la couverture, exerce cependant sur le paratonnerre une action plus vive, tandis que dans le premier cas ces deux actions doivent être à peu près égales pour une distance égale.

M. Perrot, savant distingué, a fait d'ingénieuses expériences pour vérifier de nouveau les lois de l'électricité. Il fait remarquer que l'on rendrait l'action du paratonnerre beaucoup plus efficace en armant son extrémité supérieure d'une couronne de pointes; que ces pointes multiples, tout en augmentant considérablement la quantité d'électricité fournie par le paratonnerre dans un temps donné, auraient l'avantage de diviser le flux. Chacune d'elles ne serait ainsi traversée que par un courant trop faible pour la fondre, même par les orages les plus violents.

VII.

Il y a quelques années, M. Babinet, de l'Institut, a présenté à l'Académie des sciences, de la part de M. Marchal, de Lunéville, la figure d'un des appareils qui, en Chine, accompagnent toujours les flèches aiguës qui couronnent les tours nombreuses de ce pays, où chaque ville a la sienne.

Suivant l'auteur, les chaînes qui accompagnent la flèche, et qui, partant de son pied, vont rejoindre les angles saillants de la tour, sont de vrais conducteurs de l'agent électrique, dont l'expérience peut avoir fait reconnaître l'efficacité à un peuple bien plus observateur que théoricien.

Il a remarqué que dans la construction des tours chinoises il n'entre point de substances métalliques, pas plus que dans leurs maisons et leurs palais. L'appareil des chaînes offre donc une sorte d'enveloppe conductrice qui préserve la tour de l'introduction de l'électricité.

Ces tours, d'ailleurs, n'ont jamais été frappées de la foudre. La fameuse tour de porcelaine de Nankin a quinze siècles d'existence.

M. Marchal rapproche la construction chinoise de la méthode italienne, qui consiste à consolider les flèches par des haubans métalliques allant se fixer aux angles du bâtiment; il ajoute que la flèche de l'appareil chinois se termine en flamme dorée, et, par suite, conductrice.

.VIII.

M. Harris s'occupe, depuis près de quarante ans, de la destruction des vaisseaux par la foudre. Il a recueilli sur ce sujet un grand nombre de documents qu'il a adressés, il y a quelques années, au conseil d'amirauté. La chambre des lords et la chambre des communes, après un examen approfondi, en ont ordonné l'impression.

On trouve, dans cet ouvrage, plus de deux cents cas de navires de la marine militaire anglaise et de la marine marchande frappés et endommagés par la foudre, classés méthodiquement, de manière à donner à l'ensemble un caractère tout à la fois scientifique et pratique.

M. Harris rappelle qu'à une certaine époque, dans un temps de guerre, vingt frégates et dix corvettes ont été

La cour Impériale à Umerapoura.

tellement avariées par des coups de foudre, qu'elles étaient impropres au service. Dans le huitième de ces cas, le feu avait pris aux mâts, aux voiles, etc.

Il rapporte que, sur cinquante-quatre navires marchands frappés par la foudre, dix-huit ont été complètement perdus.

Les paratonnerres qu'il propose pour éviter ces malheurs consistent en de longs conducteurs fixés dans les mâts et à la coque des vaisseaux. Dans cette disposition, la foudre ne peut arriver dans la mer par un chemin plus facile que celui qui lui est offert par les conducteurs du paratonnerre. Depuis près de trente ans, aucun navire de la marine royale pourvu d'un paratonnerre établi d'après les principes de l'auteur n'a été endommagé par la foudre.

Voici un fait qui vient donner une nouvelle importance à ce système :

Une dépêche officielle du vice-amiral sir William Martin, commandant en chef de la flotte anglaise dans la Méditerranée, annonçait que, dans la nuit du 20 septembre 1863, le vaisseau de Sa Majesté le *London* avait été frappé de la foudre pendant une très forte tempête. Les étincelles électriques s'élançaient à la fois de plusieurs points des lames conductrices. Le choc fut terrible; tous les matelots du bord éprouvèrent la même sensation que s'ils avaient été assaillis par un violent tremblement de terre. Et cependant, à l'exception de quelques clous arrachés, cette explosion formidable ne causa aucun désastre. C'est que le *London*, de 90 canons, est armé du paratonnerre et des admirables conducteurs continus de M. Harris. Une fois entré dans l'ensemble des lames métalliques, le fluide électrique les traverse sans tendance aucune à en sortir, et s'écoule dans la mer par la quille, sans rien détruire. Presque dans les mêmes parages, en 1839, le vaisseau de Sa Majesté le *Rodney*, de 90 canons, fut aussi atteint par la foudre; il n'était armé malheureusement que des anciens paratonnerres à chaînes : M. Harris n'avait pas encore fait adopter ses conducteurs; aussi le *Rodney* fut-il tout en feu pendant vingt minutes. Son grand mât et son grand hunier furent brisés; son grand mât de perroquet fut réduit en poussière qui flottait à la surface de la mer; deux hommes de l'équipage furent tués sur le coup, et le navire fut obligé de rester en réparation deux mois entiers dans le port de Malte. Ce coup de foudre coûta au trésor 250,000 francs! M. Harris a donc grandement mérité de son pays en mettant la marine royale anglaise, d'une manière presque absolue, à l'abri de ces terribles accidents dont les suites sont escomptées si chèrement.

IX.

Sur les navires qui ne suivent pas le système de M. Harris, le paratonnerre est mis en communication avec la mer par le moyen d'une chaîne conductrice. Lorsque l'orage paraît éloigné, on retire la chaîne de la mer, on la laisse traîner sur le pont, on la décroche même quelquefois du paratonnerre, et lorsque l'orage arrive, on la remet quand on y pense et quand on a le temps, car dans certains parages l'orage arrive tout à coup sans se faire annoncer; on paraît s'en soucier fort peu, et même, ce qui est incroyable, quand le moment est venu où la foudre se fait craindre, on ne prend aucune précaution pour que le conducteur soit isolé, ce qui est d'une incurie sans nom ou d'une ignorance absolue, car alors le paratonnerre devient très dangereux, et attire la foudre sur le navire plutôt que de l'en préserver.

Je me suis trouvé plusieurs fois au milieu des plus grands orages de l'Océan, aux environs du cap de Bonne-Espérance surtout, étonné de voir le conducteur en communication avec le navire, je fis quelques observations et j'eus mille peines à faire comprendre au marin qui lançait la chaîne à la mer, qu'il fallait l'isoler du navire. Après quelques moments de réflexion, il se souvint qu'il manquait en effet quelques petits instruments; il alla les chercher, et c'étaient justement les supports isolants. Je pensais que ce navire faisait exception sous ce rapport. Je pris des informations et je me suis convaincu qu'il en est à peu près de même sur la plupart des bâtiments marchands.

Il vaudrait donc mieux, dans l'état actuel des choses, qu'il n'y eût pas de paratonnerre sur le plus grand nombre de ces navires, à moins que l'on n'adopte le système de M. Harris; le conducteur étant fixé constamment à travers le mât, on n'a plus rien à craindre de l'ignorance ou de l'incurie.

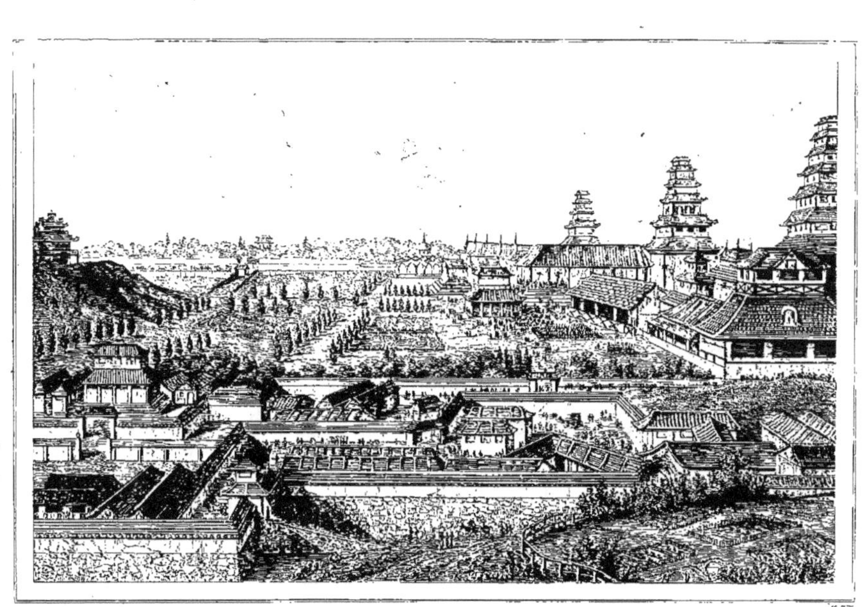

Le palais impérial de Yédo

CHAPITRE XIX.

FEU SAINT-ELME, OU FEU SAINT-NICOLAS.

On appelle *feu Saint-Elme* un météore lumineux produit par l'électricité, et qui se manifeste quelquefois en mer par un temps d'orage, surtout vers la fin d'une tempête. Il se présente sous forme de flamme ou de vapeur lumineuse, voltigeant sur les navires, aux extrémités des vergues et des mâts.

Tous ceux qui ont fait quelque long voyage en mer peuvent dire avec Camôens : « J'ai vu des feux brillants s'élever du sein des tempêtes, et d'un cercle de lumière environner nos mâts, heureux présage d'un calme prochain; le matelot battu par l'orage les prend pour des génies secourables qui ramènent la paix sur la terre[1]. »
Les anciens nommaient ces feux Castor et Pollux :

> Tel et de même éclate aux yeux des matelots
> Ce feu qui leur est cher et qu'au fort des orages
> Les mâts électrisés attirent des nuages;
> Qui roule ou se jouant, que son brillant essort
> Fit appeler Hélène, et Pollux et Castor.
>
> (Rosset, *l'Agriculture.*)

[1] *Les Lusiades*, ch. V.

Ces feux, *amis des matelots,* eurent à leurs yeux dès la plus haute antiquité quelque chose de sacré.

Lorsque les Argonautes levèrent l'ancre du promontoire de Sigée, il s'éleva une violente tempête, durant laquelle des flammes légères parurent, dit-on, sur la tête de Castor et de Pollux ; et comme le calme suivit de près cette apparition, les deux héros furent regardés comme des divinités secourables. On les invoqua dans la suite sous le nom de *Dioscures,* c'est-à-dire fils de Jupiter, et toutes les fois que ces flammes brillaient sur les vaisseaux on croyait que c'était Castor et Pollux qui venaient au secours des navigateurs.

Si, au lieu de deux ,il n'en paraissait qu'un, ce n'était plus une marque de beau temps; on l'appelait *Hélène;* alors on le regardait comme le présage infaillible d'une tempête prochaine.

A Castor et Pollux nos matelots ont substitué saint Nicolas et saint Elme.

CHAPITRE XX.

AURORES POLAIRES.

Aurore polaire. — Sa nature. — Description de ce phénomène paraissant dans toute sa splendeur. — Couronne boréale. — Hauteur des aurores boréales. — Aurores boréales pendant le siège de Paris. — Aurore boréale du 4 février 1872. — Aurore boréale de jour. — Causes des aurores boréales. — Influence de ces phénomènes sur l'aiguille aimantée et sur le télégraphe électrique. — Bruits caractéristiques qu'ils produisent. — Aurore australe. — Les aurores boréales regardées comme des signes de la colère céleste. — Faits curieux.

I.

L'*aurore polaire* est un phénomène lumineux qui paraît dans le ciel, la nuit principalement, et vers les pôles, ce qui le fait aussi appeler *lumière polaire;* les anciens le connaissaient sous le nom de *torche ardente.*

On l'a appelé *aurore boréale* en premier lieu, parce qu'on l'a d'abord observé du côté du nord ou de la partie boréale du ciel, et que sa lumière, lorsqu'on est proche de l'horizon, ressemble à celle du point du jour, ou de l'aurore :

> . . . Le Nord, dans ses vastes domaines,
> Contient de la clarté les plus beaux phénomènes.

Et qui ne connaît pas, dans ces climats glacés,
Ces feux par qui du jour les feux sont remplacés?
Là le pôle, entouré de montagnes de neige,
Conserve de ses nuits le brillant privilège,
Ces immenses clartés, ces feux éblouissants,
Au sein de l'ombre obscure, au loin resplendissants,
Qui même avec les cieux, où le jour prend naissance,
Rivalisent de luxe et de magnificence.

(DELILLE.)

On aperçoit rarement dans nos climats ce météore splendide, mais assez souvent dans les pays plus voisins du pôle arctique : en Laponie, en Norvège, en Islande, en Sibérie, où il rompt la monotonie des longues nuits hyperboréennes. On peut dire avec raison que l'aurore boréale est le soleil de ces contrées. Ces météores commencent à se montrer vers le 45ᵉ degré de latitude environ; à partir de là ils deviennent plus nombreux à mesure que l'on avance vers le pôle.

Ils se montrent fréquemment dans toutes les saisons et sous toutes les formes; souvent bas et tranquilles, étendus sur l'horizon comme un nuage ou comme une fumée légère, ayant la forme d'un arceau plein qui comprend plusieurs arcs, alternativement obscurs et lumineux, de différentes teintes de lumière et de couleurs.

Les aurores boréales sont plus fréquentes à l'époque des équinoxes; cependant on n'a pu encore leur assigner une périodicité régulière.

II.

Quand ce phénomène doit déployer toute sa richesse

Fig. 70. — Aurore polaire.

et toute sa splendeur, on commence après la chute du jour à distinguer une lueur confuse vers le nord; bientôt des jets de lumière s'élèvent au-dessus de l'horizon; ils sont larges, diffus et irréguliers.

Après ces apparences, qui sont comme le prélude du phénomène, on voit à de grandes distances deux vastes colonnes de feu, l'une à l'orient, l'autre à l'occident, qui montent lentement au-dessus de l'horizon.

Pendant qu'elles s'élèvent avec des vitesses inégales et variables, elles changent sans cesse de couleur et d'aspect; des traits de feu plus vifs ou plus sombres en sillonnent la longueur ou les enveloppent tortueusement; leur couleur passe du jaune au vert foncé ou au pourpre étincelant.

Enfin, les sommets de ces deux colonnes s'inclinent, se penchent l'un vers l'autre, et se réunissent pour former un arc ou plutôt une voûte de feu d'une immense étendue.

Quand cette voûte est formée, elle se soutient majestueusement dans le ciel pendant des heures entières. L'espace sombre qu'elle enferme est traversé d'instant en instant par des lueurs diffuses et diversement colorées, et dans l'arc même on distingue incessamment des traits de feu d'un vif éclat qui s'élancent au dehors, sillonnent le ciel comme des fusées étincelantes qui passent au delà du zénith, et vont se concentrer dans un petit espace à peu près circulaire, que l'on appelle la *couronne* de l'aurore boréale.

Dans les *couronnes boréales*, les courbes se forment et se déroulent comme les plis et les replis d'un serpent; les rayons se colorent, la base est d'un rouge de sang clair, le milieu d'un vert-émeraude pâle, le reste conserve sa teinte lumineuse jaune clair (fig. 66).

De nouveaux arcs se succèdent à l'horizon : on en a compté jusqu'à neuf; ils se serrent les uns lés autres et vont disparaître vers le sud. Quelquefois la masse des

Fig. 71. — Couronne boréale.

rayons paraît venir du sud, et, se réunissant avec ceux du nord, ces rayons donnent la véritable couronne boréale, ayant une forme elliptique, rarement circulaire.

Dès que cette couronne est formée, le phénomène est complet. On le contemple alors dans toute sa majesté :

Ils glissent en reflets, s'échappent en lingots,
Ou d'une mer de feu roulent au loin les flots,

Ici blanchit l'argent et là jaunit l'opale.
Là se mêle à l'azur la pourpre orientale;
Tantôt en arc immense ils prennent leur essor,
Roulent en chars brûlants, flottent en drapeau d'or,
S'élancent quelquefois en colonnes superbes,
S'entassent en rochers ou jaillissent en gerbes,
Et variant le jeu de leurs reflets divers,
De leur pompe changeante étonnent ces déserts.

(DELILLE.)

Après quelques heures, et d'autres fois après quelques instants, la lumière s'affaiblit peu à peu, les fusées ou les jets deviennent moins vifs et moins fréquents, la couronne s'efface, et bientôt l'on n'aperçoit plus que des lueurs incertaines qui se déplacent et disparaissent insensiblement.

Les aurores boréales ne sont pas circonscrites à notre atmosphère, car un de ces phénomènes ayant été vu à Saint-Pétersbourg, à Naples, à Rome, à Lisbonne et même à Cadix, et dans les lieux intermédiaires, M. de Mairan, dans son *Traité de l'aurore boréale*, trouve que cette aurore était éloignée de la terre, en ligne verticale, au moins de cinquante-sept lieues, et probablement beaucoup plus. Il estime que ces sortes de phénomènes ont ordinairement entre cent et trois cents lieues d'élévation.

III.

Pendant le siège de Paris par l'armée prussienne, les deux aurores boréales du mois d'octobre ont répandu une

profonde émotion. Laissons la parole à l'éminent secrétaire perpétuel de l'Académie des sciences :

« Dès le commencement de la nuit, à la première apparition, une lueur se remarquait au nord, et, peu à peu,
le ciel s'éclairait d'une nuance rose, qui en envahissait
la moitié. De temps à autre s'élançaient des rayons colorés, presque toujours d'un rouge de sang très intense,
tandis que se montraient, çà et là, au-dessus de Paris,
des plaques rouges, sanglantes aussi. Au moment où le
phénomène touchait à son terme, et quand le ciel s'as-
sombrissait déjà, on vit, tout d'un coup, la couleur rouge
resplendir encore d'un effrayant éclat. Le lendemain,
l'apparition recommençait avec une intensité un peu
moindre et laissait voir des irradiations blanches, lumineuses, dont le centre était placé vers la constellation
de Pégase ; traduisant les impressions de leur âme, les
uns en comparaient l'aspect à une gloire, les autres à
une croix. Parmi les habitants de Paris, il en est peu que
ces phénomènes n'aient saisis de crainte, et à qui, dès
l'abord, ils n'aient inspiré la pensée qu'une grande machine incendiaire était mise en jeu pour forcer les murailles ou pour démoraliser leurs défenseurs. Il en est
peu qui, voyant qu'il s'agissait seulement d'une aurore
boréale d'une espèce rare, n'aient cherché alors quels
pronostics heureux ou malheureux pouvait en tirer
leur patriotisme ému[1]. »

L'aurore boréale qui est venue s'épanouir et briller
d'un vif éclat sur notre horizon, le 4 février 1872, est la

---

[1] M. Dumas (de l'Institut), *Éloge historique d'Auguste de la Rive.*

plus belle que l'on ait vue jusqu'ici en Europe. Elle a commencé vers les cinq heures du soir et s'est terminée vers les deux heures du matin. Elle a été également visible en Asie, en Afrique et en Amérique. M. Fron, qui l'a observée à l'Observatoire de Paris, dit, dans sa note à l'Académie des sciences, que, vers six heures du soir, les variations de l'aiguille aimantée étaient telles que la lecture en était impossible; l'aiguille d'inclinaison avait atteint au minimum 65 degrés et demi environ. Vers les neuf heures, les mouvements de l'aiguille de déclinaison sont très bizarres. L'aiguille semble hésiter pour s'avancer dans une direction, elle tâtonne pour ainsi dire, puis tout à coup avance de quelques divisions, hésite de nouveau, pour repartir dans la même direction. A d'autres moments de la soirée, l'aiguille parcourt à peine une division de l'échelle, mais elle est animée d'un mouvement vibratoire très rapide. Cette aurore a été visible dans une partie très considérable de l'Europe; les nouvelles reçues à l'Observatoire des stations météorologiques montrent qu'elle s'est étendue sur l'Angleterre, la Belgique, l'Italie, l'Espagne, la Turquie; tous les renseignements n'étaient cependant pas encore parvenus. Des dépêches annonçant des perturbations magnétiques et des perturbations sur les lignes électriques ont également été adressées. D'après une dépêche de M. le directeur des lignes télégraphiques, la perturbation s'est fait sentir à partir de trois heures trente minutes, d'abord sur les lignes de l'Est, Allemagne, Autriche; vers quatre heures, les lignes de la Suisse étaient atteintes, et le phénomène s'est rapproché successivement de Paris, en passant par la Suisse, par Besançon et par Dijon; à cinq heures, les fils des environs de Paris étaient également influencés[1].

Le câble transatlantique de Brest à Duxbury, dit M. Tarry, a été parcouru par de forts courants, sautant brusquement d'un sens à l'autre.

IV.

Les apparitions bien constatées d'aurores boréales de jour étant très peu nombreuses, nous donnons, d'après M. Arago, la description d'un de ces phénomènes observé par le R. P. Patrick Graham à Aberfoyle, dans le comté de Perth, en Écosse.

« Le 10 février 1799, vers trois heures et demie du soir, le soleil était encore éloigné de son coucher de plus d'une heure, et il brillait faiblement à travers une atmosphère couleur de plomb, lorsque j'aperçus un halo autour de l'astre.

« Pendant que j'observais ce phénomène, l'hémisphère visible fut envahi en totalité par ce qui me parut au premier aspect une vapeur légère et pâle.

« Cette vapeur était disposée en bandes longitudinales, se levant de l'ouest et s'étendant vers l'est en passant par le zénith.

« En étudiant cette apparence plus attentivement, je reconnus qu'elle provenait d'une véritable aurore boréale; j'aperçus, en effet, les divers phénomènes qui caracté-

[1] *Comptes rendus de l'Académie des sciences*, 1872, 1er semestre.

risent le météore quand on l'observe de nuit, si ce n'est
qu'il était pâle et sans couleur.

« Les jets de matières électriques, s'élançant très vi-
siblement d'un nuage situé vers l'ouest, éprouvaient une
certaine diffusion, convergeaient vers le zénith, et diver-
geaient au delà vers tous les points de l'horizon. Les *cor-*

Fig. 72. — Arcs réguliers d'aurore boréale.

ruscations étaient aussi instantanées et aussi distinctement
perceptibles que pendant la nuit.

« Cette apparence dura plus de vingt minutes; elle s'affaiblit ensuite graduellement, et fit place à des vapeurs
légères dispersées çà et là, lesquelles au coucher du soleil se répandirent sur tout le firmament. La nuit suivante,
je ne parvins pas à découvrir la plus légère trace d'aurore boréale. »

V.

De toutes les hypothèses imaginées pour expliquer les aurores boréales, la plus généralement admise est celle qui en attribue la cause au magnétisme, avec les phénomènes duquel elle offre beaucoup de rapport; le sommet de l'arc de l'aurore boréale se trouve toujours sur le méridien magnétique du lieu de l'observation, ou du moins ne semble pas s'en écarter d'une manière sensible, et la couronne se trouve toujours sur le prolongement de l'aiguille d'inclinaison.

L'aurore boréale dérange de leurs positions ordinaires l'aiguille de déclinaison et l'aiguille d'inclinaison, et elle produit ces changements même aux lieux d'où elle ne peut être vue.

En général, dès le matin du jour où ce phénomène doit se montrer dans quelque région des pôles, l'aiguille de déclinaison de Paris dévie à l'occident, et le soir à l'orient. Arago avait annoncé cette observation dès l'année 1825. Ainsi, le dérangement de l'aiguille de Paris peut indiquer les aurores boréales qui se font voir aux Lapons, aux Groënlandais et à tous les habitants des régions polaires.

Le 29 mars 1826, Arago observa des mouvements inaccoutumés dans l'aiguille magnétique; ces mouvements lui firent supposer la présence d'une aurore boréale sous de plus hautes latitudes; sa conjecture fut pleinement justifiée, car Dalton observait au même moment à Manchester ce phénomène lumineux des pôles.

M. Higton, ingénieur télégraphique, a signalé à propos d'une aurore boréale une action très vive exercée sur le télégraphe électrique.

« Un télégraphe, dit-il, passant à travers le Watford tunnel (un tunnel de 1,600 mètres de long, et dont les fils se prolongent jusqu'à 400 mètres d'un côté et jusqu'à 800 mètres de l'autre), a été mis hors de service pendant trois heures.

« L'aimant a constamment été rejeté du même côté. Une telle action de l'aurore boréale est ordinaire. Elle s'est quelquefois manifestée pendant lë jour, quand l'aurore n'était pas visible, et dans un cas j'ai pu suivre son action à partir de Northampton, à travers Shepstone, Peterborough, sur la route du télégraphe de l'Est jusqu'à Londres. »

VI.

Franklin avait déjà émis l'idée, il y a environ un siècle, que les aurores boréales étaient dues à des décharges d'électricité entre la terre et l'atmosphère. De La Rive, mettant à profit toutes les observations et toutes les découvertes dont la science s'est enrichie depuis Franklin, est parvenu, par une suite de recherches nombreuses, dont les premières datent de 1849, à établir sur des fondements solides la théorie électrique de l'aurore boréale.

Il a constaté, comme fait acquis, qu'il y a presque toujours production simultanée d'une aurore australe et d'une aurore boréale; et que l'apparition d'une aurore polaire est toujours accompagnée de perturbations dans la direction des aiguilles des boussoles, et de la production de courants électriques dans les fils télégraphiques.

Au moyen de ces données et des notions qu'on possède sur l'état électrique de la terre et de l'atmosphère, de La Rive a réussi à démontrer que les aurores polaires devaient être attribuées à des décharges s'opérant dans le voisinage des deux pôles terrestres, entre l'électricité négative de la terre et l'électricité positive de l'atmosphère.

Ce n'est pas tout : les apparences lumineuses des aurores polaires, l'influence sur elles du magnétisme terrestre restaient à expliquer. De La Rive y est parvenu, en examinant de près l'effet lumineux des décharges électriques à travers des gaz très raréfiés, soit secs, soit chargés de vapeurs aqueuses à différentes températures, et en étudiant, au moyen d'électro-aimants très puissants, l'influence du magnétisme sur ces décharges. Il a ainsi réussi à reproduire en petit toutes les apparences des aurores polaires jusque dans leurs moindres détails, soit sous le rapport de leur teinte lumineuse, soit sous celui de leur forme et de leur mouvement.

Après avoir étudié et reproduit, l'un après l'autre, les phénomènes et les apparences qui accompagnent et caractérisent les aurores dans la nature, de La Rive a imaginé un appareil qui en donne la représentation complète et exacte.

« D'accord avec la plupart des physiciens, dit-il, je persiste à considérer les aurores polaires comme un phénomène qui se passe dans l'atmosphère. Je n'en voudrais, au besoin, pour preuve que la remarque faite par M. Biot, à l'occasion des aurores qu'il avait observées en 1817

aux îles Shetland, que l'aurore ne se déplace jamais
par rapport à l'observateur, tandis que si elle était un
phénomène cosmique, elle ne suivrait pas le mouvement
de rotation du globe terrestre. C'est ce qu'observe aussi
M. Fron, qui attribue, comme je l'ai toujours fait, l'aurore boréale à l'électricité provenant des régions équatoriales où la nappe ascendante se partage entre les
deux contre-alisés, l'un marchant vers le nord, l'autre
marchant vers le sud; ce qui donne l'explication de la
simultanéité des aurores polaires, ainsi que celle des
perturbations électriques et magnétiques qui les accompagnent dans les deux hémisphères[1]. »

La théorie électrique des aurores boréales part d'un
fait incontestable, dit de La Rive : « C'est que l'atmosphère est chargée d'électricité positive dont l'intensité
va en augmentant à mesure qu'on s'élève, et que la terre
elle-même est chargée d'électricité négative, et cela quelle
que soit la cause de ce dégagement d'électricité. Cela
admis, il est facile de comprendre que ces deux électricités tendent constamment à se réunir d'une part par
l'intermédiaire du globe terrestre, d'autre part par l'intermédiaire des couches supérieures de l'atmosphère avec
l'aide des vents contre-alisés, et que cette réunion, qui
a lieu dans les régions polaires, est accompagnée, quand
l'électricité a un certain degré d'intensité, d'actions per-
turbatrices sur l'aiguille aimantée et de la circulation
de courants électriques dans les fils télégraphiques, en
même temps que d'effets lumineux dans l'atmosphère,

---

[1] *Comptes rendus de l'Académie des sciences*, 1872, 1er semestre.

effets dont l'apparence est plus ou moins modifiée par l'action du magnétisme terrestre[1]. »

VII.

M. l'abbé Raillard, dans une ingénieuse théorie, établit une communauté d'origine entre les aurores boréales, les étoiles filantes et les comètes. Voici un passage important que nous devons citer : « Je crois être le premier et le seul qui ait émis cette idée, dit-il, et je l'ai formulée dès le commencement de l'année 1839 dans une note qui a été communiquée par Arago à l'Académie... Pour rattacher les aurores boréales aux comètes et aux étoiles filantes, je suppose que les aurores boréales sont produites par des nuages cosmiques dans un état de ténuité extrême, qui sont traversés par la terre, qui s'électrisent et deviennent lumineux dans le voisinage et sous l'influence des pôles magnétiques terrestres. Mais le trait de ressemblance le plus saillant qui existe, selon moi, entre les aurores boréales et les comètes, c'est que celles-ci, comme les premières, ont une lumière propre, du moins en très grande partie, et que cette lumière des comètes est électrique comme la lumière des aurores boréales, et comme celle qui rend visible la matière extrêmement raréfiée des tubes de Geissler traversés par un courant. La seule différence entre la lumière des aurores boréales et celle des comètes, serait que la première

---

[1] *Comptes rendus de l'Académie des sciences*, 1872, 1er semestre.

aurait sa cause dans l'induction magnétique de la terre, tandis que la seconde serait produite par la puissante induction magnétique du soleil. En effet, les radiations de la lumière des aurores boréales s'orientent et convergent vers les pôles magnétiques terrestres, de même que les queues des comètes sont toujours opposées au soleil et dirigées dans le sens de ses rayons, la phosphorescence de ces queues trouvant dans le noyau simple ou multiple des comètes, une cause d'excitation, une sorte d'amorce permanente, et l'on aurait ainsi une explication naturelle de cette particularité singulière du mouvement de toutes les comètes à queues, tandis que les astronomes avaient fait jusqu'ici de vains efforts pour l'expliquer d'une manière satisfaisante[1]. »

De son côté, M. Silbermann, l'habile préparateur du collège de France, communique à l'Académie des sciences un important mémoire, accompagné de dessins à l'appui, duquel on peut déduire : 1° une théorie des aurores boréales et australes, fondée sur l'existence de marées atmosphériques ; 2° l'indication, à l'aide des aurores, de l'existence d'essaims d'étoiles filantes à proximité du globe terrestre. Nous y remarquons principalement les passages suivants :

1° Les aurores boréales s'annoncent par les mêmes signes que les orages : baisse barométrique, hausse thermométrique, sentiment de prostration, odeurs nauséabondes quand c'est une aurore colorée qui se prépare ; elles s'annoncent également par l'existence d'une vapeur

____
[1] *Les Mondes scientifiques,* 1867 ; t. XIII.

rutilante au bas des nubécules sombres aurorifères, semblable à celle qui colore le bas des nuées orageuses;

2° Les aurores coïncident toujours avec l'existence de deux vents superposés à directions réctangulaires; la surface de séparation des deux vents est la base des phénomènes lumineux. Les nombreux et intéressants détails que rapporte l'habile observateur viennent confirmer les vues théoriques qu'il a présentées dans plusieurs communications[1].

On voit que l'on est loin d'être complètement d'accord sur la théorie de ces magnifiques et grandioses phénomènes, bien que l'électricité et le magnétisme y jouent le rôle principal.

VIII.

Il paraît que les aurores boréales produisent quelquefois un certain bruit caractéristique.

« Je n'ai jamais pu parvenir, dit de Saussure, à entendre aucun bruit particulier, même pendant les aurores boréales les plus grandes et les plus vives, à Skye, où régnait le plus grand calme et le plus profond silence.

« Cependant, j'ai recueilli dans les îles Shetland de nombreux témoignages à cet égard, d'autant plus remarquables qu'ils étaient entièrement spontanés et nullement influencés par aucune question préalable de ma part.

« Des personnes de diverses conditions et états, et habitant des districts très éloignés dans ces îles, ont été unanimes à dire que lorsque l'aurore boréale est forte,

[1] *Comptes rendus de l'Académie des sciences*, 1872, 1er semestre.

elle est accompagnée d'un bruit qu'ils ont tous également
et unanimement comparé à celui d'un van lorsqu'on
vanne le blé. »

Wargentin rapporte, dans le quinzième volume des
Transactions de Suède, que deux de ses élèves, le doc-

Fig. 73. — Aurore boréale du 31 octobre 1853.

teur Gisler et M. Helland, qui avaient longtemps habité
le nord de ce royaume, firent à l'Académie de Stockholm
un rapport dont voici les principaux passages :

« La matière des aurores boréales descend quelquefois
si bas, qu'elle touche le sol ; au sommet des hautes
montagnes, elle produit sur le visage des voyageurs un
effet analogue à celui du vent.

« J'ai souvent entendu le bruit des aurores, ajoute le docteur Gisler, ce bruit ressemble à celui d'un fort vent ou au bruissement que font quelques matières chimiques dans l'acte de leur décomposition... J'ai cru souvent trouver que le nuage avait l'odeur de fumée ou de sel brûlé... »

Les paysans de Norvège lui apprirent qu'il s'élevait quelquefois du sol un brouillard froid, d'un blanc verdâtre, qui obscurcissait le ciel, quoiqu'il n'empêchât pas de voir les montagnes de loin ; ce brouillard, à la fin, donnait naissance à une aurore boréale.

Cook rapporte quelques observations *d'aurores australes*, et, avant ce navigateur, Frazer, doublant le cap Horn, en 1712, en avait aperçu une à travers les brouillards, si communs sous ces latitudes. Depuis lors ce phénomène a été observé par beaucoup de navigateurs.

IX.

Les aurores boréales sont très rarement aperçues dans les pays un peu méridionaux, comme la France. On ne peut y voir que celles dont les flammes s'élancent au loin dans les régions du ciel, et brillent comme des poutres, des colonnes, des javelots embrasés ; et souvent il s'écoule des années en grand nombre entre deux de ces aurores imposantes. La précédente est oubliée lorsqu'il en paraît une autre.

Aussi les aurores, ainsi que les comètes, étaient-elles regardées comme des signes de la colère céleste, des précurseurs d'aventures sinistres, dont chacun faisait l'application d'après les rêves de son imagination, ses désirs ou ses craintes :

> Longtemps l'erreur les crut, dans ces âpres climats,
> Le reflet des glaçons, des neiges, des frimas,
> Des esprits sulfureux exhalés de la terre,
> Qui présageaient la mort, la discorde ou la guerre,
> Et jusque sur leur trône épouvantaient les rois.
>
> (DELILLE.)

Accoutumés à ce spectacle, effrayant pour les peuples du Midi, les Lapons, les Groënlandais, les Kamtschadales n'en sont point émus. Les Groënlandais, qui font jouer aux boules les âmes heureuses dans leurs champs Élysées, croient que ces grandes scènes de la nature sont les danses de ces mêmes âmes.

L'aurore boréale a été observée par les anciens. Pline veut sans doute désigner ce phénomène quand il parle en ces termes :

« On voit, dit-il, des torches, des lampes ardentes, des lances, des poutres enflammées dans toute leur longueur. On voit encore, et rien n'est d'un plus terrible présage, un incendie qui semble tomber sur la terre en pluie de sang, ainsi qu'il arriva la troisième année de la cent septième olympiade, lorsque Philippe travaillait à soumettre la Grèce. »

Dans un autre endroit, il dit « qu'on a vu des armées dans le ciel; qu'elles ont paru se choquer, qu'on a entendu le bruit des armes et le son des trompettes. »

Vers la fin du seizième siècle, à la suite de quelques aurores boréales, des troupes de dix à douze mille pénitents allèrent en pèlerinage *à Notre-Dame de Reims et de Liesse, pour signes vus au ciel et feux en l'air.*

Des villages, avec leurs seigneurs, viennent faire *leurs prières et leurs offrandes à la grande église de Paris,* émus, dit le Journal d'Henri III, *à faire tels pénitentiaux voyages* pour les mêmes objets.

Les chroniqueurs du moyen âge parlent d'armées sanglantes aperçues au ciel, comme d'un présage de grands fléaux. Gassendi vit le premier ce phénomène avec les yeux d'un philosophe ; il l'observa plusieurs fois, et notamment le 12 septembre 1621. Ce fut alors qu'il décrivit le météore et lui donna le nom d'*aurore boréale.*

CHAPITRE XXI.

LES TREMBLEMENTS DE TERRE.

I.

On sait que les tremblements de terre consistent dans
des secousses, plus ou moins fortes, qui affectent la partie
supérieure de la croûte solide du globe. Suivant l'opinion la plus répandue aujourd'hui, ils sont dus à la
fluidité centrale déterminée par la chaleur.

Les variations de température qui résultent de l'influence des saisons ne se font sentir qu'à une très faible
distance dans l'intérieur de la terre; la température du
sol est à une petite profondeur, variable suivant les lieux,
égale à la température moyenne de la localité.

Mais au-dessous de cette température moyenne la chaleur s'accroît successivement à mesure que l'on descend,
et le résultat des observations faites jusqu'ici donne
un accroissement de 1 degré par chaque 33 mètres de
profondeur, ou à peu près.

Il résulte de là que vers 3 kilomètres au-dessous du point de la température stationnaire on doit trouver déjà 100 degrés, c'est-à-dire la température de l'eau bouillante; et que si la loi se continuait régulièrement, on aurait à 20 kilomètres 666 degrés, température à laquelle beaucoup de silicates sont en fusion.

Vers le centre de la terre, c'est-à-dire à 6,400 kilomètres, on aurait une température de 200,000 degrés, dont nous ne pouvons nous faire aucune idée, et qui serait capable non seulement de fondre, mais encore de volatiliser tous les corps. Il n'est cependant guère probable que la chaleur s'accroisse toujours uniformément; il est à croire que bientôt il se fait un équilibre général, et qu'à une profondeur de 150 à 200 kilomètres il s'établit une température uniforme de 3,000 à 4,000 degrés, la plus forte que nous puissions produire et à laquelle rien ne résiste. Dans une récente communication à l'Académie des sciences, M. l'abbé Raillard, savant météorologiste, évalue cette température à 5,000 degrés.

Ainsi, il est très probable que l'intérieur de la terre est fluide, et que sa surface seule, sur une épaisseur de 20 kilomètres, présente une écorce solide.

A mesure que la masse intérieure continue à se refroidir et à augmenter l'épaisseur de l'enveloppe solide du globe, une partie de la matière tend à se décomposer et à passer à l'état gazeux. Ces gaz cherchent sans cesse une issue, poussés de place en place par l'inégalité de la pression le long des parois, probablement fort irrégulières, des surfaces intérieures.

Lorsque, par leur accumulation, ils ont acquis une

force expansive suffisante pour déchirer leur enveloppe,
ou qu'ils ont pu se faire jour jusqu'à quelque bouche
volcanique, ils entraînent avec eux, sous forme de laves,
une portion de la matière dont ils sont entourés, et
l'éruption met fin au tremblement de terre.

II.

Il est en effet constaté que les volcans sont liés d'une
manière intime à ces phénomènes.

Un des plus terribles, celui qui renversa Lima en 1548,
fut terminé par l'ouverture de quatre volcans. En 1759,
dans les environs de Pouzzoles, après deux ans de secousses et de bruits souterrains presque continuels, le
sol se crevassa, vomit une quantité de flammes et de vapeurs; une ouverture lança pendant sept jours tant de
cendres et de scories, que le lac Lucrin fut en partie com-
blé, et qu'il se forma sur les bords une montagne, le
Monte Nuovo, haute de 142 mètres.

Au Mexique, en 1759, on vit se produire de la même
manière le volcan de Jorullo. En 1815, tout l'Archipel
fut agité par de violents tremblements de terre, à la suite
desquels un volcan, le *Sumlava*, fit irruption.

La mer participe le plus souvent au mouvement de la
terre; on l'a vue s'élever à de grandes hauteurs, d'autres
fois se retirer précipitamment, revenir ensuite avec violence et détruire tout ce qui se trouvait sur son passage.
Le plus ordinairement l'atmosphère reste tranquille.

Les rapports des commandants des stations navales

dans l'archipel de l'océan Pacifique contiennent le récit du phénomène merveilleux qui suit : Une ondulation, une immense ride de l'Océan, provoquée par le terrible tremblement de terre qui a eu lieu en 1868 sur les côtes du Pérou, a parcouru par bonds précipités le tiers du tour du

Fig. 74. — San Salvador, ville de Guatemala, ruinée en 1854 par un tremblement de terre.

globe. Sa longueur était de plus de 8,000 mètres; sa hauteur de 25 mètres; sa vitesse était de 183 mètres par seconde, soit 658 kilomètres par heure. Le tremblement de terre ayant eu lieu le 13 août, c'est le 15 août que la montagne d'eau est venue frapper avec fracas les côtes de la Nouvelle-Hollande; en route, elle avait heurté les nom-

breuses îles de l'immense archipel de l'océan Pacifique ;
sur chaque île elle a laissé des traces de son passage.
Elle était précédée d'une oscillation sous-marine lointaine ;
elle s'annonçait par un grand bruissement de vagues aux
abords des terres ; puis furieuse, amoncelée, menaçante,
elle se brisait sur les côtes, inondait les parties basses, faisait crouler les rochers et passait plus rapide encore après
avoir été arrêtée sur sa route. Et sur l'immense surface
de l'océan Pacifique, cette vague gigantesque, qui avait
plus de deux lieues de longueur, était invisible. Les navires qui étaient hors de son action ne l'ont pas même
soupçonnée. A peine ont-ils senti un mouvement ondu-
latoire qui les soulevait d'une manière imperceptible.

III.

Le tremblement de terre qui a donné lieu à cette vague
monstre est un des plus vastes et des plus terrifiants que
l'on ait jamais vus. Voici quelques détails que nous empruntons aux journaux américains, principalement au
Messager franco-américain, qui nous en a donné le récit
navrant : « Le 13 août 1868, le Pérou a été mis à la plus
rude épreuve que ce pays infortuné eût jamais éprouvée.
D'une extrémité à l'autre de la république, un épouvantable tremblement de terre s'est fait sentir. Vers cinq
heures du soir, on a entendu tout à coup un bruit
sourd qui allait sans cesse en augmentant. Quelques secondes plus tard, la terre a commencé à se mouvoir avec
une rapidité de plus en plus grande. La secousse a duré

4 ou 5 minutes; elle s'est terminée par un choc d'une violence extraordinaire, capable de renverser les édifices les plus solidement construits.

« Ainsi qu'il arrive fréquemment, le tremblement de terre a été accompagné d'un raz-de-marée. Dans toutes les baies, dans toutes les rades, les eaux se sont retirées brusquement vers le large, comme si elles allaient laisser le littoral à sec; puis, sous la forme d'une vague, s'avançant avec une rapidité vertigineuse, comme un mur mobile, elles sont venues s'abattre sur les côtes. Dans tous les ports que ne protègent pas des hauteurs, les magasins, les églises, les maisons ont été renversés par les eaux. Les navires ancrés près de la rive se sont vus engloutis ou jetés au milieu dès terres par la force irrésistible des vagues. Les habitants, enfin, surpris par la chute des murs ou par l'invasion des eaux, ont péri par centaines.

« Le nombre des villes péruviennes qui ont été détruites est de onze, ce sont : Arequipa, Arica, Moquégua, Iquique, Sama, Lacumba, Nasca, Ila, Chala, Mejillones et Pisugua, auxquelles il faut ajouter un grand nombre de villages isolés. Il est impossible d'évaluer le nombre des victimes, mais on suppose que deux mille personnes ont péri. A Iquique seulement, la mer en a englouti six cents. Les pertes s'élèvent à plus de 300 millions de piastres. Les seuls bâtiments de la douane à Iquique et à Arica contenaient pour 8 millions de piastres de marchandises. Ils sont complètement détruits.

« A Lima, on a éprouvé aussi une très forte secousse, qui a duré trois minutes et demie. Au lieu d'être vertical, comme dans les tremblements de terre antérieurs, le mou-

vement était horizontal, et par conséquent très dangereux.
A l'approche du danger, la foule s'est précipitée dans les
rues; les *plazas* se sont remplies d'hommes, de femmes,
d'enfants éplorés. Les hautes tours de la cathédrale se ba-
lançaient de droite à gauche comme les mâts d'un navire

Fig. 75. — Lisbonne après le tremblement de terre de 1755.

pendant une tempête. Les maisons tremblaient comme les
feuilles d'un arbre sous l'action du vent. Mais les murs ont
résisté à cet ébranlement général. Lima n'a pas de dégâts
sérieux à déplorer. »

Les journaux de Panama contenaient les lugubres et

curieux détails suivants : « A Arica, on a assisté à un spectacle à la fois horrible et effrayant. Pendant le tremblement de terre, les personnes qui s'étaient réfugiées au
sud de la ville ont vu tout à coup le sol s'entr'ouvrir, et
plus de cinq cents momies en sortir lentement en longues
files parallèles à la mer. Toutes ces momies avaient une
position identique, les mains jointes au-dessous du men-
ton, les genoux relevés et les pieds soutenant le corps
desséché. Jamais, dans une circonstance si critique, on
n'avait vu plus terrible apparition.

« Cette apparition peut toutefois s'expliquer autrement
que par un miracle. A l'endroit où les momies sont sorties
du sol se trouvait un cimetière qui a toujours eu la réputation de momifier les corps, et qui est abandonné depuis
un siècle. Les cadavres que la terre a rejetés sont ceux
d'Indiens morts depuis la conquête espagnole, mais enter-
rés à la mode indienne. »

IV.

Les tremblements de terre peuvent être annoncés par
plusieurs indices : la sortie des reptiles qui habitent sous
terre, l'agitation des eaux, le tarissement des sources,
les mouvements extraordinaires des oiseaux, etc., sont,
comme pour les éruptions volcaniques, les signes certains
des agitations que la terre va éprouver.

Souvent ils sont précédés par des bruits sourds, qui se
propagent sans direction déterminée; en 1746, ils an-
noncèrent la destruction de Lima ; les habitants eurent le

temps de se sauver dans la campagne. Un bruit semblable à celui de plusieurs chars roulant sur un pont de pierre, dit Spallanzani, préluda au tremblement de terre qui détruisit Messine en 1755; rien cependant n'annonça celui qui bouleversa Lisbonne la même année.

Dans une note à l'Académie des sciences, M. Audrand faisait remarquer que chaque fois qu'un tremblement de terre a lieu, il est à présumer qu'une inondation se sera produite quelque part. Chaque fois qu'un fleuve déborde et inonde ses rives par des crues soudaines, il faut tenir pour certain, d'après lui, qu'un tremblement de terre se sera manifesté en même temps dans quelque région.

Quelques savants rattachent à l'état sphéroïdal de la masse incandescente du globe la cause des tremblements de terre et des éruptions volcaniques.

Chacun a remarqué que lorsque l'on répand de légères gouttes d'eau sur un fer rouge, cette eau se réduit en petites boules et sautille sur le fer, c'est ce qu'on appelle l'eau à l'état sphéroïdal, et l'on dit qu'un corps est à l'état sphéroïdal lorsqu'il présente un phénomène analogue. Cet état est une quatrième modification de la matière, spécialement étudiée par M. Boutigny, d'Évreux, qui a publié un volume plein de riches aperçus et de conséquences fécondes sur cette nouvelle branche de la science.

Si dans une chaudière, par exemple, on fait passer de l'eau à l'état sphéroïdal, et si l'on en verse tout à coup quelques grammes de plus, l'eau s'étale dans la chaudière, et s'évapore presque instantanément; ou bien si, au lieu de verser de l'eau, on éteint le feu, la chaudière se refroidit, elle perd la force répulsive, l'eau revient à l'état liquide ordinaire, et s'évapore en faisant explosion. Telle est la cause probable du plus grand nombre d'explosions des chaudières à vapeur.

Dans l'état sphéroïdal, on peut donc produire des explosions à volonté, de deux manières : en établissant le contact entre les sphéroïdes et les parois de la chaudière, par l'adjonction subite de quelques grammes d'eau, ou en refroidissant la chaudière par la cessation du feu.

Dans les deux cas, les sphéroïdes mouillent les parois de la chaudière, et l'équilibre de chaleur reparaît.

D'après ces phénomènes, si l'on admet, avec la plupart des géologues, que la masse du globe est encore incandescente, on peut également supposer que cette masse incandescente existe à l'état sphéroïdal, puisque tous les corps sont susceptibles de prendre cet état lorsqu'ils sont soumis à une haute température.

La lune ou le soleil, en attirant les sphéroïdes incandescents, peuvent déterminer le contact de leurs noyaux avec les parois internes de l'écorce solide du globe, rétablir ainsi l'équilibre de chaleur et déterminer l'explosion qui produit les tremblements de terre et les volcans.

CHAPITRE XXII.

LES VOLCANS.

Ile Vulcanie. — Phénomènes qui annoncent et accompagnent les volcans. — Salses. — Situation des foyers des volcans. — Causes des éruptions volcaniques. Fumée, cendres et laves lancées par les volcans. — Le Vésuve, mort de Pline, destruction de Pompéï, d'Herculanum et de Stabie. — Phénomènes curieux produits par l'Etna, le Stromboli, l'Hécla et le Grand-Brûlé. — Éruptions de 1812 et de 1860. — Filaments de verre lancés sur les lieux environnants. — La place Candide à l'île de la Réunion. — Description des principaux phénomènes qui ont accompagné l'éruption du 19 mars 1860. — Vitesse des laves incandescentes. — Répartition des volcans. — Montagnes embrasées présentant des phénomènes analogues à ceux des volcans. — Exemples curieux. — Volcans sous-marins. — Formation des îles. — Réapparition de l'île Ferdinandea.

I.

Anciennement on nommait *Vulcanie* une des îles Éoliennes, près de la Sicile. Cette île est couverte de rochers dont le sommet vomissait des tourbillons de flamme et de fumée. C'est là que les poètes ont placé la demeure ordinaire de Vulcain, dont elle a pris le nom, car on l'appelle encore aujourd'hui *Volcano*, d'où est venu le nom de *volcan* appliqué à toutes les montagnes qui jettent du feu.

Les éruptions volcaniques s'annoncent ordinairement par des bruits souterrains et par l'apparition de la fumée qui sort du cratère; peu à peu ces bruits redoublent, la terre tremble, la fumée s'épaissit, s'élève en colonne, et sa partie supérieure forme une cime touffue et épanouie ou se disperse dans les airs en épais nuages qui couvrent de ténèbres toute la contrée d'alentour.

Bientôt ces colonnes et ces nuages sont traversés par

Fig. 76. — Volcano et volcanello.

des sables embrasés et des matières incandescentes, qui sortent du volcan avec explosion, s'élèvent rapidement dans les airs à de grandes hauteurs, et retombent ensuite sous la forme d'une pluie de cendres ou de pierres.

C'est alors qu'au milieu de ces convulsions s'échappent des torrents d'un liquide rouge de feu, qui sillonnent les flancs de la montagne, surmontent tous les obstacles, renversent toutes les barrières, et ne s'arrê-

tent que lorsque le refroidissement des matières leur a
fait perdre leur fluidité.

Fig. 77. — Éruption vaseuse.

Il existe aussi des volcans nommés *salses*, dont les
éruptions sont constamment vaseuses, quoique précédées

d'ailleurs des mêmes phénomènes que présentent les autres volcans.

II.

Il résulte des connaissances acquises jusqu'à ce jour que les foyers des volcans doivent être situés à de grandes profondeurs au-dessous de toutes les masses minérales connues; cela est indiqué par la position immédiate de plusieurs cratères sur les roches les plus anciennes, et par les fragments de ces mêmes roches qui sont souvent rejetés par les éruptions. D'ailleurs les produits des éruptions sont composés de substances qui entrent toutes dans la composition des roches inférieures.

On admet généralement que la cause des éruptions volcaniques est le grand phénomène général du refroidissement du globe, dont la croûte solide pèse sur la matière en fusion qui se trouve au-dessous d'elle et la force à s'échapper par les ouvertures volcaniques. L'arrivée de l'eau de la mer dans les cavités où se trouve la lave, l'accumulation des feux souterrains sur certains points, etc., concourent à la production de ces grands phénomènes.

Il est très important de remarquer, pour l'explication des phénomènes et de la théorie de notre globe, que les matières lancées par les bouches volcaniques sont sensiblement de même nature, de même composition.

La fumée est en grande partie composée de vapeurs aqueuses, chargées de gaz sulfureux, d'hydrogène, d'acide carbonique et d'une certaine quantité d'azote. Elle détruit la végétation des contrées sur lesquelles elle passe.

Les cendres sont pulvérulentes, grises et très fines ; c'est la matière des laves dans un état de division extrême ; elles font pâte avec l'eau, prennent une certaine consistance et donnent ce que l'on appelle le *tuf volcanique*.

Fig. 78. — Éruption vaseuse.

Lorsqu'elles sont emportées dans l'air par des courants de gaz, elles forment d'épais nuages qui obscurcissent le ciel. En 1794, à l'époque d'une éruption du Vésuve, on ne pouvait marcher en plein jour sans un flambeau à la main, à quatre lieues de distance.

En 472, les cendres de ce volcan allèrent tomber jusqu'à Constantinople, à deux cent cinquante lieues.

Dans l'intérieur du cratère, la lave est à l'état de fusion. En 1783, on a pu voir dans le cratère du Vésuve une matière fondue bouillonnant continuellement avec violence, de l'intérieur de laquelle montaient de gros jets s'élevant jusqu'à dix ou douze mètres de hauteur.

Dans le Stromboli, la lave remplit souvent le cratère; elle présente alors l'aspect du bronze fondu; elle s'abaisse et s'élève par oscillations, dont les plus grandes ne dépassent pas dix mètres; en montant, la surface se tuméfie; il s'y forme de grosses bulles qui détonent fortement en crevant et donnent naissance à un jet de matière fondue. La lave descend en silence, mais elle monte avec un bruit semblable à celui d'un liquide qui s'extravase par une ouverture.

Spallanzani descendit dans le cratère de l'Etna en 1788; il vit au fond la lave en fusion bouillonnant légèrement; elle montait et descendait; les pierres que l'on y jetait frappaient comme si elles fussent tombées sur de la pâte.

III.

Les volcans peuvent être rangés en deux classes : les *volcans centraux* et les *chaînes volcaniques*.

Les volcans centraux forment le centre d'un grand nombre d'éruptions qui ont eu lieu autour d'eux dans tous les sens, d'une manière régulière.

Les volcans qui forment les chaînes volcaniques se

trouvent le plus souvent à peu de distance les uns des autres, dans une même direction; on en compte quelquefois vingt, trente et peut-être un plus grand nombre.

En Europe il n'existe qu'un petit nombre de volcans brûlants, dont voici les principaux :

L'Etna, qui s'élève sur les côtes de la Sicile jusqu'à une hauteur de 4,300 mètres.

Les anciens le regardaient comme une des plus hautes montagnes de la terre; il est cité par Pindare, qui vivait en l'an 449 avant Jésus-Christ, comme un volcan enflammé; ses éruptions se perdent dans la nuit des temps les plus reculés; l'une des plus importantes est celle de 1669, qui ravagea Catane, et donna naissance au *Monte Rosso*, dont la base a plus de quarante lieues de circonférence.

De grandes éruptions volcaniques, accompagnées de tremblements de terre, ont répandu la désolation en Islande. M. le ministre de l'instruction publique a adressé à l'Académie des sciences un important document sur ce sujet. Dans la nuit du 28 au 29 mars 1875, il était tombé au Seydisfiord de la neige en même temps qu'un peu de cendres. Vers neuf heures du matin le ciel s'obscurcit complètement au point que l'on aurait pu se croire dans une des nuits les plus obscures de l'automne; il tomba alors une quantité considérable de neige et de cendres jusque vers midi, heure à laquelle le soleil commença à s'éclaicir; sur plusieurs points la couche de cendres a atteint de 20 à 25 centimètres d'épaisseur. Les habitants des districts les plus éprouvés ont fait évacuer tous leurs chevaux et leurs moutons sur les contrées méridionales de l'île qui ont été épargnées par le fléau.

Cependant, on craint que de graves maladies ne viennent à se déclarer parmi les moutons, les chevaux et les bœufs, par suite de la quantité de cendres volcaniques qu'ils absorbent avec les herbages : on assure qu'une grande partie des habitants de Fljotsdal et de Fellna, ainsi que ceux du nord de Jokuldal, sont dans l'intention d'émigrer en Amérique; car il ne paraît pas possible de faire produire la terre dans ces contrées, pendant un certain nombre d'années. Il n'y a d'espoir que dans des pluies abondantes et durables, qui auraient pour résultat de débarrasser le sol de la plus grande partie des cendres qui le couvrent. Les habitants de toutes les contrées qui ont souffert seront nécessairement dans l'obligation de vendre ou d'abattre leurs bestiaux, les marchands du pays ne veulent ni ne peuvent acheter une si grande quantité de bétail, et il paraît absolument nécessaire qu'on fasse venir, au mois de septembre, à Bernfiord, Eskefiord, Seydisfiord, et même Vopnafiord, si cela est possible, quelques vapeurs qui achèteraient les moutons, les chevaux et les bœufs que les paysans sont obligés de vendre; ce serait le seul moyen de procurer à ceux-ci l'argent nécessaire pour acheter plus tard d'autres bestiaux et reprendre leur industrie[1].

M. Daubrée a présenté à l'Académie un échantillon de poussière grise extrêmement fine, tombée avec la neige en Suède et en Norvège, provenant des éruptions d'Islande. Au moyen du microscope on y reconnaît des grains fragmentaires et transparents, les uns incolores, les autres

[1] *Comptes rendus de l'Académie des sciences,* 1875, 2ᵉ semestre.

plus ou moins colorés en jaune brunâtre. Ce sont des fragments de ponce bien caractérisés; il est peu de grains qui atteignent deux dixièmes de millimètre dans leur plus grande dimension; beaucoup n'ont que deux centièmes à trois centièmes de millimètre.

M. Daubrée rappelle que de nombreux exemples témoignent du transport dans l'atmosphère, jusqu'à de grandes distances, de cendres volcaniques, de sables et de poussières diverses.

La cendre de l'incendie de la ville de Chicago est arrivée aux Açores le quatrième jour après le commencement de la catastrophe; en même temps, on avait senti une odeur empyreumatique qui avait fait dire aux Açoriens que quelques grandes forêts brûlaient probablement sur le continent américain. Le célèbre brouillard sec qui, en 1783, couvrit pendant trois mois presque toute l'Europe, après avoir d'abord paru à Copenhague, où il persista cent vingt-six jours, avait pour cause une éruption de l'Islande ainsi qu'on l'apprit plus tard. En septembre 1845, un transport de même origine, mais beaucoup moins considérable, fut constaté aux îles Shetland et aux Orcades. M. Descloizeaux a observé luimême cette poussière aux Orcades en revenant d'Islande; on voyait sur les navires et sur la mer une poussière rouge que l'on avait d'abord prise pour de la cendre de tourbe[1].

----

[1] *Comptes rendus de l'Académie des sciences*, 1875, 1er semestre.

IV.

Le Vésuve, pris dans son ensemble, offre une masse conique, isolée, s'élevant, au milieu d'une vaste plaine, à 1,200 mètres au-dessus de la mer de Naples. Il s'est éteint et rallumé à plusieurs reprises.

Vitruve et Diodore de Sicile, qui écrivaient du temps d'Auguste, disent, d'après les témoignages historiques, que le Vésuve avait anciennement vomi des feux comme l'Etna.

Ce volcan se rouvrit l'an 79 après Jésus-Christ, le 24 août. Cette éruption ensevelit les villes d'Herculanum, de Pompéi et de Stabie. On sait que Pline le naturaliste périt victime de la vive curiosité que cet imposant phénomène lui avait inspirée.

Pline le jeune écrivant à Tacite, sur ce sujet émouvant, s'exprime ainsi : «... Cependant, de plusieurs endroits du Vésuve on voyait briller de larges flammes et un vaste embrasement, dont les ténèbres augmentaient l'éclat. Pour calmer la frayeur de ses hôtes, mon oncle leur disait que c'étaient des maisons de campagne abandonnées au feu par les paysans effrayés. Ensuite il se livra au repos et dormit d'un profond sommeil ; car on entendait de la porte le bruit de sa respiration, que sa corpulence rendait forte et retentissante. Cependant la cour par où l'on entrait dans son appartement commençait à s'encombrer tellement de cendres et de pierres, que s'il y fût resté plus longtemps il lui eût été impossible de sortir. On l'éveille. Il sort, et va rejoindre Pomponianus

Fig. 80. — Mort de Pline.

et les autres qui avaient veillé. Ils tiennent conseil et
délibèrent s'ils se renfermeront dans la maison, ou s'ils
erreront dans la campagne, car les maisons étaient
tellement ébranlées par les effroyables tremblements de
terre qui se succédaient qu'elles semblaient arrachées de
leurs fondements, poussées dans tous les sens, puis ra-
menées à leur place. D'un autre côté, on avait à craindre,
hors de la ville, la chute des pierres, quoiqu'elles fussent
légères et minées par le feu. De ces périls on choisit le
dernier... Ils attachent donc avec des toiles des oreillers
sur leurs têtes; c'était une sorte d'abri contre les pierres
qui tombaient.

« Le jour recommençait ailleurs, mais autour d'eux
régnait toujours la nuit la plus épaisse et la plus sombre,
sillonnée cependant par des lueurs et des feux de toute
espèce. On voulut s'approcher du rivage pour examiner
si la mer permettait quelque tentative : mais on la trouva
toujours orageuse et contraire. Là, mon oncle se coucha
sur un drap étendu, demanda de l'eau froide et en but
deux fois. Bientôt des flammes et une odeur de soufre
qui en annonçait l'approche mirent tout le monde en fuite
et forcèrent mon oncle à se lever. Il se lève, appuyé sur
deux jeunes esclaves, et au même instant il tombe
mort[1]. »

On trouve dans le bel ouvrage de **M.** de Lagrèze des détails du plus vif intérêt sur ces événements si grandioses
et si tragiques; nous lui empruntons deux gravures : la
mort de Pline et Pompéi à vol d'oiseau[2].

[1] Traduction de Cabaret-Dupaty.
[2] *Pompéi, les Catacombes, l'Alhambra,* librairie de Firmin-Didot et Cie.

Le Vésuve resta enflammé pendant un millier d'années ; plus tard il parut s'être complètement éteint ; un taillis et de petits lacs se formèrent dans l'intérieur du cratère.

V.

Dans un travail des plus intéressants et qui résume parfaitement une grande partie du drame effrayant qui nous occupe, M. Victor Fournel s'exprime ainsi :

« Le seul témoignage complet et authentique qui reste de l'éruption du Vésuve en 79 est la lettre de Pline le jeune, dont M. Beulé relate et discute tous les renseignements. Il est bien fâcheux qu'en ramassant le corps de Pline l'ancien on n'ait pas songé à recueillir les tablettes sur lesquelles il avait inscrit ses observations : sans doute les explications scientifiques de l'illustre naturaliste eussent été fort sujettes à caution, mais quel document précieux n'auraient pas fourni à l'historien ses observations matérielles !

« En déterminant, autant que possible, les dates exactes et les caractères particuliers des diverses phases de l'éruption, M. Beulé établit que le principal agent mortel fut, non la pluie de cendres, mais l'émission des gaz acides sulfureux ou carbonique, émanés de ces coulées de laves et de pierres ou des fissures du sol. C'est la seule manière d'expliquer la mort de Pline l'ancien, qui périt en voulant se coucher à terre ; la seule aussi d'expliquer comment un si grand nombre de Pompéiens, en dehors de ceux qui avaient péri victimes du tremble-

Fig. 81. — Pompéi à vol d'oiseau (Restauration).

ment de terre et écrasés sous les ruines, ou qui ont été murés vifs dans leurs retraites par les déjections volcaniques, sont tombés foudroyés sur tous les chemins. Les pierres ponces lancées par le volcan étaient poreuses et légères : on pouvait s'en garantir assez facilement, ainsi que des cendres, en se couvrant la tête d'un voile et d'oreillers. L'ensevelissement de Pompéi n'a pas été d'ailleurs si rapide et si complet qu'il pût, comme on le croit vulgairement, surprendre chacun à son travail ou à son plaisir, sans lui laisser le loisir de la fuite.

« Pompéi ne fut alors qu'à demi enterrée, sous une couche d'environ quatre mètres de pierres ponces, recouverte d'un mètre de cendres. Les étages supérieurs dépassaient le niveau; mais les survivants, au lieu de déblayer leur ville, ne songèrent qu'à la fouiller. Les maisons de Pompéi portent de nombreuses traces de ces fouilles, qui les ont souvent dépouillées de tout ce qu'elles contenaient de précieux. Plus tard, lorsqu'une Pompéi nouvelle, plus humble et plus pauvre, s'éleva sur un territoire voisin, que possédait le municipe et qu'avait épargné l'éruption, les Pompéiens se servirent de leur ancienne ville comme d'une carrière, où ils allaient prendre tous les matériaux dont ils avaient besoin. Elle ne fut complètement enterrée que par des éruptions postérieures. Puis l'herbe et l'oubli poussèrent sur son emplacement, comme sur une tombe, jusqu'en 1748, où les découvertes d'un paysan amenèrent enfin le commencement des fouilles, mais sans que l'ingénieur chargé de cette tâche, pas plus que ses contemporains, se doutassent alors qu'il s'agissait de Pompéi.

« On sait le résultat merveilleux qu'elles ont donné :
il eût été plus complet encore sans les causes que nous
venons de dire. Pompéi, d'ailleurs, était surtout une ville
de commerce et de plaisir; c'était aussi une ville nouvelle,
car elle avait été renversée seize ans auparavant par
un tremblement de terre, précurseur de l'effroyable
convulsion qui allait anéantir la cité rapidement recons-
truite. M. Beulé estime que toutes les découvertes importantes y ont été faites, car les parties déblayées compren-
nent les bains, le forum, les théâtres et les monuments.
Il croit donc qu'il serait urgent de transporter désormais
à Herculanum le principal effort des explorations. »

VI.

L'éruption la plus mémorable qui ait eu lieu ensuite
s'est faite en 1822, du 24 au 28 octobre. Pendant les douze
jours suivants elle ne fut pas interrompue, sans avoir
toutefois la violence des quatre premières journécs. Les
détonations à l'intérieur du volcan furent si fortes, que par
le seul effet des vibrations de l'air les plafonds des salles
se crevassèrent dans le palais de Portici. L'atmosphère
des villages voisins était complètement remplie de cendres, et vers le milieu du jour toute la contrée resta plon-
gée plusieurs heures dans l'obscurité la plus profonde;
on allait dans les rues avec des lanternes.

Le Vésuve a lancé des pierres cubant environ un mètre
à 1,200 mètres de hauteur au-dessus du cratère, hauteur
égale à celle de la montagne. On dit que le Cotopaxi a

porté à trois lieues une pierre d'environ cent mètres cubes.

Ces régions fécondes en prodiges sont dignes de la curiosité des voyageurs, surtout de ceux qui aiment les terribles beautés. Aussi me suis-je empressé de faire l'ascension du Vésuve à mon passage à Naples, le 30 avril

Fig. 82. — Cratères du Vésuve.

1865, et de voir par moi-même toutes les particularités de ce célèbre volcan.

Je pris un excellent guide à Portici; il attira mon attention sur les choses les plus remarquables; il me fit avancer près d'une large galerie de laquelle sortait une fumée chaude et sulfureuse : en prêtant l'oreille à son ouverture, on entendait la lave bouillonner au fond des abîmes avec un bruit vaste et effrayant semblable à des tonnerres continus.

Le Vésuve avait donné le signal d'une nouvelle guerre, et, quoique déjà un peu apaisé, il vomissait encore plusieurs fois par minute des flammes, des laves embrasées, et lançait vers le ciel les éclairs de sa bouche retentissante, comme des décharges répétées de grosses pièces d'artillerie.

A peine étions-nous à l'abri des projectiles sur les bords du cirque; cependant nous nous y assîmes pour déjeuner. Mon guide fit cuire des œufs sous la cendre brûlante, et des Napolitains complaisants vinrent nous offrir du vin de Lacryma-Christi qui avait pris naissance sur les flancs mêmes de la montagne.

Les îles Éoliennes ou de Lipari sont remarquables par les masses de matières gazeuses ou de vapeurs qu'elles vomissent dans l'atmosphère. Le Stromboli, volcan central du groupe, est un cône d'une forme très régulière et bien déterminée, que les navigateurs ont surnommé depuis longtemps le *phare de la Méditerranée*. Ce volcan jette continuellement des flammes, mais avec cette particularité singulière que, depuis deux mille ans, il n'a pas fait d'éruption proprement dite[1].

---

[1] Nous devons à M. J. A. Barral d'excellentes cartes des volcans et des montagnes. Peu de savants ont rendu autant de services à la météorologie naissante et à l'astronomie que M. Barral; il a communiqué de nombreux et importants mémoires à l'Académie des sciences, que l'on retrouve en partie dans les œuvres d'Arago, qui ont été publiées d'après l'ordre de l'illustre académicien sous son habile direction; nous y avons spécialement remarqué les observations météorologiques faites pendant ses voyages aéronautiques; des mémoires sur les eaux de pluies, le magnétisme de rotation; l'influence des

VII.

On ne connaît pas de volcan proprement dit situé sur le continent africain, mais les îles rangées dans sa dépendance en renferment un grand nombre, dont les principaux sont :

El Pico, dans l'île del Pico, du groupe des Açores;

Le *Fuego*, dans l'île du même nom, appartenant à l'archipel du cap Vert;

Le *pic de Teyde* ou *de Ténériffe*. Avec quelle émotion j'ai contemplé ce mont superbe, couronné de sombres vapeurs, s'élevant du sein des mers avec la majesté d'une reine en deuil! lui dont l'histoire avait captivé mon enfance, et que j'entrevoyais dans mes rêves bien long-temps avant qu'il se présentât à ma vue!

Le *Grand-Brûlé*, dans l'île de la Réunion. On l'aperçoit à trente lieues du sein des flots; son sommet est presque toujours couronné de sombres nuages, comme celui du pic de Ténériffe; le point culminant de l'île, le *Piton des Neiges*, a 3,069 mètres au-dessus du niveau de la mer; le *Piton de Fournaise*, volcan en activité, a 2,200 mètres.

taches solaires sur la température; les tables des comètes, des hivers et des étés mémorables, des températures maxima et minima extrêmes, de la congé-lation des grands fleuves, etc., etc.; mémoires incessamment reproduits, sou-vent sans indication de sources. Nous sommes heureux de pouvoir signaler ici, au moins en partie, les importants travaux de ce savant éminent.

VIII.

J'ai présenté en 1862, à l'Académie des sciences, un tableau marquant les différents âges de ce volcan et l'aspect qu'il présente depuis la fameuse éruption de 1860, à laquelle j'ai assisté. J'ai fait accompagner ce tableau d'un texte qui donne les détails scientifiques des phénomènes les plus intéressants qui se sont manifestés dans cette dernière crise.

En voici un résumé succinct :

L'éruption qui s'est produite à la Réunion le 27 février 1812 donna lieu à trois courants de laves, qui s'ouvrirent un passage dans le haut de la montagne, un peu au-dessous du véritable cratère. L'un de ces courants n'atteignit la mer que le 9 mars. Quelque temps après l'explosion, il tomba sur un grand nombre de points de l'île une pluie composée de cendres noirâtres et de longs fils de verre flexibles, semblables à des cheveux d'or. Hamilton dit avoir trouvé de semblables filaments vitreux, mêlés aux cendres dont l'atmosphère de Naples était obscurcie durant l'éruption du Vésuve de 1779.

L'éruption de mars 1860 a lancé, comme en 1812, des filaments de verre sur les lieux qui l'environnaient; et pendant plusieurs nuits on remarquait, de Saint-Denis, en regardant du côté du Grand-Brûlé, un horizon d'un rouge sombre, semblable à celui produit par un vaste incendie. Les promeneurs qui allaient respirer l'air frais du soir sur le rivage du côté de la place Candide ont pu parfaitement observer ce phénomène, qui paraissait plus intense encore lorsque des nuages, faisant l'office de vastes écrans, réfléchissaient la lumière.

La place Candide est dans une situation délicieuse, au bord de la mer. Qu'il fait bon, le soir, sur cette place, toujours émaillée de verts gazons, où l'on va prendre un bain d'air qui pénètre dans tous les pores, à travers les vêtements de toile blanche du promeneur! C'est là aussi que se trouve le cirque où vont se distraire les élégantes créoles, et où ont lieu le dimanche les danses pittoresques des nègres.

A quelque distance se trouve le cimetière, que battent les flots jour et nuit, et qu'ombrage une allée de filaos, arbre le plus gracieux du monde, et qui rappelle le sapin et le saule-pleureur; ses feuilles longues, pressées, cylindriques et fines comme des cheveux, penchent vers la terre, et la brise qui les fouette chante mélodieusement d'une voix qu'on recherche toujours dès qu'on l'a entendue une fois.

Ce cimetière est une espèce de miniature des champs de repos de toutes les nations; il y a en effet des monuments de tous les ordres, de tous les styles, des inscriptions dans toutes les langues. Il est difficile de retenir quelques larmes en lisant des épitaphes telles que celle-ci : « Ici repose un tel... Sa mère le pleure à travers l'Océan. » Il est impossible de dire, sur ce point marqué au milieu de la mer des Indes, l'impression que font ces tombeaux qui recèlent les derniers restes de ceux qui appartiennent à notre patrie, et qui sont nés sur cette terre éloignée et chérie où respirent tant d'êtres qui nous sont chers.

C'est de ces lieux qu'on allait admirer le superbe phénomène que présentait le volcan en activité.

IX.

Notre ami M. Hugoulin s'est immédiatement transporté au point de l'éruption, et a pu constater les faits
les plus intéressants ; nous le suivrons dans le résumé
suivant :

Le 19 mars 1860, à huit heures et demie du soir, un
roulement sourd, mais fort bruyant, s'est fait entendre
dans toutes les localités voisines du Grand-Brûlé. Ce bruit
était partout comparable à celui que ferait une charrette
pesamment chargée d'objets de fer. C'est là l'impression
commune qu'ont éprouvée dès l'abord tous les observateurs. Ce bruit produisait une certaine vibration du sol ;
il n'y avait pas tremblement de terre proprement dit,
mais la trépidation était assez forte pour faire osciller
les meubles et les ustensiles.

Une épaisse colonne de fumée grisâtre s'est élancée perpendiculairement dans l'espace, du sommet de la montagne du volcan, dans la partie voisine du Piton de
Crac. Cette colonne paraissait avoir plus de 100 mètres
à la base ; elle a été en s'agrandissant à son sommet,
de manière à former un nuage épais, qui s'est étendu
en deux sens presque opposés, donnant ainsi naissance à deux nuages distincts. L'un a pris la direction
nord-est, vers le bourg de Sainte-Rose ; il a empêché les observateurs de cette localité d'apercevoir

l'autre nuage, qui a marché dans la direction sud-est, vers Saint-Philippe.

Toute la masse de la colonne était illuminée par une quantité considérable de points en vive ignition, qui éclataient ensuite en mille gerbes resplendissantes, comme un bouquet de feu d'artifice. Des masses énormes de roches incandescen tes la sillonnaient aussi, et éclataient ensuite, avec un bruit semblable à des

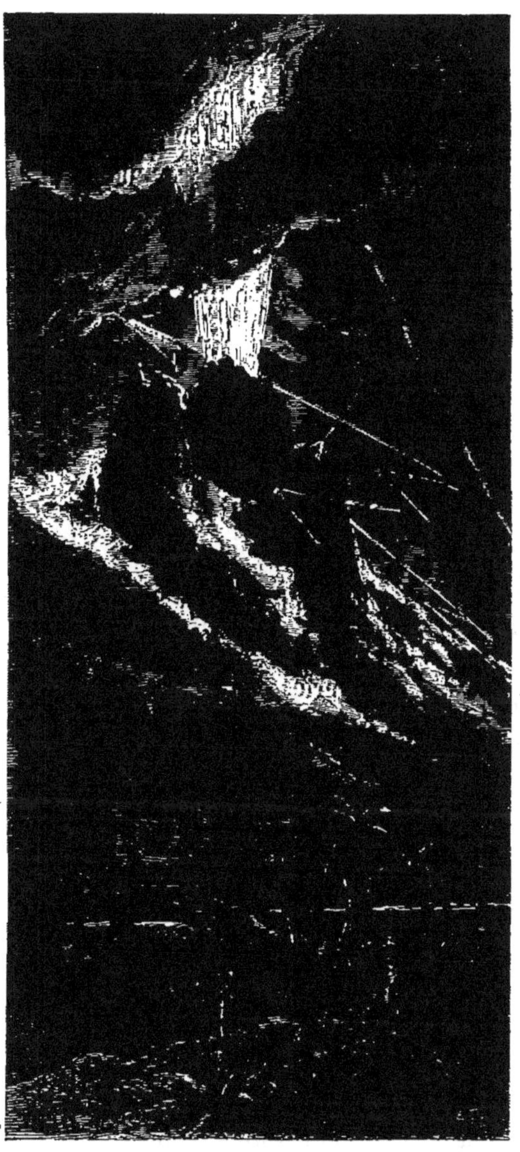

Fig. 83. — Explosion volcanique.

détonations de mousqueterie, en fragments lumineux.

Ce phénomène n'a duré que quelques instants, l'obscurité l'a remplacé; mais les deux nuages formés par l'éruption ont continué leur route en deux sens opposés avec la force d'impulsion première qui leur avait été sans doute communiquée par l'explosion volcanique, car le calme le plus parfait régnait dans l'atmosphère. Ces deux nuages ont fini par se dissoudre en une pluie de cendres qui a couvert toutes les localités environnantes, à plus de sept lieues de rayon du centre volcanique. La cendre provenant du nuage qui s'est dirigé vers Saint-Philippe est grise, elle est aussi fine que la farine de blé. Celle de Sainte-Rose est grenue comme de la poudre de chasse, et ressemble assez au sable de la rivière de l'Est; elle en diffère en ce qu'elle n'a pas, comme celui-ci, des fragments cristallins et brillants. Le sol a été partout jonché de ces cendres, les plantes en ont été entièrement couvertes, et cette pluie a été générale, depuis l'extrémité sud de la commune de Saint-Philippe jusqu'à quelques kilomètres de la ville de Saint-Benoît. A 16 milles en mer, le trois-mâts la *Marie-Élisa*, qui venait au mouillage de Sainte-Rose, et dont le capitaine a été l'un des observateurs favorisés, a eu son pont entièrement couvert de cendres.

La plupart des familles ont évacué leur case à la hâte, emportant leurs objets les plus précieux. Une heure après l'éruption, toute la nature avait repris son calme habituel, et l'on n'apercevait plus que la lueur que répand le volcan depuis longtemps.

Les laves incandescentes varient beaucoup de vitesse :

celle du volcan de la Réunion a employé dix jours entiers pour franchir, sur un terrain incliné, la petite distance du cratère à la mer. M. de Buch a vu, en 1805, un torrent de laves sortir du sommet du Vésuve et atteindre le bord de la mer à 7,000 mètres du point de départ en trois heures. Les laves de l'Etna emploient, dans les terrains plats de la Sicile, des journées entières pour s'avancer de quelques mètres. La couche superficielle est quelquefois figée et en repos, tandis que la masse centrale incandescente et fluide coule encore.

X.

Il existe une cinquantaine de volcans en Amérique; les plus remarquables sont ceux de *Jorrullo de Guatemala*, qui a 4,000 mètres de hauteur; de *Pichincha*, élevé de près de 5,000 mètres; de *Cotopaxi*, qui s'élève à 5,750 mètres, et celui de *l'Antisana*, qui en atteint 6,000.

L'Asie et l'Océanie présentent un grand nombre de volcans en activité.

On compte 205 volcans brûlants; 107 sont situés dans les îles, et 98 dans les continents, à proximité des côtes.

Cette position des volcans en activité dans le voisinage de la mer, quoique étant un fait déjà assez remarquable par lui-même, le devient encore davantage lorsque l'on considère les phénomènes qui ont eu lieu à Santorin, aux Açores, sur les côtes d'Islande, lesquels ne doivent laisser aucun doute sur l'existence des *volcans sous-ma-rins*.

Un nouvel îlot volcanique s'est produit en 1866 dans l'intérieur du vaste cratère qui constitue la rade de Santorin (fig. 78). M. Lenormant a fait remarquer que ce nouvel îlot se trouve précisément à la place où, suivant Cassiodore, Georges le Syncelle et Pline, on vit naître en l'an 19 de notre ère, à la suite d'un tremblement de terre, une petite île qui fut nommée « la Divine » et qui disparut au bout de quelque temps, mais pour repa-raître au milieu des mêmes circonstances, et encore pour peu de mois, au printemps de l'an 60. Depuis cette époque elle ne semble pas s'être montrée de nou-veau, mais les environs du point où elle vient de re-venir au jour étaient demeurés le théâtre d'une action volcanique permanente, qui paraît avoir pris dans les dernières années une intensité toute particulière.

Une note de M. Gorceix, à l'Académie des sciences, résume les phénomènes dont le volcan de Santorin a été le siège. Après cinq ans d'activité, ce volcan est de nou-veau rentré dans une période de repos, dont, depuis un siècle et demi, il venait de sortir en 1866 pour la première fois.

Au mois d'octobre 1871, il ne se produisait déjà plus d'éruptions; le sommet du cratère, recouvert de gros blocs de lave, présente le même aspect que celui de 1707. Quelques fumées s'en échappent encore, mais elles sont presque complètement de vapeur d'eau venant se con-denser au milieu des cendres qui couvrent le cône. Ce-pendant, en quelques points, l'activité volcanique se mani-

Fig. 84. — Volcans de Santorin.

feste toujours, mais légèrement. L'éruption paraît donc
être entrée dans sa dernière phase[1].

XI.

La terre comptait beaucoup de volcans qui se sont
éteints, et dont l'existence n'est prouvée que par les traces
de leurs dévastations. Peut-être aucun pays n'en présente-
t-il plus que la France, et n'est-il plus intéressant à étudier sous ce rapport. Plusieurs de nos départements du
centre sont couverts de laves vomies par ces volcans,
dont l'origine est antérieure aux temps historiques.

Il existe, surtout dans l'Auvergne, des montagnes
d'où sortaient jadis des torrents de matières liquéfiées.

Ce pays présente de toutes parts d'anciens volcans et
des matières rejetées qui ont revêtu les formes les plus
singulières. Trois chaînes de montagnes, les monts
Dôme, Dore, et Cantal, sont volcaniques. Si l'on comptait
toutes celles qui paraissent avoir jeté autrefois des feux
ou des laves ou qui ont été volcanisées, on en trouverait au moins cent cinquante.

Les volcans de France étaient trop nombreux pour avoir
l'énergie de l'Etna ou du Vésuve, qui sont isolés; aucune des montagnes de France n'a jeté plus d'une seule
coulée de laves; au mont Dore et au Cantal les coulées
ont été si peu considérables, qu'elles n'ont pas même atteint le pied des montagnes. Serait-ce la retraite des eaux
qui aurait fait cesser les éruptions? On l'ignore. La

[1] *Comptes rendus de l'Académie des sciences*, 1872.

fumée et les vapeurs méphitiques qui s'exhalent aujour-
d'hui encore de quelques anciens volcans, surtout dans
les temps humides, font voir qu'il reste toujours quelque
aliment dans le foyer de ces anciennes fournaises; c'est ce
que prouvent également les sources chaudes qui jaillissent en Auvergne, au milieu des montagnes volcanisées.

Lorsque les siècles ont passé sur les éruptions volcaniques, les pays volcanisés offrent les spectacles les plus
singuliers et les plus attachants que l'on puisse imaginer.
Les chaînes et les plateaux de laves durcies, les coulées
dont on peut suivre l'ancienne direction, depuis les bouches du cratère jusqu'au bas des montagnes, les assem-
blages bizarres de piliers et de prismes qui se déploient
majestueusement en superbes colonnades sur le bord des
rivières, ou qui étonnent la vue par les positions hardies
qu'ils affectent sur les pentes des montagnes; les rochers
calcinés sur place par l'ardeur des feux volcaniques, les
pavés naturels, qu'on appelle ailleurs des *pavés de géants*,
enfin les boules énormes qu'on voit disposées dans quelques contrées; toutes ces productions étranges sont autant de monuments qui rappellent les volcans et les effets
des feux souterrains.

M. Desmarets a publié des cartes sur lesquelles il a
tracé la marche de chacun d'eux et a marqué la limite
où ils se sont arrêtés. Il fixe trois époques à ces anciens
volcans; les plus modernes ressemblent à ceux qui sont
enflammés, hors le feu, qu'ils ne vomissent plus. Leur
cratère est distinct, bordé de scories; les laves qu'ils ont
jetées forment des courants continus et moulés sur les
inégalités du terrain.

Dans ceux de l'époque moyenne, le cratère commence à s'effacer, les scories sont devenues pulvérulentes, les eaux ont creusé de profonds vallons dans les laves, et celles-ci se trouvent souvent par là suspendues au sommet des collines.

Enfin, les plus anciens de tous n'ont laissé ni cratère ni scories, et leurs laves sont recouvertes de couches nombreuses de pierres ou bien elles y sont mêlées.

XII.

Plusieurs montagnes embrasées présentent quelquefois des phénomènes analogues à ceux des volcans, lors même qu'elles n'ont aucun rapport avec eux. Des montagnes, composées de houille ou d'autres matières combustibles auxquelles le feu a été communiqué, se consument lentement et ne présentent ni laves ni cratère. Voici un exemple de ce genre, qui se trouve dans le département de l'Aveyron :

Pendant longtemps, dit un ingénieur du département, on a regardé cet incendie comme un événement malheureux qui consumait la houille et bouleversait le sol; mais ensuite parmi les débris on a remarqué des masses riches en sulfate d'alumine et en alun tout formé : alors on a élevé une usine; une exploitation florissante s'est établie dans des lieux qui ne présentaient que la triste image de la dévastation, le silence et la stérilité; on a arraché les produits du feu, et on a reconnu

que l'incendie de la houille procurait une source inépuisable de richesses, et l'aliment d'une branche importante
d'industrie dans un pays qui était dépourvu auparavant
de toute espèce de manufacture.

L'embrasement des houillères, qui s'étendent sous les
deux tiers du département de l'Aveyron, donne une si
grande abondance d'alun que toute la France pourrait en
être pourvue. Ces houillères sont recouvertes et soutenues
par un schiste argileux et tendre rempli de pyrites de fer.

L'humidité qui pénètre à travers ce schiste jusqu'au
charbon de terre, cause quelquefois une fermentation qui
finit par un incendie.

Le soufre sublimé provenant des vapeurs sulfureuses
et de divers gaz, qui se développent dans l'embrasement, vient couvrir les parois des fentes et des gerçures ;
les acides agissent sur les rochers qui touchent aux bancs
de houille, et les décomposent ; il se forme des cristaux
alumineux ; la silice, le feldspath, etc., subissent une
dernière fusion, et l'on voit naître des émaux, des
morceaux de fer, des espèces de porcelaine, enfin des
matières fondues et colorées des plus belles teintes.

C'est dans le canton d'Aubin qu'il y a le plus d'incendies souterrains et le plus d'alun. Deux montagnes,
celles de Fontaynes et de Buègne, y sont surtout en proie
au feu dévastateur.

La première a environ cent trente mètres de hauteur.
A mi-côte, on voit une grande crevasse, de forme elliptique, qui renferme dix-huit petits cratères groupés sur
trois points. Pendant le jour, le feu n'est pas visible ;
mais dans l'obscurité de la nuit tout le gouffre paraît être

en flammes, spectacle effrayant pour ceux qui ne sont pas familiarisés avec ce phénomène. En approchant de ce brasier naturel, on sent la terre résonner sous ses pas. Si, bravant la fumée et la forte chaleur qu'on éprouve à la plante des pieds, on s'avance jusqu'au-dessus des soupiraux, l'œil plonge dans des gouffres de braise ardente. Les bâtons qu'on y enfonce sont au bout de quelques minutes enflammés et souvent consumés. Lorsqu'on élargit l'orifice, la colonne de fumée grossit, et des aigrettes de feu s'élancent hors de la crevasse. Quoique l'incendie gagne déjà la partie supérieure de la montagne, en suivant le gisement de la houille, le sommet en est cependant cultivé; il y a même, à cent pas de distance du foyer, un hameau dont les habitants sont élevés et familiarisés avec le danger. Ils vivent sans inquiétude, quoique le terrain au-dessous de leur jardin ait de profondes gerçures où la chaleur est si vive qu'on ne peut y enfoncer la main. Les caves et les rez-de-chaussée sont souvent remplis de fumée.

Cet embrasement dure depuis des siècles, mais en diminuant de force. André Thevet, écrivain du seizième siècle, dit que de son temps les flammes s'élançaient hors de la montagne toutes les fois qu'il pleuvait, ce qui n'arrive plus aujourd'hui; mais on assure que ce phénomène a failli se renouveler par l'imprudence des propriétaires, qui, croyant parvenir à éteindre le feu en faisant conduire dans ces souterrains l'eau des ruisseaux, ne furent pas peu surpris d'en augmenter l'intensité, au point de produire des éruptions de pierres et de matières enflammées.

Les eaux qui coulent au pied de ces montagnes,
participent en partie de la nature du terrain. Celles de
Cranzac ont de douze à trente-cinq degrés de chaleur. Les
sources de Fontaynes et de la Salle sont presque aussi
chaudes, et fournissent des étuves naturelles, pourvu
qu'on creuse un réservoir pour les recueillir. Quelques-
unes de ces sources sont chargées d'alun ; d'autres sont
imprégnées de cuivre.

XIII.

On a vu souvent des éruptions volcaniques se produire
au milieu des eaux et donner naissance à des îles qui
n'ont presque toujours eu qu'une courte existence.

Les îles peuvent être formées par le simple abaissement des eaux qui met à découvert le sommet des
montagnes sous-marines, d'autres fois par l'effort des
vague squi coupent une langue de terre joignant une
presqu'île au continent. L'Angleterre était jadis attachée
au sol de la France : les courants qui venaient du nord-
est entre l'Allemagne et l'Angleterre, et du sud-ouest
entre la Bretagne et la chaîne des montagnes de Cor-
nouaille, corrodaient continuellement de part et d'autre
l'isthme qui réunissait l'Angleterre à la France et lui ont
fait succéder le canal qui porte le nom de *pas de Calais*.
Beaucoup d'autres îles passent pour avoir été jadis jointes
au continent voisin : la Sicile à l'Italie, Sumatra à la
pointe de Malacca, etc.

Des îles flottantes se font quelquefois remarquer sur les lacs, les marais ou les rivières. Parmi les plus célèbres en ce genre, on cite celles du Mississipi et celles du lac de Chelco au Mexique; elles sont cultivées et produisent des arbres, des légumes et des fleurs. On visitait autrefois *la Motte-Tremblante*, aujourd'hui détruite, dans le lac Menteyer (Hautes-Alpes). On voit encore des îles flottantes dans les marais qui entourent Saint-Omer, et à Tivoli, en Italie, dans un petit lac voisin des thermes d'Agrippa. .

Quelques îles ont été formées subitement par les volcans sous-marins; mais, composées de matières incohérentes, elles ne peuvent généralement résister longtemps à l'action des flots et ne tardent pas à disparaître. En 1831 on vit s'élever de cette manière l'île Ferdinandea, près de Malte, qui, abîmée peu de temps après, reparut en 1834 pour disparaître de nouveau et reparaître en 1864.

XIV.

Les éruptions sous-marines qui donnent naissance à ces îles éphémères sont assez fréquentes. M. Adolphe Cousin, ancien capitaine du *Regina Cœli*, a donné la relation d'un phénomène curieux dont il a été témoin sur ce navire, qui m'a conduit dans la mer des Indes, et qui est devenu fameux par la révolte de plusieurs centaines de noirs à son bord; on y remarque encore les coups de hache et les balles qui ont frappé les mâts et les vergues.

« Le 30 décembre 1856, à quatre heures du matin, disait-il dans une note envoyée à l'Académie des sciences, nous entendîmes un petit bruit sourd, assez semblable à celui d'un orage lointain. Ce bruit cessa et reprit. A quatre heures quinze minutes, nous éprouvâmes subitement de fortes secousses; le navire se mit à trembler violemment, environ deux minutes; la barre du gouvernail jouait dans les mains du timonier, sans qu'on pût la retenir; les jambes flageolaient; on distinguait à peine le son de la voix. Ces secousses étaient accompagnées d'un bruit assez fort, semblable à celui que produisent plusieurs feuilles de métal frappées l'une contre l'autre. »

Il faisait dans ce moment un temps superbe, petite brise du sud; la mer était plate; le navire filait quatre nœuds, avec les bonnettes des deux bords; l'obscurité n'a pas permis de voir si l'eau de la mer éprouvait des bouillonnements; un seau d'eau puisée le long du bord a fait reconnaître qu'elle n'avait point changé de température. Le navire était alors par 0° 10′ latitude sud, et 2° 35′ longitude ouest; il avait un sillage constant de trois à quatre milles à l'heure.

De petites secousses se firent encore sentir jusqu'à huit heures du matin, accompagnées du même bruit sourd, mais de plus en plus éloigné; le bruit cessa tout à fait vers quatre heures du soir.

Le capitaine du *Godavery* a fait, à la même heure et dans les mêmes parages, la même observation : « J'ai eu sous la ligne, dit-il, un tremblement de terre par 20 degrés ouest, qui dura environ dix minutes; la mer belle, jolie brise, toutes voiles dehors; le navire fut fortement secoué sans avoir aucune espèce d'avarie. Ce tremblement de terre eut lieu le 30 décembre 1856, à quatre heures du matin. »

L'observation de ce phénomène, éprouvé à la même heure et dans les mêmes circonstances atmosphériques, est très remarquable.

Lors de la découverte de l'île de Madère, les Portugais de Puerto-Santo racontaient comme une vérité constante, qu'au sud-ouest de l'île on voyait sans cesse des ténèbres impénétrables qui s'élevaient de la mer jusqu'au ciel, et qu'elles étaient accompagnées d'un bruit effrayant, qui venait de quelque cause inconnue.

Comme on n'osait encore s'éloigner de terre, faute d'astrolabe et d'autres instruments dont l'invention est postérieure, et qu'il était presque impossible, après avoir perdu de vue les côtes, d'y retourner sans un secours providentiel, cette profonde obscurité, attribuée à des causes inconnues, épouvantait les matelots et donnait lieu à toutes sortes de conjectures dignes des *Mille et une Nuits*.

Les phénomènes qui effrayaient ces parages n'étaient autre chose que des volcans sous-marins qui ont bouleversé ces mers à diverses époques.

CHAPITRE XXIII.

LE GRISOU.

Explosions du grisou. — Moyens de les prévenir. — Aérophore. — Curieux et importants rapports qui existent entre ces explosions et les ouragans.

I.

Le *feu grisou*, fléau épouvantable, la terreur des ouvriers des mines de houille, est produit par l'inflammation accidentelle, avec explosion, du gaz hydrogène carboné analogue à notre gaz d'éclairage, qui a lieu très souvent dans les mines, principalement dans les houillères, où elle cause de terribles désastres.

Ce gaz, se dégageant de la houille, sort par d'innombrables petites fissures, se répand au milieu de l'air, envahit les galeries des mines, et s'enflamme lorsqu'il est en grande quantité et qu'il rencontre une température suffisamment élevée. Lorsqu'il s'enflamme, il se fait un grand vide par la combustion; l'air arrive aussitôt pour remplir ce vide dans les galeries, avec une telle force qu'il renverse les mineurs et les écrase contre les parois de la mine.

Les accidents produits par le grisou étaient bien plus

nombreux avant qu'un célèbre chimiste, Humphry Davy, eût imaginé d'envelopper les lampes des mineurs d'un tissu métallique qui, sans intercepter la lumière et l'air, empêche la flamme de se communiquer au dehors.

La *lampe de Davy*, que l'on appelle aussi *lampe de sûreté* et *lampe des mineurs*, se compose d'une lampe à huile ordinaire, enveloppée dans une espèce de cage en gaze métallique. Lorsque cette lampe se trouve au milieu d'une atmosphère de grisou, l'explosion n'a lieu qu'au sein de la cage, parce que la toile métallique refroidit assez la flamme produite par l'explosion pour qu'elle ne se propage pas au dehors.

Ordinairement on fixe sur la mèche des lampes de sûreté plusieurs fils de platine roulés en spirale, qui restent encore incandescents après que la lampe s'est éteinte par l'effet de l'explosion, et qui répandent une lueur assez vive pour guider le mineur dans l'obscurité et l'avertir de prendre la fuite.

L'invention de ces lampes, qui rendent aux mineurs un service inappréciable, date de 1815; leur construction a été perfectionnée par MM. Robert, Muesclet, Dumesnil, Combes, etc.

L'*aérophore*, appareil inventé par M. Denayrouse, auquel l'Académie des sciences vient de décerner un de ses prix, est appelé à venir grandement en aide aux mineurs. Il a pour but de munir d'une atmosphère indépendante du milieu dans lequel elles sont plongées, les personnes exposées aux influences de l'air vicié. Il se compose principalement d'un réservoir en tôle d'acier qui est chargé d'air atmosphérique à la pression de 25 à 30 atmosphères, et qui, au moyen de régulateurs ingénieux, agissant automatiquement, débite l'air atmosphérique sous une faible pression et à la convenance de l'opérateur. Un tube en caoutchouc fait communiquer le réservoir avec la bouche et se termine par un appendice, appelé *ferme-bouche*, qui s'applique exactement sur les lèvres et les gencives; un système particulier de deux soupapes assure le jeu régulier de la respiration.

L'appareil complet peut être placé sur les épaules à la manière d'un sac militaire, dont il possède à peu près la forme et le poids. Tout a été prévu dans cette ingénieuse invention : l'air comprimé alimente une lampe de sûreté; des lunettes destinées à protéger les yeux et un tuyau acoustique lui donnent tous les avantages désirables. Des directeurs de houillères et des ingénieurs en ont constaté l'utilité; il fonctionne en ce moment pour le sauvetage des épaves du *Magenta* [1].

II.

M. Gairaud a adressé à l'Académie une note dans laquelle il propose de faire dégager dans les galeries plusieurs étincelles au moyen de l'appareil de M. Ruhmkorff; s'il y a détonation, le gaz sera détruit; si, au contraire, après plusieurs reprises, la détonation n'a pas lieu, on peut être en sûreté.

[1] *Comptes rendus de l'Académie des sciences,* 1875, 27 décembre.

M. Élie de Beaumont fait remarquer que l'utilité de ces détonations n'est pas quelque chose de nouveau pour les hommes qui travaillent dans les mines sujettes au grisou. On y a surtout recours après l'interruption des travaux pour le repos du dimanche, l'accumulation du gaz en quantité double rendant alors les explosions plus redoutables. Des ouvriers, rampant sur le sol des galeries, portent vers les parties supérieures où s'amasse le grisou des lumières ajustées au bout de longues gaules, et le font détoner; au moyen de ces précautions et de quelques autres qu'a indiquées l'expérience, ces hommes, que l'on désigne communément, à cause de leurs fonctions, sous le nom de *canonniers* ou de *pénitents*, ne courent pas autant de risques qu'on pourrait d'abord le supposer.

En 1856, M. Dobson a communiqué à l'Académie des sciences un important mémoire, que l'on peut regarder encore comme à l'ordre du jour, sur le rapport qui existe entre les explosions de gaz dans les houillères et les cyclones ou ouragans circulaires.

Dans ce mémoire, l'auteur fait remarquer que la vitesse et la quantité de dégagement du grisou dépendent, toutes choses égales d'ailleurs, de la densité ou de la pression atmosphérique; le dégagement est plus grand quand la pression est moindre, et réciproquement.

La proportion de gaz carboné ou grisou contenue dans l'atmosphère des galeries n'atteint jamais un chiffre déterminé sans qu'il y ait danger d'explosion, de sorte qu'il faut absolument maintenir un certain rapport entre la vitesse de ventilation et l'écoulement gazeux à l'inté-

Fig. 85. — Le pénitent.

rieur des galeries, si l'on veut être assuré que l'atmosphère de la houillère n'atteindra pas la limite à laquelle elle commence à devenir explosible.

Le but du travail de M. Dobson est donc de montrer l'influence qu'exercent les fluctuations extraordinaires de la pression et de la température atmosphérique, pour troubler l'équilibre dont il vient d'être question, entre l'infection par l'envahissement du gaz et la purification par la ventilation.

III.

Ces fluctuations météorologiques peuvent contribuer de deux manières à rendre explosive l'atmosphère des houillères.

1° Pendant la période de temps relativement calme ou sereine, lorsque la colonne de mercure reste durant plusieurs jours à une grande hauteur, à 763 millimètres environ, l'écoulement habituel du gaz se trouve arrêté par la haute densité de l'air, et sa tension augmente à l'intérieur des fissures. Mais si à cette période de pression atmosphérique élevée succède une diminution brusque de pression, indiquée par un abaissement considérable de la colonne barométrique, le gaz, délivré tout à coup de la pression atmosphérique qui le refoulait à l'intérieur, peut s'échapper en assez grande abondance pour rendre impuissants les moyens ordinaires de ventilation.

2° Même en supposant que le mécanisme de la venti-

lation ne soit pas changé, et que l'écoulement du gaz à
l'intérieur de la mine soit constant en vitesse et en quantité, il est évident que la ventilation efficace, ou l'effet
utile de la ventilation, varie en raison inverse de la température de l'air extérieur; car l'efficacité de la ventilation
dépend principalement de la différence de température
entre l'air extérieur et l'air intérieur des galeries.

Une élévation considérable de température de l'air
extérieur peut donc empêcher l'effet de la ventilation, ou
le rendre impuissant à aspirer la même quantité de gaz
que dans l'état normal. La proportion de grisou augmente
alors, et l'atmosphère de la mine devient explosible.

Il est donc certain, *a priori*, que l'explosion est toujours
à redouter lorsque le baromètre descend ou que le thermomètre monte subitement.

IV.

La comparaison ou le rapprochement des faits d'explosion avec les données météorologiques confirme pleinement ces conclusions théoriques.

Voulant mettre rigoureusement en évidence les relations entre les explosions d'une part, entre les diminu-
tions de pression et les élévations de température de
l'autre, M. Dobson a construit un tableau, pour dix années, qui permet d'embrasser d'un seul regard, pour un
jour quelconque, les variations de pression et de température, et les cas d'explosion plus ou moins fréquents;
ce rapprochement très simple suffit pour constater qu'il

est très peu d'explosions qui ne soient accompagnées, ou plutôt précédées des deux ou de l'une au moins des circonstances signalées par M. Dobson, comme favorisant l'écoulement du grisou, c'est-à-dire de la diminution brusque de la pression de l'air ou de l'élévation brusque de la température.

Un cas très remarquable qui vient à l'appui de cette assertion est le passage sur l'Angleterre de l'ouragan de 1854, dont la marche a été habilement tracée par M. Liais, et qui s'est terminé par une tempête sur la mer Noire. Cet ouragan a été signalé par cinq explosions, arrivées coup sur coup dans cinq mines différentes et en quatre jours, c'est-à-dire pendant la durée de la grande dépression du niveau barométrique causée par l'ouragan.

Les ouvriers mineurs de France et d'Angleterre ont remarqué depuis longtemps que les gaz inflammables sortaient en plus grande abondance des fissures des couches et tendaient davantage à envahir les galeries lorsque le baromètre était très bas ou que le vent soufflait plus chaud du sud ou du sud-ouest. On trouve ces observations consignées à plusieurs reprises dans les rapports présentés aux chambres des lords et des communes, en 1831, 1852, 1853, 1854, etc., par les sous-comités chargés des enquêtes sur les accidents des houillères.

V.

Il est un phénomène météorologique sur lequel M. Dobson appelle avec raison l'attention d'une manière tout à fait spéciale, parce qu'il se rattache d'une façon plus particulière encore et plus constante aux explosions des mines : ce sont les cyclones ou ouragans circulaires.

C'est au centre du cyclone que se trouve la plus grande dépression barométrique; on comprend que lorsque ce centre passe sur le lieu occupé par une houillère, il doit amener et la sortie plus abondante du grisou et l'explosibilité de l'air des galeries.

Les observations de M. Dobson viennent à l'appui des lois des tempêtes que j'ai exposées avec détail dans le chapitre des ouragans.

On a pu constater que les ouragans obéissent à des influences invariables, qui ont permis de formuler leurs lois, lois générales pour les deux hémisphères. Elles se réduisent aux deux principes suivants, que nous rappelons :

1° Les ouragans sont des tourbillons de plus ou moins grand diamètre, dans lesquels la force du vent augmente de tous les points de la circonférence jusqu'au centre, où règne un calme d'une étendue et d'une durée variable.

2° Les tourbillons suivent une direction variable pour chaque hémisphère, mais à peu près constante pour chacun d'eux.

Les ouragans ne sont donc que de vastes trombes dont

le diamètre considérable n'avait pas permis jusqu'à ces derniers temps d'apercevoir l'ensemble.

La dépression du baromètre augmente progressivement depuis les premières manifestations de l'ouragan jusqu'au centre, où il atteint le minimum de hauteur. On conçoit que ce phénomène puisse être intimement lié aux explosions des gaz dans les houillères.

Les conclusions pratiques que l'on peut tirer des recherches de M. Dobson et des lois des ouragans sont les suivantes :

1° Il est aussi nécessaire pour le mineur que pour le marin de consulter avec soin le baromètre et le thermomètre.

2° Les précautions à prendre, si l'on fait descendre les mineurs dans les mines au moment où le baromètre est très bas ou le thermomètre très haut, doivent être excessives. Il vaudrait mieux peut-être suspendre le travail.

3° Des observations barométriques et thermométriques faites à l'ouverture des puits des mines, à des intervalles réguliers suffisamment rapprochés, présentent un grand intérêt, ou plutôt sont tellement nécessaires, que les administrations devraient les imposer.

CHAPITRE XXIV.

LE FEU FOLLET.

—

Le *feu follet* est une flamme errante et légère produite
par les émanations de gaz hydrogène phosphoré qui s'é-
lève des endroits marécageux, des lieux où des matières
animales et végétales se décomposent, tels que dans les
marais, les cimetières, les voiries, et qui s'enflamme
spontanément à une petite distance du point d'où cette
flamme se dégage.

L'ignorance des véritables causes qui produisent ces
flammes légères a donné lieu à toutes sortes de contes et
de frayeurs superstitieuses.

Leur nom a été emprunté à des lutins familiers appelés
esprits follets. D'après les superstitions qui existent encore
dans nos campagnes à ce sujet, les esprits follets passent
pour plus malins que malfaisants : ils se plaisent à égarer
les passants, à effrayer les voyageurs, et à tourmenter

les personnes craintives ; mais ils obéissent avec docilité à ceux qui savent leur commander, ils leur rendent même de bons offices et se font leurs serviteurs empressés. Les *feux follets* sont censés être allumés par ces lutins, qui les font briller çà et là afin d'égarer le voyageur.

Fig. 86. — Feux follets.

CHAPITRE XXV.

LES ÉTOILES FILANTES[1].

Bolides, étoiles filantes, aérolithes. — Leur apparition, leur composition, leur
forme, leur pesanteur. — Histoire des principaux aérolithes. — Cybèle et le soleil adorés sous forme d'aérolithes. — Les savants modernes et les aérolithes.
— Hardiesse de Chladni. — Pluie d'aérolithes en 1803 : délégation de M. Biot
pour la constater. — Hypothèses proposées pour expliquer ces phénomènes.
— Surprenante découverte : deux comètes périodiques intimement liées aux
flux d'étoiles filantes. — Vitesse des aérolithes ; leur apparition périodique. —
Distinction à faire entre les étoiles sporadiques et les étoiles filantes périodiques. — Jours et mois dans lesquels le nombre des étoiles filantes est le
plus considérable. — Influence de la précession sur leur apparition. — Les
étoiles filantes chez les Chinois.

I.

On nomme *bolides* des corps qui semblent enflammés,
et qui se meuvent dans le ciel avec une excessive rapidité ; ils sont connus vulgairement sous le nom d'*étoiles
filantes ;* on les nomme aussi *aérolithes, météorites,* etc.

Pendant leur course dans l'espace, les bolides lancent

[1] Ce sujet fait également partie de l'astronomie ; nous l'avons traité dans
notre *Histoire des Astres,* 2ᵉ édition. On trouve dans cet ouvrage les développe-
ments qui feraient ici un double emploi.

quelquefois des étincelles et laissent derrière eux une traînée brillante.

Il arrive souvent qu'ils disparaissent sans qu'on remarque d'autres phénomènes; mais ils peuvent être accompagnés de détonations aussi fortes que celle d'un coup de canon, se terminant par un sifflement et par la chute de projectiles.

Ces projectiles sont composés des mêmes principes chimiques et à peu près dans les mêmes proportions.

On y trouve du soufre, de la silice, de la magnésie, du fer, du nickel, du manganèse et du chrome. Il est important de faire remarquer que le fer et le nickel sont à l'état métallique, ce qui n'a lieu dans aucune des agrégations minérales que l'on rencontre à la surface de la terre.

Il résulte de plusieurs centaines d'analyses, dues aux chimistes les plus éminents, dit M. Daubrée, que les météorites n'ont présenté aucun corps simple étranger à notre globe. Les éléments que l'on y a reconnus avec certitude jusqu'à présent sont au nombre de vingt-deux. Les voici à peu près suivant l'ordre décroissant de leur importance : le *fer*, le *magnésium*, le *silicium*, l'*oxygène*, le *nickel*, le *cobalt*, le *chrome*, le *manganèse*, le *titane*, l'*étain*, le *cuivre*, l'*aluminium*, le *potassium*, le *sodium*, le *calcium*, l'*arsenic*, le *phosphore*, l'*azote*, le *soufre*, le *chlore*, le *carbone* et l'*hydrogène*. Il est très remarquable que les trois corps qui prédominent dans l'ensemble des météorites, le *fer*, le *silicium* et l'*oxygène*, sont aussi ceux qui prédominent dans notre globe[1].

[1] *Étude récente sur les météorites,* page 56.

En général, les aérolithes offrent une grande régularité de forme; leurs angles nombreux sont souvent émoussés par la fusion, et leur surface est recouverte d'une sorte d'émail métallique noirâtre, dont l'épaisseur dépasse rarement un millimètre. A l'instant de leur chute, ils ont une température élevée; leur pesanteur varie depuis quelques grammes jusqu'à plusieurs centaines de kilogrammes.

Celui que Pallas trouva en Sibérie est estimé peser 800 kilogrammes. Dans le Brésil il y en a un qui, dit-on, pèse 700 kilogrammes, et un autre, trouvé sur les bords de la Plata, pèserait plus de 50,000 kilogrammes.

Les aérolithes furent connus dès la plus haute antiquité; Anaxagore les fait tomber du soleil, et suivant lui cet astre ne serait qu'un immense aérolithe.

Du temps de ce philosophe, une pierre noirâtre, de la dimension d'un char, tomba près du fleuve Ægos-Potamos, en Thrace. C'est le premier phénomène de ce genre dont les historiens aient fait mention. Cette pierre se voyait encore dans le même lieu du temps de Vespasien.

Des projectiles du même genre se trouvaient dans le gymnase d'Abydos, et dans la ville de Canondria, en Macédoine. Pline dit avoir vu une de ces pierres tomber dans la campagne des Vocontiens, dans la Gaule Narbonnaise. Cybèle était adorée en Galatie, sous la forme d'une pierre tombée du ciel; à Émèse, en Syrie, le Soleil recevait un culte semblable sous la même forme.

Dans l'importante monographie sur les météorites que nous avons citée, M. Daubrée s'exprime ainsi : « Lorsqu'on réfléchit au nombre des météorites que la Terre voit tous les ans, on est disposé à admettre qu'il en est tombé aussi durant les immenses laps de temps pendant lesquels se sont formés les terrains stratifiés, et dans le bassin même de l'Océan, où ils se déposaient. Cependant, bien que ces terrains aient été fouillés maintes fois, on n'y a jamais mentionné rien d'analogue aux pierres météoriques.

« Ce fait, très remarquable, s'explique peut-être, conformément aux résultats d'expériences que j'ai commencées depuis un certain temps, par la facilité avec laquelle ces pierres disparaissent à la suite de leur oxydation sous l'influence de l'eau, et de la désagrégation qui en est la conséquence[1]. »

Lorsque je revenais de la mer des Indes, un magnifique bolide, dont le diamètre apparent était à peu près égal à celui de la Lune, tomba non loin de notre navire[2]. Nous ne pouvons que mentionner ici la chute de poussière cosmique dont nous parlons avec détail dans notre *Histoire des Astres.*

II.

Pendant longtemps les savants, ne pouvant expliquer le phénomène des aérolithes, se refusèrent à y croire. Ce

[1] *Étude récente sur les météorites,* page 8.

[2] Dans notre *Histoire des Astres, ou Astronomie pour tous,* ouvrage adopté par la commission officielle près le ministère de l'Instruction publique pour les bibliothèques des écoles normales, etc., nous donnons une gravure représentant cette chute, fig. 57; nous avons également fait représenter la chute unique et bien remarquable d'un bolide en fusion observé au-dessus de la ville d'Athènes, fig. 56. Nous consacrons deux planches en couleurs, pour les importantes et ingénieuses observations de M. Silbermann, du collège de France.

fut seulement en 1794 que Chladni osa se ranger ouvertement du côté de la prétendue superstition populaire; il tenta de démontrer que cette superstition, comme tant d'autres, n'était point sans fondement. Et lorsque, le 26 avril 1803, une pluie de pierres des plus remarquables vint à tomber en plein jour sur la petite ville de Laigle, en Normandie, l'Institut nomma une commission qui se rendit sur les lieux, et dont le rapport ne laissa aucun doute sur la réalité des aérolithes.

C'est Biot qui fut délégué par l'Académie des sciences pour aller étudier l'authenticité et la nature de ce phénomène; mais il paraissait encore si étrange, même au sein de la compagnie la plus familière avec les nouveautés de la science, que plusieurs membres ne voulaient pas qu'elle s'occupât publiquement de cette affaire, craignant qu'elle n'y compromît sa dignité. La Place se décida cependant à passer par-dessus ces hésitations, et le rapport que fit M. Biot démontra parfaitement l'àpropos et l'efficacité de sa mission.

Pour expliquer ce phénomène, on proposa les hypothèses suivantes :

1° On supposa d'abord que les aérolithes étaient, comme la pluie ou la grêle, de véritables météores qui se formaient dans l'atmosphère par voie d'agrégation.

Quoique très simple en apparence, cette hypothèse est très invraisemblable. Aucun des principes constituant les pierres météoriques ne se trouve dans l'atmosphère; il faudrait, de plus, que ces principes y fussent à l'état gazeux et en assez grande quantité pour donner naissance à des pierres de plusieurs quintaux ou à des milliers de pierres de grosseurs différentes. Si les aérolithes se formaient dans l'atmosphère, ils obéiraient aux lois de la pesanteur et tomberaient en ligne droite, ce qui n'est pas, car ils ont dans leur chute une vitesse de translation horizontale qui paraît être plus grande que celle qui entraîne notre planète dans son mouvement autour du soleil.

Fig. 87. — Étoile filante.

2° La Place pensait que les aérolithes peuvent tirer leur origine des éruptions de quelques volcans de la lune.

La lune n'étant point entourée d'une atmosphère résistante, il est permis d'admettre qu'une pierre peut être lancée avec assez de force par un de ses volcans pour sortir de la sphère d'attraction de ce satellite et entrer dans celle de la terre. Il ne faudrait pour cela qu'une vitesse égale à cinq fois et demie celle d'un boulet de canon.

Cette hypothèse explique la direction oblique que les aérolithes suivent dans leur chute; car, une fois la limite de l'attraction de la lune dépassée, la pierre lancée devient un satellite de la terre, et, par suite des perturbations qu'elle éprouve, finit par tomber à sa surface.

3° Chladni admit que les aérolithes étaient des fragments de planète ou même de petites planètes qui, en circulant dans l'espace, étaient entrées dans l'atmosphère terrestre, y avaient perdu graduellement leur vitesse par l'effet de la résistance de l'air, et venaient enfin tomber à la surface de la terre.

Cette hypothèse, qui fait des aérolithes des *astéroïdes*, ou petites planètes, nom donné autrefois à Cérès, Pallas, Junon et Vesta, circulant par milliards autour du soleil, et ne devenant visibles qu'au moment où elles pénètrent dans notre atmosphère et s'y enflamment, peut expliquer la plupart des circonstances qui précèdent et qui accompagnent la chute des pierres météoriques.

M. St. Meunier, qui a fait une étude toute spéciale de la nature des météorites, dit, après avoir exposé les principes auxquels il est arrivé : « Il en résulte, toute hypothèse mise à part, que les météorites dérivent d'un astre, aujourd'hui désagrégé, dont ils constituent les débris [1]. »

---

[1] *Comptes rendus de l'Académie des sciences*, 2ᵉ semestre 1870. — Voir également *le Ciel géologique*, du même auteur, où ses idées sont développées.

III.

Les astronomes ne sont parvenus que récemment à constater l'origine vraie des étoiles filantes, de manière à pouvoir abandonner les anciennes théories, basées sur des suppositions. On s'est assuré que, dans sa course rapide, la terre s'élance comme un boulet immense au milieu d'anneaux mouvants de mitraille qui circulent sans cesse dans des ellipses déterminées; vrais fleuves sans commencement et sans fin, qui roulent des projectiles célestes, en coupant en plusieurs points la route invisible que parcourt la terre autour de l'astre du jour.

En traversant ces fleuves d'un nouveau genre, la terre est criblée par des milliers de petites planètes qui s'abattent à sa surface, et sa puissance attractive en entraîne un grand nombre, qui lui font cortège en tournant autour d'elles, pendant plus ou moins longtemps, comme des lunes imperceptibles, pour la rejoindre à un moment donné, en tombant sous la forme d'étoiles filantes.

Ces phénomènes ont un caractère bien grandiose, bien imposant, et propre à surprendre ceux qui s'initient à leur secret pour la première fois.

Mais voici qui est plus grandiose et plus surprenant encore : la connaissance approfondie des lois admirables qui régissent notre système planétaire fait jaillir des lumières inattendues sur ces phénomènes, et, comme conséquences rigoureuses, elle nous apprend comment ces essaims de petits astres ont été attirés près de nous, et

la date récente de leur apparition dans les espaces que
nous parcourons.

La découverte vrai-
ment extraordinaire de
deux comètes périodi-
ques intimement liées
aux flux d'étoiles filan-
tes d'août et de no-
vembre donne à la
question de ces météo-
res une face nouvelle.

Les astronomes s'ac-
cordaient généralement
à regarder les étoiles
filantes comme appar-
tenant à des anneaux
continus ou à des es-
saims de matière cos-
mique circulant au -
tour du soleil, lorsque
M. Schiaparelli a eu la
pensée de déterminer
les éléments paraboli-
ques du flux du 11 août,
tout comme s'il s'était
agi d'une comète ve-
nant des profondeurs
de l'espace ; il a conclu
que ce flux devait être

Fig. 88. — Étoile filante.

étranger au système solaire. Dans son remarquable rapport

sur le prix d'astronomie, le 18 mai 1868, M. Delaunay fait observer que M. Schiaparelli, à qui a été décernée la médaille de la fondation Lalande, « a ouvert une voie toute nouvelle, qui doit conduire les astronomes aux conséquences les plus importantes relativement à la constitution de l'univers. » Quelque temps après, M. Le Verrier, en se fondant sur le mouvement rétrograde des étoiles de novembre, est arrivé aux mêmes conclusions que M. Schiaparelli.

Ainsi, M. Schiaparelli d'abord et M. Le Verrier ensuite sont parvenus, par des voies différentes, à la même conclusion; pour eux les étoiles filantes proviennent de la désagrégation de vastes amas de matière cosmique, pénétrant dans notre système à la manière des comètes, et subissant ensuite une désagrégation totale sous l'action perturbatrice du soleil ou d'une grosse planète. Il en résulterait, d'après eux, la dispersion de ces matériaux le long de l'orbite décrite par le centre de gravité primitif de l'amas, dispersion qui finirait même avec le temps par constituer un véritable anneau.

Deux découvertes faites coup sur coup par M. Schiaparelli et M. Peters, sur les deux orbites dont nous venons de parler, ont frappé de surprise le monde savant. A peine étaient-elles obtenues, qu'on y remarqua une étonnante coïncidence; on y reconnut trait pour trait les orbites, récemment calculées par M. Oppolzer, de la grande comète de 1862 et de la première comète de 1866.

On admet donc que ces deux amas cosmiques contenaient chacun une comète à leur entrée dans notre système, comètes qui auraient échappé à la dissolution complète des amas primitifs, tout en continuant à décrire la même orbite que les matériaux dispersés. Cependant, il semble que l'on ne peut des faits connus, tirer aucune conclusion relative à l'identité ou à la différence de la matière des comètes avec les essaims d'étoiles filantes.

Les relations entre les comètes et les étoiles filantes avaient déjà été devinées par Chladni, en 1819, et la nécessité de fortes excentricités dans leurs orbites, reconnue par M. Newton, en 1866.

Pour compléter ces données, nous devons ajouter ici les lignes suivantes de M. l'abbé Raillard, l'un de nos météorologistes les plus ingénieux, et les plus modestes tout à la fois. « La date du 25 au 27 novembre est celle du retour périodique d'un essaim d'étoiles filantes analogue à celui des Perséides du mois d'août, mais qui n'arrive pas tous les ans comme ce dernier. Je l'avais déjà observé plusieurs fois. Le P. Denza l'a également observé cette année à Moncalieri, où il a été accompagné d'une aurore boréale. Il y en a encore un du 8 au 14 décembre, et un autre vers le 7 janvier. J'ai observé celui-ci en 1830; il était accompagné d'une très belle aurore boréale. De là m'est venue l'idée que les aurores boréales, les étoiles filantes et les comètes avaient une origine commune, et j'ai communiqué cette idée à l'Académie des sciences dans une note que je lui ai adressée en janvier 1839, c'est-à-dire environ trente ans avant que M. Schiaparelli ait fait son travail sur la coïncidence des essaims d'étoiles filantes et des comètes, mais où il n'est pas question d'aurores boréales. Je suis revenu

bien des fois, depuis, sur mon idée, dans le *Cosmos*,
dans la *Revue photographique* et dans *les Mondes* [1]. »

IV.

Dans l'importante communication à l'Académie des
sciences dont nous venons de parler, M. Le Verrier fait
observer que M. Newton, de New-Haven, parlant des flux
d'étoiles filantes observés depuis l'an 902, et dont les
chroniqueurs nous ont gardé le souvenir, a fixé à trente-
trois ans et un quart la durée d'une période du phénomène de novembre.

La discontinuité du phénomène montre qu'il n'est pas
dû à la présence d'un anneau d'astéroïdes que la terre
rencontrerait, mais bien à l'existence d'un essaim se
mouvant dans des orbites très voisines les unes des autres, et qui à notre époque viennent couper l'écliptique
vers le 13 novembre.

L'essaim que nous considérons pourrait n'être pas de
la même date que notre système et être pourtant fort
ancien; mais il y a lieu de supposer qu'il est beaucoup
plus nouveau.

On ne peut qu'être frappé de cette circonstance, que
l'essaim de novembre s'étend jusqu'à l'orbite d'Uranus et
fort peu au delà; d'autant plus que ces orbites se coupent
à fort peu près en un point situé après le passage de l'es-

[1] *Les Mondes scientifiques*, 5 décembre 1872.

saim à son aphélie, et au-dessus du plan de l'écliptique.

Or, Uranus et l'essaim n'ont pu se trouver simultanément en ce point, c'est-à-dire dans le voisinage du nœud de l'orbite, plus tôt qu'en l'année 126; mais au commencement de cette année l'essaim a pu s'approcher d'Uranus : alors l'action de cette planète a été capable de le jeter dans l'orbite qu'il parcourt aujourd'hui, de même que Jupiter nous avait donné la comète de 1770.

Ainsi tous les phénomènes observés peuvent être expliqués par la présence d'un essaim globulaire, jeté par Uranus en l'année 126 de notre ère, dans l'orbite que les observations assignent à l'essaim auquel sont dus de nos jours les astéroïdes de novembre.

Les étoiles périodiques du 10 août, dues à un anneau complet, puisque le phénomène revient chaque année, reçoivent une explication pareille. Seulement le phénomène est plus ancien; l'anneau ayant eu le temps de se former, il n'est pas possible de se livrer à son égard à une étude du même genre que sur celui de novembre; la continuité annuelle du phénomène ne permet pas d'en établir la période avec assez de certitude.

Les communications de M. l'abbé Raillard, de M. Schiaparelli et de M. Le Verrier jettent assez de lumière sur la théorie des étoiles filantes pour la dégager complètement des hypothèses.

V.

On distingue les *étoiles sporadiques,* qui apparaissent

toute l'année à raison de 10 ou 11 environ par heure, dans toutes les directions imaginables, puis les *étoiles filantes périodiques*, qui apparaissent par essaims, vers · les 9, 10 et 11 août, avec une régularité bien remarquable depuis 1842 ; enfin, les *étoiles périodiques* de novembre, dont les *maxima* se déplacent irrégulièrement d'une année à l'autre.

Chaque année le nombre des étoiles filantes va en croissant, à partir de la fin de juillet ; cependant ce sont les 9, 10 et 11 août qu'il est le plus marqué. Le maximum a lieu vers le 10 ; mais tantôt ce maximum est très marqué parce que le nombre des météores est double ou triple presque subitement ce jour-là ; d'autres fois il est moins sensible, en sorte que les observateurs non prévenus ou gênés par des nuages pourraient prendre le 9 ou le 11 indifféremment pour la date du point culminant de l'apparition. Des discordances d'un ou de deux jours doivent donc être considérées comme très admissibles, quand il s'agira d'observations anciennes.

Si l'on peut négliger la précession pendant le cours de quelques années, cela n'est plus permis dans l'examen des siècles antérieurs. Si le phénomène du 10 août répond à un même point de l'orbite terrestre, sa date devra diminuer d'un jour à chaque période de 71 années 6 dixièmes, comptées dans le passé ; en sorte que 716 ans, par exemple, avant l'époque actuelle le phénomène a dû arriver vers le 31 juillet.

Les annales chinoises citent une apparition le 5 août 1451 ; le calcul indique le 4 août. Elles mentionnent d'autres apparitions analogues entre le 25 et le 30 août, dans les années 924-933, à une époque où le maximum a dû tomber le 28, et d'autres encore de 821 à 841, toujours du 24 au 30, alors que le maximum devait coïncider avec le 27.

Ainsi, avec les siècles le phénomène remonte le cours des dates, et avance d'un demi-mois en mille ans, précisément comme le ferait l'arrivée de la terre à un point fixe de l'écliptique. La seule conclusion que l'on puisse tirer d'un pareil fait, c'est que l'anneau d'astéroïdes vient couper l'orbite terrestre par un point sensiblement invariable, qui a aujourd'hui pour longitude 318 degrés, et que les choses se passent ainsi depuis un millier d'années. Les variations d'intensité des phénomènes, reconnues récemment, n'offrent d'ailleurs aucune difficulté. En admettant vingt ans, par exemple, pour la période de la variation d'intensité, le phénomène s'expliquerait par une inégale densité de l'anneau, combinée avec une différence d'un vingtième entre le temps de sa rotation et la durée de l'année.

Il n'en est pas de même du phénomène de novembre; les apparitions célèbres de 1799 et de 1833 ont bien eu lieu du 12 au 13, mais les autres ne se sont guère présentées à la même époque; elles arrivent du 26 octobre au 16 novembre, et même elles ont presque totalement disparu aujourd'hui.

Il serait injuste, en parlant des étoiles filantes, de ne pas rappeler que c'est à M. Coulvier-Gravier, dont la science déplore la perte récente puissamment aidé par son collaborateur et gendre, M. Chapelas, que l'on doit les observations les plus suivies et les plus intelligentes, depuis nombre d'années, sur ces météores et les bases scientifiques des phénomènes dont nous avons parlé dans ce chapitre. Les communications importantes et multipliées insérées dans les *Comptes rendus de l'Académie des sciences*, dues à ces observateurs infatigables, et auxquelles on sera toujours obligé d'avoir recours pour l'étude de ces phénomènes, formeraient des volumes considérables si elles étaient réunies en corps d'ouvrage[1].

[1] Voir notre *Histoire des Astres,* chap. XV.

FIN.

TABLE DES FIGURES.

CHROMOLITHOGRAPHIES.

PLANCHES EN TAILLE-DOUCE.

GRAVURES SUR BOIS.

TABLE DES MATIÈRES.

CHAPITRE V.

L'ÉLECTRICITÉ.

CHAPITRE VI.

LE MAGNÉTISME.

CHAPITRE VII.

L'ATMOSPHÈRE.

CHAPITRE VIII.

LES VENTS.

CHAPITRE XXIV.

LE FEU FOLLET.

CHAPITRE XXV.

LES ÉTOILES FILANTES.

FIN DE LA TABLE DES MATIÈRES.